高等学校心理学专业应用课程教材　发展与教育心理学系列

青少年心理学

司继伟　主编

中国轻工业出版社

图书在版编目（CIP）数据

青少年心理学 / 司继伟主编. —北京：中国轻工业出版社，2010.1（2019.7重印）
（发展与教育心理学系列）
高等学校心理学专业应用课程教材
ISBN 978-7-5019-7331-6

Ⅰ. ①青… Ⅱ. ①司… Ⅲ. ①青少年心理学－高等学校－教材 Ⅳ. ①B844.2

中国版本图书馆CIP数据核字（2009）第177100号

总 策 划：石铁
策划编辑：徐玥　　　　　　　责任终审：杜文勇
责任编辑：徐玥　李晓夏　　　责任监印：刘志颖

出版发行：中国轻工业出版社（北京东长安街6号，邮编：100740）
印　　刷：中国电影出版社印刷厂
经　　销：各地新华书店
版　　次：2019年7月第1版第5次印刷
开　　本：740×1050　1/16　印张：20.25
字　　数：240千字
书　　号：ISBN 978-7-5019-7331-6　定价：36.00元
读者热线：010-65181109，65262933
发行电话：010-85119832　传真：010-85113293
网　　址：http://www.chlip.com.cn　http://www.wqedu.com
电子信箱：1012305542@qq.com
如发现图书残缺请与我社联系调换
90786J6X101ZBW

目 录

第1章 绪论 1
    青少年期的涵义、年龄界定及心理特征 3
    青少年心理学的研究对象、任务及方法 9
    青少年心理学发展简史 24
    本章关键词 28
    本章小结 28
    问题和练习 29

第2章 青少年的生理发展 31
    青少年期的生理变化 33
    青少年期的生理变化与心理发展 49
    本章关键词 58
    本章小结 59
    问题和练习 59

第 3 章　青少年的认知发展 ... 61
青少年认知发展的特点 ... 63
皮亚杰的认知发展理论 ... 69
信息加工理论 ... 77
社会文化理论 ... 83
本章关键词 ... 91
本章小结 ... 91
问题和练习 ... 91

第 4 章　青少年情绪和情感的发展 ... 93
青少年情绪和情感发展的理论 ... 95
青少年情绪和情感发展的特点 ... 101
青少年的亲密感 ... 104
青少年健康情绪和情感的发展 ... 111
本章关键词 ... 119
本章小结 ... 120
问题和练习 ... 120

第 5 章　青少年的同一性 ... 121
青少年期的自我 ... 123
青少年同一性的发展 ... 131
青少年期未来取向的发展 ... 144
本章关键词 ... 152
本章小结 ... 152
问题和练习 ... 152

第 6 章　青少年的自主性 ... 155
青少年期自主性的发展 ... 157
青少年的自主性与父母教养实践 ... 172

本章关键词 178
本章小结 178
问题和练习 179

第 7 章　青少年的亲子关系 181
青少年亲子关系概述 183
青少年亲子冲突 188
青少年亲子沟通 198
本章关键词 207
本章小结 207
问题和练习 207

第 8 章　青少年的同伴关系 209
青少年同伴关系概述 211
青少年同伴群体 218
青少年同伴交往 226
本章关键词 235
本章小结 235
问题和练习 235

第 9 章　青少年性意识与性别角色的发展 237
青少年性别角色的发展和性别差异 239
青少年性意识的发展与异性交往 249
青春期教育 254
本章关键词 261
本章小结 261
问题和练习 262

第10章 青少年的心理社会问题 ... 263
心理健康 ... 265
青少年的心理问题 ... 272
青少年的社会问题 ... 286
本章关键词 ... 294
本章小结 ... 294
问题和练习 ... 294

后记 ... 297

参考文献 ... 299

第 1 章

绪 论

学习目标

通过学习本章,你应该能够:

- ◆ 理解青少年期的涵义、年龄界定及所具有的心理特征
- ◆ 了解青少年心理学所研究的对象和任务
- ◆ 掌握青少年心理学的研究方法
- ◆ 了解国内、国外青少年心理学的发展简史

青少年发展是心理学研究中的重要课题,自心理学家霍尔100年前出版其里程碑式的青少年心理学专著以后,这方面的研究一直在不断开展和深化。青少年期是儿童期向成人期过渡的中间阶段,有人把它称为"人生历程的十字路口",它既与儿童期有别,又与成人期不同,对人一生能否健康发展起到关键作用。在这一时期,个体在生理上的发展可谓"突飞猛进",在心理上从不成熟迅速走向成熟,发展方面也是错综复杂。如何使青少年健康快乐地走过这个人生关键的十字路口,是众多青少年研究者最关心的问题。同时,随着社会的发展,青少年的心理问题也在不断增多,这就更使得青少年心理研究刻不容缓。那么,青少年期到底是指人的哪个年龄阶段?他们在这一时期具有怎样的心理特征?青少年心理学的研究对象又有哪些?应使用什么样的方法来进行研究?青少年心理学的研究简史是怎样的?对于这些问题,我们在这一章将会——回答。

青少年期的涵义、年龄界定及心理特征

一、青少年与青少年期的涵义

　　青少年期在英语中是"adolescence"，在拉丁语中是"adolescere"，表示"生长"或"达到成熟"之意。在人类个体一生的发展过程中，童年期是天真无邪、心理和生理进入较快发展时期的开始，成年期是心理和生理上已获得成熟的时期，而青少年期则是个体从不成熟走向成熟、从儿童走向成人的一个过渡期。在发展心理学上研究青少年时，要全面考虑青少年的生理特征、社会文化特征、个性特征以及性别上的差异。青少年期主要指个体心理和生理由不成熟逐渐达到成熟的过程，从这两方面出发，奥苏贝尔（D.P.Ausubel, 1954）在《青少年发展的理论与问题》一书中曾指出，青少年期是"在生物性和社会性的成熟方面，由儿童向成人的过渡期"。

　　一般认为，青少年期是指在一定的社会条件下，个体的身心发展从不成熟走向成熟、从童年走向成年的一个过渡时期。这一时期对人一生的健康发展起到关键作用。相对于把青少年期看做是一个有特定的开始和结束时刻的阶段，把它看成由一系列的过渡构成的阶段更为合理。这些过渡包括生理的、心理的、社会的和经济的过渡，个体由此从不成熟走向成熟。青少年则指处在这个时期中的人。由于社会的发展、文化、教育等方面会对青少年期的定义有影响，因而对每个个体而言，青少年期各方面开始和结束的时间就会有一定的差异。一个个体在某种意义下可以是儿童，而在某种意义下又是青少年，在其他意义下则是成年人。这要根据环境和具体要求来选择标准。

> **拓展阅读**
>
> ### 青春期、青少年期和青年期的区别
>
> **青春期（puberty）**：指个体性成熟开始到生殖器官发育成熟，身高、骨骼等身体的发育基本停止的这一段时间，反映的是个体在青少年期所发生的生理变化。年龄一般在十一二岁至十四五岁之间。青春期对应的心理发展阶段是少年期（juvenile period）。
>
> **青少年期（adolescence）**：青少年期随着青春期的开始而开始，但并不随着青春期的结束而终止，它还包括青年早期这一阶段。主要包括生理的成熟和社会化的成熟。年龄

跨度一般为十二三岁到二十一二岁。

青年期（youth）：年龄一般在十七八岁到二十七八岁。当代发展心理学家一般把青少年期向成年期的过渡阶段称为青年期。这一时期，个体在经济和个体问题领域处于一种暂时延缓状态，但个体的心理和生理得到进一步的发展成熟，逐渐适应了社会的各项活动，承担社会责任，履行社会义务。

这种区别并不是一成不变的，不同的国家、民族，不同的历史时期，由于自然环境、社会文化等条件的不同，个体在身心发展和社会成熟方面就表现出一定的差异性。因此，划分的标准也就会有所差别。

二、青少年期的年龄界定

学术界因为对青少年的概念的理解不同，所以对青少年的年龄段划分的标准也不一样。教育学界一般按年级来划分，把初中阶段划为少年期（十一二岁至十四五岁），把高中阶段划为青年初期（十四五岁至十七八岁），把大学阶段划为青年中晚期（十七八岁至二十二三岁）；人口学界以人在青春期生理发育的正态曲线分布为基础，把15—25岁确定为青少年；法律学界以能否自己承担法律所规定的权利和义务为标准，把18岁作为划分成年人和未成年人的界限；社会学界从社会化角度看青少年，考虑到他们人生观和世界观的发展，认为人生与青少年期告别是以"获得职业、经济自立、建立家庭"为标志的，但随着青少年生理上更加早熟，很多人把工作和结婚的年龄推后，这就使青少年概念在年龄范围上有很大的伸缩性，范围逐渐向两边延伸。

心理学界根据生理和心理的发展特点，一般把青少年界定为13—22岁之间。西方发展心理学家认为，青少年期是指从青春发育期开始直至完成大学学业这一发展阶段，即十一二岁到二十一二岁。青少年期的年龄界定既具有稳定性又有可变性，某个年龄阶段会有特定的心理特征并表现出相对的稳定性，但随着社会的发展、教育条件的改变，这种稳定性又会发生一定的变化，即表现出可变性。

综合看来，青少年期的界定是一个比较复杂的问题。不同的国家、民族、社会文化会有不同的划分，而不同方向的研究者，所持的理论观点、观察判断的角度和标准不同，对青少年期的年龄起止时间与年限长短的划分也会大不相同。所以，对青少年期年龄界定要灵活看待，既要尊重年龄的典型性、一般性，又要重视年龄划分的发展性、差异性。

三、青少年期年龄划分的标准

从发展心理学的研究历史看，由于存在着多种关于青少年期的界定标准，如生物学的、认知的、情感的、社会学的、教育的以及法律的，因此，直到今天，有关青少年期起止年龄的界定还存在着分歧。

人们一般会从不同的角度去衡量一个人的年龄大小：一是实际年龄，表示一个人从出生起到当前时间的实际年龄；二是生理年龄，按生理上个体机体结构和机能发育或退化的程度来界定；三是心理年龄，即从心理学角度上大多数同龄人某一年龄阶段心理发展水平的高低来界定；四是社会年龄，即从社会学的角度来看，某个年龄阶段在社会实践领域中社会适应程度的高低。

心理学界普遍认为划分个体心理发展阶段的标准应该是：在一定的社会教育条件下，个体心理发展在各个不同时期，表现在认知、情感和活动方面以及生理发展水平上的特殊矛盾或本质特点。但是，目前学者们对这些特殊矛盾或本质特点的揭示还不够全面，在划分阶段上还有很多不同看法，这就导致青少年期的不同界定标志的稳定性是相同的。生物的、认知的、情感的以及人际关系的标志受个体成熟因素的影响较大，因而相对比较稳定，且具有较强的跨文化的一致性，而教育的、文化的以及法律的标志则受文化和社会因素的影响较大，稳定性不是很强。例如，由于社会发展水平的不同，不同国家和地区的文化差异相当悬殊，导致对个体发展中各个时期的任务要求有很大差别，有的国家十四五岁的青少年就组建家庭结婚生子，进入成年，从而与大多数国家界定青少年期的差异较大。从受教育程度上来说，发达国家青少年受教育的时间要长于不发达国家。这样，以学校教育结束的时间作为标志，会使不同国家和地区个体青少年期的终止时间存在较大的差别。

尽管界定青少年期所采用的标准不同，但开始的时间也都非常接近。即采用生物学的标准以第二性征的出现作为其标志。这一点得到较为一致的认可，因为第二性征的出现可以由观察、检测而较为准确地确定。然而在结束的时间上却分歧较大，一般认为，青少年期结束的标志应以心理的基本成熟作为标准，同时也要考虑生理的发展和社会文化等方面的因素。心理的成熟包括智能的成熟、情绪和意志的成熟以及个性与社会性的成熟。这三个方面都达到成熟，才意味着青少年期的结束。

拓展阅读

不同学科领域对青少年期的划分

医学和儿童少年卫生学领域：多以青春发育期的开始作为童年向青少年转变的年龄，一般规定为 11—12 岁。由于女孩的性成熟过程要比男孩早两年左右，这个转变年龄更精确点说，女孩应该为 11—13 岁，男孩为 13—15 岁左右，直到青春期发育结束。一般认为青春期年龄为十一二岁至十六七岁，青年期年龄为十六七岁到二十四五岁。

教育学领域：多以学制为依据，参考心理学、生理学等方面标准，把儿童进入中学作为青少年期开始的转变年龄，一般规定为 11—12 岁。把初中阶段划为少年期（十一二岁至十四五岁），把高中阶段划为青年初期（十四五岁至十七八岁），把大学阶段划为青年中晚期（十七八岁至二十二三岁）。

社会政治思想工作领域：不仅要考虑上述种种因素，还要考虑青少年人生观、世界观的成熟状况，因而划分年龄阶段的方法也有所不同。比如共青团工作，团龄期限规定为 14—25 岁，超龄团员的期限规定为 28 岁，少先队队龄期限规定为 7—14 岁。这就是说，把少年前期的孩子和小学儿童合在一起，归为少年先锋队的工作范围；把少年后期的孩子和青年合在一起归为共青团的工作范围。如果把超龄团员和团外青年都算上，这个年龄区划分范围还要更大些。一般地说，直到 30 岁左右都可以算作青年工作的范围。

生理学领域：同医学、儿童少年卫生学领域有近似之处，主要以生长发育变化、生理机能变化作为划分年龄阶段的依据，但划分结果略有不同。苏联年龄形态学、生理学和生物化学问题第七届学术讨论会通过的个体发育年龄分期模式规定，少年期男子定为 13—16 岁，女子定为 12—15 岁；青年期男子定为 17—21 岁，女子定为 16—20 岁。一些权威的年龄生理学家则认为青年期开始于 17 岁，结束期男女有别，男子为 22—23 岁，女子为 19—20 岁。

来源：吴凤岗，1991

四、青少年期概念的发展历史

"青少年"这一概念并不是从来就有的，尤其在古代，大多数国家没有或很少使用这一术语。这一术语是在 19 世纪末心理学家基于个体发展的阶段性特质，从"儿童"概念中区分出来的。我国古代用来指这一时期青少年的词有很多，如用"束发"指十五六岁的男子，用"豆蔻"指十三四岁的女子。一般到了 15 岁，男子要把原先的总角解散，扎成一束。这时应该学会各种技艺。"弱冠"则表示20岁左右的男子。古代男子20岁行冠礼，表示已经成年。

"少年"和"后生"也常用于泛指处在成长期的年轻人，例如，孔子说："后生可畏，焉知来者不如今也"；岳飞词中有"莫等闲，白了少年头，空悲切"。直至清末，梁启超在《少年中国说》中，仍是沿用了少年一词泛指人生的成长时期。

"青年"一词较早出现于唐宋诗文中，但当时"青年"一词的使用并不普及。随着"五四"新文化运动的兴起，特别是1915年《青年杂志》（1916年改名为《新青年》）的出版，"青年"一词才广为人们所使用。

在古代其他的一些国家，有关年龄各阶段的分期也比较笼统。以后，随着医学、生物科学、生理科学、教育科学的发展，人们对儿童和青少年发展特征的认识越来越精细，年龄阶段的分期也越来越精确。在独立的发展心理科学出现以前，它多见着于哲学家和教育学家的理论著作中。

近年来，随着社会的飞速发展、现代人性成熟的日趋提前，社会对劳动者生产技能的要求又不断提高，由于掌握技能和专业所需的受教育时间大大延长，担当成人角色所需的准备时间也越来越长，社会成熟和心理成熟的时间延后，人类的青少年期已经出现了一种向两端延伸的趋势，即青少年期开始的年龄在提前，而结束的时间在延后。也就是说，随着社会的不断发展以及人的心理的演变，青少年期的概念及其年龄界定，也会不断出现新的变化。

五、青少年期的心理特征

青少年正处在生理发育和心理发展变化的一个十分重要的、剧烈的、动荡的时期。在青春期到来时，青少年在躯体和心理方面呈现快速发展，表现为：身体急剧生长和变化，肌肉、骨骼等组织全面成长，生殖系统的成熟，第二性征逐渐显露。随着身体的发育，青少年必须适应发展中的新自我，同时还必须适应别人对于他的新形象所表现出的反应。然而，由于身心方面的发展不一定均衡，因此会产生不稳定的现象，在幼稚与成熟的尺度上会有大幅度的徘徊。这个时期是个体心理迅速走向成熟而尚未完全成熟的一个过渡期，在心理发展方面更是错综复杂。此时期个体所表现出的心理特征主要有：

(一)自我意识迅速发展

自我意识就是个人对自己的行为以及自己在社会生活中所处的地位和所起作用的认识。随着青少年的成长，呈现在他们面前的物质世界的形态日益复杂。个体进入青少年时期，开始对自己的内心世界和个性品质方面进行关注和评价，并且凭借这些来支配和调节自己的言行。他们不再对父母表现出强烈的依赖性，而是希望有自己的空间，有自己的思想观点。但是，在相当长的一段时间内，他们并没有形成关于自己的稳固形象。也就是说，他们的自我意识还不够稳定，时常会走向两个极端。随着时间的发展，他们对自己的评价逐渐走向成熟，但时常也会带有片面性、情绪性和波动性。这一时期，他们的自尊心极强，对于周围人给予的评价非常敏感和关注，哪怕一句随便的评价，都会引起他们内心很大的情绪波动和应激反应，以致对自我评价产生动摇。因此，如何建立起对自己和他人的正确认识，是青少年常遇到的心理问题。

(二)情感丰富却易冲动

进入青春期以后，青少年的情感逐渐变得丰富起来，但由于社会阅历不深，世界观、价值观尚未定型，常常容易感情用事。生活中如果遇到矛盾，感到委屈或者不满，他们便会不假思索地去争吵、怄气，认为都是别人的错误，甚至一气之下，做出严重的反社会行为。这就是心理学家所谓的暴风骤雨式的"心理动荡期"。可以说，这个时期，青少年需要进行痛苦的"蜕变"，从一个莽撞、反叛、冲动的少年逐渐转变为能够自制、自尊和友爱的成年人。因此，这个时期，正是进行社会化教育的重要时期。

(三)性意识的觉醒和发展

所谓性意识，一般是指青少年对性的理解、体验和态度。在这个阶段，青少年会经历疏远异性阶段、接近异性阶段和恋爱阶段。青少年在青春发育初期，由于生理上的急剧变化，如第二性征的出现，使得他们与异性交往时往往会感到害羞、不安或反感，于是在心理上和行为上表现出疏远异性。随着年龄的增长、生理和心理的进一步成熟，青年男女之间会产生一种情感的吸引，相互怀有好感，对异性表示出关心，萌发出彼此接触的愿望。随着生理上的进一步成熟及社会生活的全面影响，青年男女之间开始萌生爱情。他们仅把特定的异性视为自己交往的对象，互相关心，相互爱慕,从而进入恋爱阶段。这个阶段的爱情多以精神内容为主,重视纯洁的感情,较少受感情以外的现实的东西影响。

(四) 烦恼和矛盾逐渐增多

青少年在情感发展过程中表现出来的丰富的心理特点,并非孤立地存在,它们错综复杂地交织在一起,构成了影响青少年心理发展中的各种矛盾,也给青少年增添了很多烦恼。

随着学业的增多、竞争的激烈,学习压力是每个青少年都要面对的事情。学习成绩起伏是很多中学生最大的烦恼。有些学生一时找不到合适的学习方法,又不能与老师进行很好的沟通,导致学习成绩下降,自信心受到影响,天天处于一种低沉的状态。进入大学以后,全国各地的学生聚集在一起,由于生活习惯不同、地域差异和性格差别,往往使刚刚走向更广阔生活空间的青少年产生人际交往问题。感觉没有好朋友,会有孤单、沮丧的心理状态,但随着知识的积累、生活阅历的增加,这些烦恼一般都会消除。

同时,随着"心理断乳期"的到来,一方面,青少年产生了强烈的独立要求,认为自己已经成人,喜欢自作主张;另一方面,他们对父母、成人及长辈又存在较多的依赖性。这个时期,青少年社会阅历还不够丰富,世界观、价值观尚未形成,面对陌生或复杂的环境,往往缺乏信心,难作决断,这就构成了独立和依赖性的矛盾。除此之外,他们还有理智与情感的矛盾。青少年情感丰富、敏感,但情绪不够稳定,往往容易冲动、感情用事。

青少年心理学的研究对象、任务及方法

一、青少年心理学的研究对象

青少年心理学是研究青少年心理发展所具有的一般的、典型的、本质的特征及各种心理活动现象和年龄规律的科学,研究对象主要是指处于十二三岁至二十一二岁这个年龄阶段的青少年。它是整个发展心理学中的一部分。其主要内容包括:青少年的身心发展特征,智力发展特征,情绪、情感和意志发展特征,个性特

征,社会性特征,性心理特征,异常心理的表现及相应的心理健康教育和生活压力缓解等方面。除此之外,任何研究都离不开理论的指导,青少年心理学也不例外。青少年心理学除了研究青少年身心发展的一般规律和特殊规律外,还包括青少年身心发展的理论研究。例如,影响青少年心理发展的主要因素有哪些?推动青少年心理发展的主要动力是什么?遗传、环境、教育以及社会在青少年心理发展中起着怎样的作用?之所以将青少年期作为一个独立的时期进行研究,是因为个体在这个时期与青少年期之前的幼稚时期以及青少年期之后的成熟时期都有很大的不同,有其自身的显著特点。它是在个体发展过程中起着关键作用的一个重要转折时期。青少年心理学就是要清晰地描绘这些显著特点,并对青少年时期各个方面的发展进行介绍,以便为青少年的健康发展提供理论和实践指导。为家庭教育、学校教育提供可靠的心理学依据。

任何学科的研究都不是孤立进行的,要研究当代青少年的心理特征,还必须包括其他一些内容,必须广泛涉猎社会学、教育学、生物学等学科的知识。这样才能使青少年心理研究更全面、更系统。

二、青少年心理学的研究任务

青少年一代的成长关系到国家和民族的命运,直接影响到整个社会的风貌,也影响到国家和民族的发展。在这样的前提下,青少年心理学的研究主要有理论和实践两方面的任务。

(一) 理论任务

通过研究个体在青少年期的心理特征和心理活动规律,了解他们从儿童期到成人期这一过渡阶段的心理历程,揭示青少年期心理现象的本质和发生发展的规律,同时形成比较完善、系统的青少年心理学理论体系。以此为依据,帮助青少年调整行为状态,提高心理水平;指导教师和家长有效地预测、分析,最终能够教育和培养青少年形成优良的心理品质,使他们得到健康发展。

(二) 实践任务

青少年心理学还是一门直接为家庭教育、学校教育、教学工作服务的应用性学科。有关青少年心理学的知识，可以为因孩子叛逆而烦恼、苦于教子而无方的家长提供较准确的指导；可以为未来从事中学教育、教学工作的师范生提供必备知识。这是因为青少年心理学为初、高中教师提供了有效的理论指导，使他们能够搞好教育、教学工作，并根据青少年心理活动规律组织教学，开展课内活动，提高工作效率。此外，青少年心理学还为青少年的自我教育提供服务。青少年的自我认识、了解、教育和发展，都要按照青少年心理发展的规律和特点进行。只有这样，他们才会少走很多弯路，减少很多烦恼，从而健康、积极、乐观地步入成年。

三、青少年心理学研究的功能和原则

（一）青少年心理学研究的功能

科学在人类社会生活中的作用主要表现在正确地解释现象、科学地预测现象、有效地控制现象和从不同方面提高人的生活质量。青少年心理学也是一门科学，在理论和实践上同样具有重要的意义。

理论方面，通过科学的研究，能够揭示青少年期的心理规律，形成比较完善、系统的青少年心理学理论体系，从而科学地解释青少年的心理现象，对青少年形成科学的世界观和人生观都具有重要的意义。

实践方面，青少年心理学能帮助家长和教师运用已有的规律和理论，预测和控制心理现象的发生和发展，根据青少年的心理活动规律去影响他们的心理，使青少年平稳度过这个所谓的狂风骤雨时期，从而为家庭、学校、社会和青少年自身提供优质的服务。这才是青少年心理学最终和最重要的作用。

（二）青少年心理学研究的原则

任何研究都必须遵守一定的原则，这是研究的基础。青少年心理学的研究对象正好处于发展的重要时期，生理心理迅速成长的关键时期，因而有其自身的特殊性，但也有一定的研究原则。具体有：

1. 客观性原则

也就是实事求是原则，即按照事物的实际表现去揭示其内在的本来面目，而不加任何主观臆断或歪曲。所谓不加主观臆断，即不要在毫无依据或缺乏足够的依据之前轻率地做出武断性结论，应力求使主观认识与客观事实相一致。在青少年心理研究过程中，对收集来的每一个数据、每一份资料都必须如实记录，客观分析，研究者绝不能为了得到自己想要的结果而对数据做任何改动。

2. 理论和实践相结合的原则

青少年心理学结合了基础学科与应用学科的特点。因此，在研究中既要重视理论研究，找出青少年心理发展的一般规律和原则，同时，也必须结合青少年发展过程中存在的实际问题进行研究，为促进青少年的身心健康发展提供指导性意见，做到理论和实践相结合。离开实践的检验，理论研究的意义就会大打折扣。同样，没有理论的指导，实践过程中就会遇到很多原本可以避免的挫折。只有将二者有效结合，才能取得事半功倍的效果。

3. 教育性原则

我们研究青少年心理，归根到底是为了青少年能够健康快乐地度过这个对一生起着关键作用的转折时期，是为了青少年更好地成长，给他们最好的教育，使他们少走弯路。因此，青少年心理研究必须遵循教育性原则，必须符合教育的要求，否则就违背了它的初衷。任何可能对青少年的身心健康造成危害的研究都是不被允许的，也不允许为达成研究目的而向青少年出示与教育目标相违背的问题、作业或图片。

4. 发展性原则

任何事物都处在永恒运动、不断变化之中，人的心理也是在不断发展变化的。因此，在研究青少年心理时，要坚持发展性原则，不能固守不变。人的心理有其发展过程，不可能停在某点保持不变，我们进行研究时就要前后联系，在尊重现实的基础上，关心过去，注意将来。而且，在不同历史时期，青少年的心理也会有所差别，我们不能总用以前的理论来解释现在的现象，要根据社会文化的发展，提出新的观点、新的理论模式，这是必要也是必需的。

5. 矛盾性原则

青少年心理发展既有普遍的一致的规律可循，同时，由于各种因素的影响，又具有特殊性和差异性。

对于不同文化背景、性别或不同环境下的青少年，我们要总结出一般的发展模式，以利于对他们有一个总体的认识。同时也要回答在哪些方面青少年发展存在独特性和差异性，从而有助于得出更全面更深入的结论。要解决这些问题就要遵循矛盾性原则。不要把一般和个别、普遍和特殊截然对立起来，要注意全面地分析心理发展的问题，否则易犯表面性和片面性的错误。

四、青少年心理学的研究方法

科学方法是获得新知识及解决问题的手段，主要由建立假设、收集资料、分析资料和推演结论四个步骤组成。一般来说，知识是否科学也是由其获得的方法确定的。因此，要保证所获得的知识的科学性，就必须保证我们获得知识的方法的科学性。任何学科的发展都受到其采纳的研究方法的制约，青少年心理学也是这样。青少年心理学作为心理学的分支，心理学中涉及的一般方法在这里都是适用的，然而，由于其研究对象和任务的特殊性，因此在方法上也就有了不同的特点和侧重。

（一）青少年心理学研究的主要类型

对青少年心理进行研究一般侧重发展性研究，由此也就涉及了心理在时间进程上的变化（如随着年龄的增长青少年解决问题能力的变化）情况等，所以，跨时间的研究方法是发展性心理研究的重要方法。在时间上有两种基本的方法，即横断研究和纵向研究。

1. 横断研究

横断研究（cross-sectional research）是指在同一时间对不同发展阶段的个体进行研究（如不同年龄、年级等），以对研究者所关心的心理现象加以测量并进行比较，最终获得这种心理现象在不同阶段的发展情况。其目的在于，通过对几个发展阶段的对比（不同年龄、年级等），获得总体的发展情况。

这种研究最大的优点是成本低、费用少、省时省力，可以在短时期内测量大量的被试，收集大量的信息。但是，横断研究也存在着明显的缺点。一方面，这种研究得到的结果往往是描述性的，总体的只是一个概括性情况，我们只能指出心理现象随时间的变化，而无法确切地说明变化的原因。这是因为在青少年的成长过程中不只是时间这一个变量能对因变量做出解释。由于我们在研究中选用了不同的个体作为被试，这些被试在其生活经历上都是不同的，并且不同发展阶段的个体所经历的历史事件也是不同的，而这些因素都可能是造成因变量发生变化的原因。因此，要进一步了解情况，我们需要更进一步的研究。另一方面，在某一具体历史时间得出的研究结果不能简单地推论到其他时期,尤其是受社会文化影响较大的心理现象。如"文革"时期我国青少年的某些心理特点,就可能与其他时期青少年的心理特点不同。

例如,张向葵、张林、王颖等(2003)对中学生学习策略应用的研究。为了研究中学生学习策略的发展情况,他们使用了"中学生学习策略量表",对一所重点中学和一所普通中学的初一、初二、高一、高二这四个年级的学生分别进行了测查。通过对这些不同阶段学生学习策略使用情况的对比研究发现,中学生学习策略的使用有随着年级增长而下降的趋势;男女学生在使用学习策略上存在差异,女生调控策略的运用显著多于男生,男生认知策略的运用多于女生,深层加工和反馈调节策略应用有年级与性别的交互作用;初二和高二年级学习成绩优、差生在学习策略各维度的应用上都有显著差异,深层加工控制应用和反馈调节策略应用水平上各年级的优、差生差异显著。他们认为,中学生使用学习策略随年级增长而下降的趋势其原因有三点:一是学习策略量表中所测量的学习行为,到了高年级后学生已经掌握并习惯化,其意识程度反而降低了;二是中学生随年级的升高学习压力的加大,教师留给学生自己支配的时间相对减少,学生自主学习的行为策略应用下降了;三是进入高中阶段,对学生学习能力培养的重视程度不够。经过对学生的进一步调查发现,实际原因是学生在中学高年级没有时间,也不需要自主学习,只要跟着教师的教学步骤走就能得高分,所以学习策略也就无用武之地了。

2. 纵向研究

纵向研究(longitudinal research),又称追踪研究,指对同一个(或同一组)被试在发展的不同时期进行重复的观察和测量,在连续性的资料中探求心理发展的规律,即通过对同样的被试间隔而重复的测查,可以得到心理现象在时间上的发展情况,也可以把握被试个体在经历各种独特的生活事件或历史事件时心理的变化情况,有助于了解心理变化发展的可能原因。另外,纵向研究持续的时间比较长,可以是几个月或者几年、几十年。

纵向研究的优点是对所研究的问题能获得更系统更详细的资料,可以更确切地揭示某一心理特性从量变到质变连续发展的过程,对发展的转折点看得也较清楚,可以回答发展顺序及一致性或不一致的问题,探讨影响青少年心理发展和个别差异的原因。然而,进行这种研究是比较有难度的。一方面,由于时间较长,被试可能因各种原因而出现中途退出或流失的现象;另一方面,主试需要投入大量的时间、精力以及资金，耗时耗力。另外，在取样的代表性问题上，在不断重复的测查中，要注意保持测验人员、测量工具和程序的一致性。方法本身由于没有不同历史经历下的比较，较之横向研究，其结果的适用范围也就相应地减少了。

例如，张世富、阳少敏等（2003）对云南4个少数民族20年的跨文化心理研究。他们在相隔20年的时间里对4个民族的青少年品格发展进行了研究。他们采用了文献研究、访谈、参与观察等方法，对比了各民族中青少年品格的变化及其对现代文化冲击下的青少年发展的影响，从社会、经济等方面的变化，揭示了影响青少年品格的可能原因。

3. 聚合交叉研究

聚合交叉研究（cohort-sequential research），又称群组序列设计或纵向序列设计，是指将横向研究与纵向研究结合起来进行研究设计，通过对多个不同阶段组的追踪研究，使得横断研究和纵向研究两种设计的优点得以融合的研究方法。我们可以看到横向研究倾向于一般规律研究（nomothetic approach），目的是给出适合整体的一般规律（general law），因此不够系统，比较粗糙，不能全面反映问题并获得全面、本质的结论。正如利伯特在其《发展心理学》中所说，"对于行为的持久性和稳定性，横断研究很少能揭露什么东西。"然而，它能够提供对总体情况的描述。纵向研究较为倾向于特殊规律研究（idiographic approach），目的在于给出深入的细节，达到对个人的独特理解（unique understanding），具有细致、系统的特点，但是缺乏宏观的、整体的把握。人们的心理与行为由三个部分组成：一部分是独特的（like no other person）；一部分是类同的（like some other people）；另一部分是普遍的（like all other people）。因此，要全面地了解和把握人，我们必须结合多种方法的优点。聚合交叉研究结合了横断研究与纵向研究的优点，使我们既可以了解到个体心理发展的普遍一致性的知识，又可以发现在不同时期、不同的社会环境条件会对人的心理发展形成什么样的影响。这种建立在全面而翔实的资料基础上的跨时间、跨范围的研究，使我们对问题的把握更加细致可靠。

国外有学者（Buist, Dekovic, Meeus, van Aken, 2002）曾经采用聚合交叉研究完成了关于青春期儿童对母亲、父亲及兄弟姐妹之间依恋质量发展模式的调查分析。他们抽取了11~15岁儿童五个样本组，对每组样本分别测量三次，每次间隔一年。整个研究历时三年。总共有288个家庭的儿童报告他们在此期间与他们的父母及兄弟姐妹的依恋关系。结果发现,该阶段被试的依恋质量是变化的,这些变化既受到被试自身性别的影响,也受到其依恋对象性别的影响。男性对母亲依恋质量的水平呈现非线性变化曲线,女性对母亲依恋质量则呈现出直线下降的线性变化曲线,而男性与女性对父亲依恋质量的变化曲线则与对母亲依恋质量变化曲线正好相反。此外,他们对兄弟姐妹依恋质量的发展模式也因所拥有的兄弟姐妹的不同性别组合而有明显不同。

4.跨文化研究

青少年心理学除了要研究青少年心理的年龄特征之外,很重要的一方面还包括研究社会文化环境对青少年心理的影响。这时候,我们通常就会采用跨文化研究(cross-cultural research),这是指在同一项研究中,对不同文化背景下的被试加以观察、测试和比较的一种研究方法,此方法通常选取文化差异较大的被试进行比较。由于人类文化的发展不平衡,采用跨文化的研究方法,可以更好地探讨青少年心理发展的共同规律,或者可以在不同国家的青少年心理发展的差异中,研究不同社会生活条件对心理发展的影响,这有助于探讨制约青少年心理发展的基本规律。

跨文化研究的主要优点包括两方面:一方面,跨文化研究可以验证某种理论是否具有普遍性。在本国研究的基础上建构起来的理论不一定适合所有文化背景下的群体,这种理论是否具有普遍意义,则需要进一步的证实;另一方面,在影响青少年身心发展的众多因素中,通过跨文化的研究,可能能够得到某种特定的后天因素对他们成长的影响。所以,它在青少年社会性发展和认知发展研究中得到广泛运用。

跨文化研究存在的主要困难和缺点是:一方面,由于文化背景不同,研究中要选择共同适用的量度比较困难,如对有些概念,不同文化背景下的理解就不一样;另一方面,研究的条件受到很大的限制。由于需要在不同的国家进行研究,主试被试的选取都有很大的困难,需要花费大量的人力、物力,通常时间会较长。

例如,在纪林芹、张文新、Kevin Jones、Nannette Smith等(2004)完成的一项关于中英两国中小学生身体、言语和间接欺负的性别差异的跨文化比较中,采用了修订的Olweus欺负/受欺负问卷对8792名中国中小学生和1061名英国中小学生受到身体、言语以及间接欺负的性别差异进行跨文化比较。结果发现:①总体上,小学生受到三种形式的欺负的比例均高于初中生;中国中小学言语与间接欺负的发生率低于英国中小学。②无论中国还是英国,男生比女生受到更多的身体欺负。③中国小学和初中男生比女生更多地受到言语欺负，英国小学女生则比男生更多地受到言语欺负。④中国小学和初中男生比女生更多地受到间接欺负；在英国则相反，无论小学还是初中，女生中间接欺负的发生率均高于男生。

（二）青少年心理学的具体研究方法

上面介绍了青少年心理学研究的基本类型，只具有这些知识进行青少年心理研究是不够的。要进行科学的、高质量的青少年心理研究，我们必须掌握青少年心理学研究的具体方法。

1. 实验法

实验法有两种情况，即真实验法（experimental method）和准实验法（quasi-experimental method）。

(1) 真实验法

真实验法又称为实验室实验法（laboratory experiment），它是指研究者借助于一定的仪器，操纵和控制研究的变量，从而创设一定的情境，引起某种心理现象，找出其发生原因和变化规律的方法。真实验法能够严格控制和操纵实验变量，排除一切可能影响实验结果的无关变量，最终揭示变量之间的因果关系，这是它最主要的特点和优势。这种方法不但能够揭示问题"是什么"，而且能够探索问题的根源"为什么"。真实验法的缺点在于实验情境与实际生活有相当的距离，易使被试产生不自然的心理状态，生态效度较低，影响结果在实际中的应用和推广。真实验法很难用于研究一些复杂的心理学现象。

(2) 准实验法

准实验法也称现场实验法、自然实验法或实地研究（field study），它是介于真实验法和非实验法之间的一种研究方法，是在日常生活情境中适当控制外界条件进行的实验研究。准实验法弥补了真实验法的不足，整个实验过程真实自然，可在一定程度上排除实验室实验中因人为的实验环境或紧张气氛给被试心理造成的影响，同时又对实验变量进行了一定程度的控制，其结果实用价值较大。该方法的缺点是：整个实验环境是开放的、动态的，实验容易受无关因素的影响，在实验的准确性和内部效度上不如真实验设计，而且对一些突发事件的影响较难控制。另外，一般现场研究费用较高，而使其应用受到限制。

2. 非实验法

在青少年心理学研究中，有许多现象和问题是不允许、不可能或不能够加以控制的，对这些问题和现象的研究就有赖于非实验法（unexperimental method）。非实验法包括许多具体的方式，主要有访谈法、观察法、个案研究法、问卷法、测验法等。

(1) 访谈法

访谈法（interview）是指研究者通过与研究对象的交谈来收集有关对方心理特征数据资料的研究方法。访谈者的目的在于采集与心理研究有关的信息。按照访谈的结构，访谈法可以划分为非结构访谈、半结构访谈和结构访谈。

- 非结构访谈（unstructured interview）：一种非指导性的、非正式的、灵活提问和自由作答的访谈形式。
- 半结构访谈（semi-structured interview）：访谈对象自由地回答有结构问题，或访谈对象按有结构方式回答无结构问题。
- 结构访谈（structured interview）：一种有指导性的、正式的、事先决定了问题项目和反应可能性的访谈形式，每一个研究对象回答相同的问题，这样对于他们不同的反应可以按照一定的标准加以比较。

访谈法在心理学领域中的应用，有着较久远的历史，它几乎是和内省法、观察法同时出现的。现在使用访谈法进行心理学研究时，访员都必须受过专门的训练，学习由心理学家撰写的访谈手册，掌握访谈法的专门知识和技能。各种访谈手册都要求访员在实施访谈时应注意：第一，使受访人有轻松愉快的心情（访员当然也应如此）；第二，创设恰当的谈话情境；第三，不使受访人感到有社会压力；第四，应具备正确的预备知识；第五，应具备细致的洞察力、耐心和责任感；第六，不对受访人进行暗示和诱导；第七，对相同的事情会从不同的角度提问；第八，能如实准确地记录访谈资料，不曲解受访人的回答。

由于访员技术水平低而使访谈的内容和结果不实，称之为访员偏差。产生访员偏差的最直接原因是：第一，访员对受访人有偏见；第二，访员想要受访人作出某种回答而产生的期望效应；第三，访员进行暗示或诱导性提问。由访员偏差所得到的资料，已失去了科学研究的价值。

访谈法不受时间和地点的限制，同时对被试的文化程度也没有很高的要求，操作起来比较方便,而且在一定程度上可以重复进行,具有伸缩性。但是,这种方法受访员本身的素质影响很大,访员的访谈技巧、主观偏见都会对结果有影响,而且进行直接面对面的访谈时受访者可能在某些问题上有一定的隐瞒,从而影响研究的真实性。

(2) 观察法

观察法(observation)是指研究者通过感官或一定的仪器设备,有目的、有计划地观察和描述研究对象的行为,并精确地收集研究资料,进而分析其心理活动的方法。

观察法根据不同的标准有不同的分类方法,一般来说有以下几种类型:

- 参与观察(participant observation):研究者直接参与所要研究的活动,和被观察者一起生活、工作,在密切的相互接触和直接体验中倾听和观看他们的言行。
- 非参与观察(naturalistic observation):不要求研究者直接进入被研究者的日常生活。观察者置身于被观察的世界之外,作为旁观者了解事情的发展动态。
- 非结构观察(unstructured observation):指事先没有确定具体的观察内容。
- 结构观察(structured observation):有明确的观察目的,有确定的想要观察的项目。
- 时间取样(time sampling):指在一定的时间间隔进行观察,对这一时间中发生的各种行为表现做全面的记录。
- 事件取样(event sampling):指对某种与研究目的直接有关的预先确定的行为进行观察与记录。

例如,我们在研究青少年欺负行为的种类与特点时,可用事件取样的方法,在欺负行为发生时进行观察和研究。我们在研究青少年之间的异性交往时,可以采用时间取样的方法,对不同时间青少年异性之间的交往进行观察,如学习时间、学校内的课余时间、校外的课余时间等。

这些观察方法,各有其优点与缺点,在具体的研究中,研究者应注意根据研究的不同目的和要求,选择不同的观察方法。例如,人们认为,参与观察使研究者有更多的主观体验,又可与被观察者建立融洽的关系,对所观察的活动会有更深刻的了解,并且能及时发现新的研究信息。非参与观察,可以避免由于研究者的进入而导致的被观察者行为上的一些变化,从而更加的客观可信。

观察法的优点是不受被观察者年龄、文化、理解能力等的限制，能得到自然状态下直接的材料，能够收集到比其他研究方法更客观、全面、准确的资料。缺点是具有一定的被动性、片面性和局限性，一些期望的行为往往难以观察到，结果在信度和效度上难以保证；观察的质量受到观察者本身经验、能力和其他心理因素的影响，具有一定的主观性；而且观察法通常会花费较大的人力、物力，也需要花费较多的时间。

(3) 个案研究法

个案研究法（case study）就是对单一青少年个体进行长期、深入、具体研究的方法，一般对研究对象的一些典型特征做全面、深入的考察和分析，并试图根据对这些个案的描述形成结论。在个案研究的过程中，被研究者并不是完全孤立的，而是与其他个体相联系的，是整体中的个体。因此，研究者必须收集许多与个案有关的个人资料。这些资料来自于与个案或其亲属、朋友交谈的结果。

个案研究法的主要局限有：第一，通常个案在选取上有一定的难度，所选择的个案必须具有某些典型、独特的特征，不像一般的被试那样普遍，而且研究的过程往往时间很长，需要耗费大量的精力。第二，在使用个案研究法时，没有办法使用标准化的问题来询问不同的个案，因此个案之间的资料是难以比较的，可靠性在某种程度上受到限制。第三，依据某个特殊个案得出的结论不一定适用于其他的人，即结论难以推广，普遍性上较差。因此，通过个案研究法得出的结论，需要用其他的研究方法加以验证。

由于这种方法的某些缺点，如耗费时间、耗费精力以及财力、物力，因此较少被使用。然而，我们不能就此忽视这种方法的重要作用，作为一名心理工作者或从事教育的工作者，正如桑兹达勒姆所说，耐心才是达到帮助个体发展的目的。

目前，个案研究法较多地应用在对特殊的个体进行的研究中，如对超常儿童、缺陷儿童、问题儿童的心理研究，以研究这些特殊领域的一些规律。这些特殊的个体可以为我们提供一些心理功能的重要知识，甚至为一些理论提出反例。

个案研究法同其他的研究方法一样，都要有一定的计划性和目的性。对自己所要研究的对象要有充分的认识，如要记录研究对象的哪些行为和表现、采用怎样的语言和形式等（具体的方法和注意事项可参考观察法中的内容）。由于采取这种方法需要进行长期而细微的工作，因此，遇到的问题可能会很多，这就需要研究者在研究过程中去发现和克服，需要研究者投入大量的精力和热情来保证其研究的质量，并将研究结果同其他研究结合起来进行比较分析，从而找出问题的普遍性和特殊性。

(4) 问卷法

"问卷"一词的原意是"一种为了统计或调查用的问题表格"。问卷法（questionnaire）是根据一定的研究目的、事先将要研究的问题印成统一的问卷来收集青少年心理特征和行为态度数据资料的一种研究方法。整个过程设计严格，标准化程度较高。通常，研究者使用的问卷有两种形式：开放式问卷和封闭式问卷。

开放式问卷（open-ended questionnaire）也叫自由式问卷，是指问卷只提出问题但不列出答案，要求被试根据自己的观点给出认为合理的答案。例如：你认为什么情况容易造成学习拖延？你经常去网吧的原因有哪些？

开放式问卷的优点是对探索性研究十分有用，比如在创造性测验中，开放式的问题就会用得很多。可提供尽可能多的答案，还有可能得到意外的收获，同时也可以让我们了解行为的方向、问题的焦点、主要价值观念等。开放式问卷的缺点是在对结果的处理上会有很大的不确定性，答案不是标准化的，不容易进行定量的统计分析。

封闭式问卷（closed-ended questionnaire）也称选择式问卷，是指在每个问题后都给出相应的选择项供被试进行选择，被试不能随便回答，只能从所给的选项中选出认为较为合理的答案。例如：认为正确的事，我会不懈追求。给出的选择是：完全不符合，不太符合，不确定，比较符合，完全符合。在这个问题中，被试只能在规定好的答案中选择，不管他是不是完全同意。

封闭式问卷的优点是可在短时间内获得大量的资料，省时经济，而且把答案转化为数据进行统计分析比较容易。同时，问卷的标准化程度较高，是严格按照统一设计和固定结构的问卷进行研究，避免了研究的盲目性和主观性。问卷回答起来比较简单，从而提高了有效问卷的回收率。封闭式问卷的缺点有：只适合于书面言语表达理解能力达到一定程度的被试，在被试的选择上有一定的限制；被试只能从所给的选项中进行选择，结果可能不全面或有一定的偏差。

一份标准的问卷通常包括题目、指导语、被试的基本资料（如性别、年龄等）、问题、备选答案和结束语等几部分。问题是问卷设计的关键，设计者在设计问题时应对问题的类型有比较清楚的认识，答案要全面而且要符合研究假设。同时，还要注意题目应该表达清晰明确，避免含混不清。针对不同的被试，题目的表达要易于他们理解，以便于被试愿意积极配合，认真作答。

在使用问卷法研究时，要注意问卷中的题目不宜过多，过多的题目易使被测者产生厌倦感，而使其对后来的题目随意作答。问卷的研究目的本身也决定了试卷题目的多少，足够数量的题目是保证测验结果的一个重要因素。因此，研究者应在题目数目和结果之间进行权衡，在初测时对被试进行访谈，了解其对测验各方面的感受。另外，问卷的内容应是被试熟悉的，还要注意打消被试思想上的顾虑，避免被试按照社会的赞许性来回答。

(5) 测验法

测验法 (measure method) 是运用标准化的测验量表，按照一定的程序来测量个体的性格、智力、兴趣等特征，从而研究个体的心理发展特点和规律的方法。在测量的过程中，测量者应严格按照标准的指导语和时间进行测验，努力与被试搞好关系，取得被试的合作。

测验量表是心理学研究的一种重要工具，编制起来十分严格，要有深厚的专业知识，周密而具体可行的计划。一般要经过编制测验题目、预测、项目分析、信度与效度分析、建立常模等多个标准化过程。应用标准化测验量表对被试进行测量，将其得分与常模分数相比较，就可以知道被试的心理发展水平或类型的差异。

测验法的优点在于编制严谨科学，标准化程度较高，在处理结果时有现成的常模可直接进行对比研究，能够得到较准确的定位。测验法的缺点是编制过程较复杂，费时费力，灵活性差，对施测者要求高，被试的成绩可能会受练习和测验的影响。

在使用测验法的过程中，研究者应特别注意以下几个方面：①主试应具有使用测验法的基本条件，这就需要对主试进行培训，使其熟悉测验手册的内容，对指导语和施测程序有详细的了解；②准备好所有测验用的材料，选择适当的环境，尽量设置一个自然状态下的环境，使被试能够不受影响；③测验分数的解释应有一定的依据，不能随便给出结论，而且有些结论未经当事人同意是不能向外界泄露的。

测验法与问卷法的最大区别在于标准化程度不同。问卷法的标准化程度较低，它更多地被用来了解被试的一般情况，或做大面积的普查，通常用来为进一步的研究搜集概括性的资料,为深入研究做准备。测验的标准化程度较高,也较复杂。通常,测验的标准化包括取样标准化、常模标准化、方法标准化(如施测方法、记分方法、标准结果的换算法)等。

(三)青少年心理学研究的基本步骤

作为心理学研究的分支,青少年心理学的研究过程主要包括选择课题与提出假设、设计研究方案、收集资料、整理与分析资料、解释结果和检验假设等五个步骤。

1. 选择课题与提出假设

这是所有心理学研究的第一步,就是选择一个有待解决的有价值的课题。课题的选择,可以通过查阅文献获得,也可以根据实际调查获得,亦或根据已知的科学事实和原理对问题做出尝试性的推测等。一个好的选题,是进行研究的最根本的价值所在。

2. 设计研究方案

该阶段主要包括三方面的任务,即被试的选择、研究变量的确定和研究的操作性定义的使用。被试的选择通常采用抽样的方法进行,其中最简单也是最科学的方法就是随机抽样,此时,总体中的每一个体被抽到的机会相等。变量即研究中被试的行为或心理活动的变化,按照其因果关系,通常将之分为自变量、因变量和中介变量。在研究设计时,应根据研究的目的与假设来确定本课题所需要的变量有哪些,所研究变量的性质是因果还是相关。研究中的操作性定义可以避免认识、观念上的分歧,从而保证研究结果的确定性、可比性。操作性定义在界定一个概念时,不是直接描述被界定项所指事物的性质或特征,而是举出研究该事物所做的操作活动。

3. 收集资料

该过程即是借助恰当的工具和方法观察和记录研究所需的资料(注:具体的工具和方法的选择可以参考前面的具体研究方法)。

4. 整理与分析资料

对收集到的资料的分析,主要包括定量分析和定性分析两种情况,只有通过数据资料的分析,才能真正揭示其意义。定量分析就是运用正确的统计方法对收集到的数据进行分析,揭示数据的特征和规律。定性分析是对研究资料的"质"的分析,是运用分析和综合、比较和分类、归纳和演绎等逻辑分析方法,对研究所得资料进行思维加工,从而认识研究对象的本质特征,揭示其发生、发展的规律,为研究结果的解释和理论的构建提供依据。在青少年心理学的研究中,要从质和量两个方面进行分析,二者密切相关,互为基础。

5. 解释结果和检验假设

在资料整理与分析的基础上,应将所得研究结果与已知的事实或理论知识联系起来加以解释。需要考虑:所得结果是否支持研究的假设?是否与前人的研究结果一致?是否与已有的理论吻合?是否有进一步研究的意义?等。这样做,实际上就是对研究结果的理论分析和升华,从而解释心理活动的本质和规律。

青少年心理学发展简史

一、国外青少年心理学的发展

美国心理学家斯坦利·霍尔(G. Stanley Hall, 1844-1924)堪称青少年心理学研究的第一人。其典型标志是1904年出版的《青年期》(*Adolescence*)一书。该书从生物学的立场出发,以他的各种调查测验材料为依据,阐述了青年心理学及其与生理学、社会学、人类学、性、犯罪和教育的种种复杂关系,提出了个体的发展在复演种族发展的"复演说",奠定了青少年心理学研究的基石。尽管他的这一理论并未被人们全部接受,但他对创建青少年心理学的功绩却是不可否认的。霍尔在研究青少年心理时大力提倡和使用的问卷法,后来成为研究青少年心理发展的一种重要手段。

继霍尔之后,一批年轻的心理学工作者也开始了青少年心理学的研究。其主要代表作有F. 布鲁克斯的《青年期心理学》、H. 霍林沃思的《青年心理》、科尔的《青年期心理学》、哈罗克的《青年的发展》、格塞尔的《10岁至16岁青年》、H. 霍林沃思的《心理的进展与衰颓》(中文译本为《发展心理学概论》)。其中,H. 霍林沃思的《心理的进展与衰颓》出版于1930年,其中一章专门介绍了青年心理,其内容有:公众的仪式,身体的影响,身体变化中所含的心理适应,个别差异,父母的习惯与需要,社会化的过程,怀疑及知识的渴望,青年的智力教育及职业,青年的情绪与情操,情绪的稳定等。

随着青少年心理学的不断发展，到20世纪中叶，出现了一些具有重大影响的理论，这些理论至今仍有自己的支持者。这些理论主要包括精神分析学说、行为主义、社会学习理论、皮亚杰的认知发展理论等。

精神分析是众多专家共同心血的结晶，其中以精神分析学说的创始人弗洛伊德和其追随者艾里克森的贡献最大。弗洛伊德将青少年期的性心理发展称之为两性期，认为是潜伏着的性冲动再度出现。如果前面的阶段发展顺利的话，那么以后便是结婚、性生活与生育后代。艾里克森接受了弗洛伊德性心理学说的基本结构，但对发展的每一个阶段加以扩展，他的研究更加关注社会环境的重要性，也可以称之为社会心理学的方法。关于青少年期，艾里克森将这一人生阶段的发展任务定义为自我同一性对角色混乱，即青少年试图追寻一些问题的答案。例如，我是谁？我在社会中的位置如何？自我价值和职业目标导致持久的人格角色，而相反的情形是对未来成人角色的迷茫。

行为主义是和精神分析同时期出现的另一种著名理论，它继承了洛克白板说的传统，通过经典条件反射、操作性条件反射、刺激、强化、惩罚、消退等概念说明动物及其高级形态人类的学习。这其中，以斯金纳的研究最负盛名，作为其研究成果，操作性条件反射成为心理学广泛应用的学习原理。

在20世纪50年代，社会学习理论成为青少年心理学研究的主要力量，相继出现了一些社会学习理论。其中，最有影响的是班杜拉及其同事的理论。他们认为，观察性学习是青少年习得各种行为的基础。青少年做出的许多良性或不良的反应，其实只是对他周围其他人观察的结果，他们通过注意、保持、动作再现、动机等过程习得社会行为。同时，班杜拉还提出了自我效能和自我调节的重要理论概念。

皮亚杰的认知发展理论在20世纪60年代后才受到心理学界的足够重视。他通过同化、顺应、平衡、适应等概念说明了儿童青少年的认知发展，并在此基础上将认知的发展划分为四个阶段，即感觉运动阶段、前运算阶段、具体运算阶段和形式运算阶段。

在20世纪70年代以后，青少年心理学的发展出现了信息加工、社会生态学的方法和动态系统观在内的一大批新方法和研究重点，大大拓宽了对青少年心理学的研究。

信息加工通常被看做是研究字符、结构和流程的领域。心理学家认为，在从感官接受输入到行为反应输出的过程中,信息被主动地编码、转化和组织。近几年的研究表明,信息加工的方法可以用在阐释社会信息处理的过程上,如儿童如何在与性别相联系的情境下看待自己和他人。信息加工的方法将儿童看做信息的感受主体,在环境的作用下形成自己的思维模式,这和皮亚杰的理论相一致。不同的是,在信息加工理论中,儿童的发展不存在阶段性。

社会生态学的方法强调在变化的环境中发生相互作用的重要性。维果斯基的文化历史学方法着重强调文化的重要性,特别是文化的主要创造物——语言的重要性。"最近发展区"是维果斯基用来表达他关于发展与社会环境相互依赖的观点,它指儿童和青少年在既定环境中的发展潜力;它反映出儿童和青少年借助于更有能力的成人、同伴的帮助与引导,能够成功完成原本有难度的事。布隆芬布瑞纳的社会生态系统理论则主要关注成长中的儿童、青少年与环境条件之间的交互作用。他的理论描述了四种环境层次,从与儿童、青少年关系最为密切的环境到与儿童、青少年关系最远的环境依次是:微系统(处于面对面交流中的儿童、青少年)、中间系统(处于儿童、青少年微系统成分中的相互作用)、外部系统(在儿童、青少年的一个微系统与另外一个通常不与儿童、青少年发生作用的环境条件之间的交流)以及宏系统(与儿童、青少年生活相关的所有环境系统的概括)。第五种系统——长期系统——指以上这些系统随着时间的发展在重要的方面发生变化。

动态系统观在具有极大可变性的人类行为中寻找规律。费舍尔与比德尔(Fischer & Bidell, 1998)、塞伦与史密斯(Thelen & Smith, 1998)等坚持认为:发展要通过发展体系中所有层次连续不断的相互交流才能够得以进行。根据这种观点,对儿童青少年来说,体系中任何一方面的任何变化——例如,迅速的生物意义上的成长或者社会反应上的调整——都会导致这个系统其他方面的不平衡与重新调整,即对整个系统不断进行重新组织,从而使系统更加的有效、合适。动态系统方法通常以复杂的数学模式作为基础。

二、我国青少年心理学的发展

我国青少年心理学的研究始于20世纪30年代,是从介绍欧美的研究成果开始的,其历史还比较短。例如,1932年徐金泉译的霍林沃思的《青年心理》,1933年杨贤江译的美国霍尔著的《青年期的心理与教育》,1933年汤子庸译的美国屈雷西的

《青春期心理学》，1935年赵演译的霍林沃思《发展心理学概论》，1937年丁祖荫、丁瓒同译的美国布鲁克斯著的《青年期心理学》，1940年朱智贤译的日本野上俊夫著的《青年心理与教育》等。同时期，我国心理学工作者在吸收国外青少年心理学研究经验和成果的基础之上，也撰写了一部分青年心理学著作。由于当时我国青少年心理学研究还未系统开展，因此，书中的许多资料都是引自国外心理学家的研究成果。例如，1933年出版了沈履著的《青年期心理学》一书，其主要内容包括青年期解剖及生理的成熟、心智发展趋势与解剖生理成熟的关系、青年期与习得反应、青年期与智能程序、青年期与感情生活、青年期与决意现象、青年人格的特质、青年期人格的扰动、青年的道德与宗教人格等。

中国科学院心理研究所王极盛撰写的《青年心理学》(1983)被认为是新中国建立以后的第一部青年心理学专著。其主要内容有青年的智力及智力开发、青年的创造心理与成才、青年的自学心理与职业心理、青年的情绪、青年的意志、青年的兴趣、青年的心理健康与心理卫生、青年的个性心理、青年的爱情与婚姻心理、青年的品德心理、青年的犯罪心理、青年的美感心理等。和国外的青年心理学著作相比，不难发现，此书无论从内容还是体系上，都与国外的有所不同。这就告诉我们，青年心理学尽管都是研究人在青年阶段所具有的一般的、典型的、本质的心理特征，以及各种心理现象活动和年龄规律的科学，但由于青年的心理发展在一定程度上受不同国家、不同历史时期社会、经济、文化和道德的制约，就使得不同国家、不同历史时代的青年心理学所研究的对象和内容不尽相同。因此，各个国家的青年心理学工作者对青年心理学的解释和所揭示的规律也不尽相同。同年，林崇德著的《中学生心理学》(1983)也开始出版发行。

此外，我国的心理学工作者还翻译了大量的国外青年心理学著作，如史民德等翻译的前苏联科恩著的《青年心理学》(1983)、邵道先翻译的日本荫山庄司等著的《现代青年心理学》(1985)、张进辅等翻译的美国罗吉斯著的《当代青年心理学》(1988)等。与此同时，在全国范围内相继成立了许多涉及青少年心理研究的课题组，对青少年心理问题进行了深入广泛的探讨，取得了一批优秀成果，研究的内容和范围不断扩大、深入，涉及青少年心理的许多方面。但是，研究内容存在不平衡性，如认知过程和个性方面研究居多，而情感、意志方面研究较少；从认识过程来看，思维、记忆方面的研究居多，而感知、注意、想象方面的研究较少；从个性方面来看，道德方面的研究较多，理想、动机、兴趣、气质、性格和自我意识方面的研究次之。

进入21世纪以来，我国青少年心理学的发展进入一个高峰期，关于青少年价值观的研究、关于农村留守儿童的研究、关于攻击与欺负的研究等，带有明显中国特色的研究工作也顺利开展并不断取得新的研究成果。例如，张进辅等（2006）编著的《青少年价值观的特点——构想与分析》一书，详细说明了在当前社会变革时期我国青少年的价值观变化。该书第一部分对青少年价值观的结构体系及组成因素进行了理论上的探析和构想，第二部分是关于青少年价值观的实证研究，编制和完善了具有中国特色的价值观量表，为新世纪的青少年思想教育工作和人才培养提供了可靠的科研依据。

总的来说，我国青少年心理学研究还处在发展阶段，很多方面还存在问题，专业队伍的建设、高水平的研究成果、系统化的研究等都需要我们去解决，要建立中国特色的青少年心理学，任重而道远。

本章关键词

青少年期　　青春期　　青少年

本章小结

作为"人生历程十字路口"的青少年期，是个体心理和生理由不成熟到逐渐成熟的过程。青少年的健康发展关系到整个民族的未来，对这个时期进行研究是非常必要且重要的。在本章，我们介绍了青少年的概念、年龄阶段和其特有的心理特征。心理特征主要包括自我意识迅速发展、情感丰富却易冲动、性意识的觉醒和发展、烦恼和矛盾逐渐增多。然后，我们探讨了青少年心理学的研究对象、任务和方法。研究任务主要在理论和实践方面进行了介绍，研究方法主要包括访谈法、观察法、个案研究法、问卷法、测验法等。最后，我们介绍了国外和我国青少年心理学的发展简史，希望能给出青少年心理研究的一个大体框架。

问题和练习

1. 青少年期的涵义是什么?
2. 青少年期的年龄是怎样界定的? 有什么样的标准?
3. 青少年的心理特征是怎样的?
4. 青少年心理学的研究对象和任务分别是什么?
5. 青少年心理学的研究类型和方法有哪些?
6. 简述青少年心理学的发展简史。

第 2 章

青少年的生理发展

学习目标

通过学习本章，你应该能够：

- 认识青春期所发生的生理变化
- 了解青春期生理变化的差异，并认识遗传和环境在其中的作用
- 掌握青春期的生理变化影响青少年的心理与行为的方式
- 理解生理变化对青少年心理发展的直接影响
- 认识早熟和晚熟与青少年心理发展的关系
- 了解青少年生理健康与卫生保健的基本途径

青少年各种心理与行为变化的基础是生理发展。心理特征的表露是生理发育、成熟的结果。在这一年龄段，身高、身体比例、声音、第一性征和第二性征以及由此产生的行为方式都发生着剧烈变化。青少年在这一时期首先面临的便是性发育所带来的身体特征、心理特征以及行为方式之间的复杂交互关系。本章将从个体差异和群体差异两个方面对青少年期所发生的各种生理变化及其同青少年心理发展之间的密切联系做出分析。

青少年期的生理变化

一、青春期

在狭义上，青春期主要是指个体获得性生育能力的阶段，反映的是个体获得生育能力所发生的一系列生理变化。在广义上，青春期包含了成长中的男孩和女孩从儿童期到成年期所经历的一切生理变化。著名青少年发展心理学家斯滕伯格（2002）指出，"对于在人生的第二个十年所发生的所有变化来说，只有生理成熟是真正必然要发生的事情。因为并非所有的青少年都会经历同一性危机、都会反抗他们的父母或者都会沉醉于爱情之中，但是所有人……都会最终发育成熟到具备成人的生育能力。"

人在一生中可以经历两个生长发育的高峰期：第一个高峰发生在从受精卵开始发育至1岁左右；第二个高峰期发生在10岁至20岁之间，即青少年期。在人的第二个生长发育高峰期，发生在个体身上的生理变化主要表现在以下五个方面（Marshall, 1978）：

- 生长突增，主要表现为身高和体重的显著增长；
- 第一性征的发育，包括生殖腺，也就是性腺（男性的睾丸和女性的卵巢）的进一步发育；
- 第二性征的发育，包括生殖器和乳房的发育变化，阴毛、胡须和体毛的生长；
- 身体成分的变化，主要表现在脂肪和肌肉的数量与分布的变化；
- 循环系统和呼吸系统的发育，这使得人变得强壮，活动的力量和耐力增强。

虽然青少年在上述五个方面上的发育时间和速度在不同个体、种族、地域、社会经济阶层和历史年代会有所差异，但是每一类变化都是个体内分泌系统和中枢神经系统不断发育的结果。并且，许多方面的发展并不是从青少年期开始的，有些在儿童期，甚至在胎儿期就已经开始发育。

（一）激素与内分泌系统

1. 激素

激素是一种由内分泌系统产生并通过血液或淋巴循环来影响身体新陈代谢和生长发育的重要化学物质。激素担任内分泌系统信息传递者的角色。特定的激素会携带特定的"信息"到达特定的身体细胞，身体细胞也会选择性地接受特定激素的信息。例如，心脏会对肾上腺素有反应，但并不是对其他所有的激素都有反应。激素在血液中的含量甚微，但在机体内却具有重要的调节作用。

在青少年期个体的发育过程中，激素具有两种截然不同的功能：组织作用和激活作用（Collaer & Hines, 1995）。首先，激素对个体的行为模式具有一定的组织作用。在胎儿期，一些体内激素就已存在并对脑部或神经系统起到组织和塑造的作用。但是，直到儿童后期甚至青春期，某些激素才能得以发挥其组织功能来调节个体的行为。因此，在个体出生之前，某些激素的存在或者缺失就已经"预置"了脑部或者神经系统以后特定的发育模式。例如，攻击行为性别差异的研究表明，虽然攻击行为的某些性别差异直到青春期才出现，但这些差异是由出生前体内已有的激素决定的，而非青春期激素水平的变化所致。其次，激素水平的变化会激活个体的某些行为。例如，在青春期，由肾上腺所控制的激素水平会发生变化，这直接会引起个体性驱力的增强。最后，激素的组织和激活功能会产生交互作用，从而使个体在青春期表现出某些特殊变化。早在胎儿期，人体内存在的某些激素已经将一系列特定的行为模式组织起来，如性激素可使我们将来产生性行为。但是，这种行为模式的激活还需要青春期特定激素水平的变化，如直到青春期，随着体内性激素水平的升高，个体才产生进行性行为的动机。

在人体所产生的许多激素中，有两类激素的水平在男性和女性中存在显著不同：雄性激素和雌激素。雄性激素是男性性激素的主要类别，雌激素是女性性激素的主要类别。在雄性激素中，睾丸激素对于男性青春期的发育具有重要作用。在整个青春期中，持续上升的睾丸激素水平与男孩子一系列生理变化具有重要关联，包括外生殖器的发展、身高的增长和嗓音的变化等。同时，睾丸激素的水平与青春期男孩的性需求和性活动也存在关联。雌二醇是由卵巢分泌的一种雌激素，对于女性青春期的发展具有重要作用。在女性青春期中，雌二醇水平的持续上升与青春期女孩的子宫发育、胸部发育和体形变化息息相关。但是，在近期研究中，激素水平调节女性的性需求和性活动的证据还远远少于男性（Cameron, 2004）。

值得注意的是，虽然雄性激素在男性中起重要作用，雌激素在女性中起重要作用，但是这两类激素在男性和女性体内都会产生。青春期的男孩和女孩都会体验到睾丸激素和雌二醇这两种激素水平的上升，但是上升的比率在男性和女性中存在显著不同。例如，一项研究发现(Nottelman & Others, 1987)，在青春期中，睾丸激素的水平在男孩中增长了18倍，但在女孩中仅增长了2倍；雌二醇水平在女孩中增长了8倍，但是在男孩中仅增长了2倍。

尽管在激素水平的作用下，青春期个体的身体外貌可能变化得非常突然，但是，在整个青春期个体体内并未出现新的激素，也没有新的身体系统的发育。实际上，青春期生理变化和生理发育是一个从个体胎儿期就开始的逐渐变化过程的一部分。也就是说，人体的各种激素从出生就存在。当个体发展到青春期时，有的激素水平有所增长，有些激素水平则有所降低。

2. 内分泌系统

内分泌系统制造了人体内的激素，并通过接受中枢神经系统（主要是脑）的指令来调控体内的激素水平。一般来说，内分泌系统主要是通过下丘脑、脑垂体和性腺三者之间的相互作用来发挥其功能。下丘脑执行脑的较高级功能，控制吃、喝和性等基本生理活动，并监控脑垂体的活动。脑垂体是一种重要的内分泌腺，它控制个体的生长并调节其他腺体的活动，进而调节体内激素的总水平。性腺是指男性的睾丸和女性的卵巢。如图2-1所示，下丘脑、脑垂体和性腺三方面的不断循环调节构成了内分泌系统的反馈环。个体在青春期的发育受这一复杂的反馈环调节。该反馈系统是个体与生俱来的，只是到青春期时其重要性才得以提高。

内分泌系统的反馈环是如何发挥作用的呢？在这个反馈环中，内分泌系统的一部分对另一部分做出反馈。脑垂体通过分泌促性腺激素（刺激睾丸和卵巢的激素）输送信号给特定的腺体，调节这些腺体的激素分泌。脑垂体通过与下丘脑的相互作用，会及时觉察体内激素是否达到最佳水平，并通过维持促性腺激素的分泌来做出反应。下丘脑是此反馈系统的传感器，调节并维持体内总的性激素水平。当体内性激素水平达到设定值时，下丘脑就会做出抑制脑垂体的反应；当体内性激素水平降到设定值以下时，下丘脑便不再抑制脑垂体，允许脑垂体刺激性腺和肾上腺，使它们分泌出性激素和其他激素。由此可以看出，内分泌反馈系统的功能类似自动调温器。当体内的特定激素水平低于内分泌系统所设定的激素水平时，激素的分泌就会增加；当激素水平达到设定值时，激素的分泌就会暂时停止。与自动调温器一样，体内某种激素的设定水平可以上下调节，但激素水平设置的高低却受制于环境或身体内部条件。

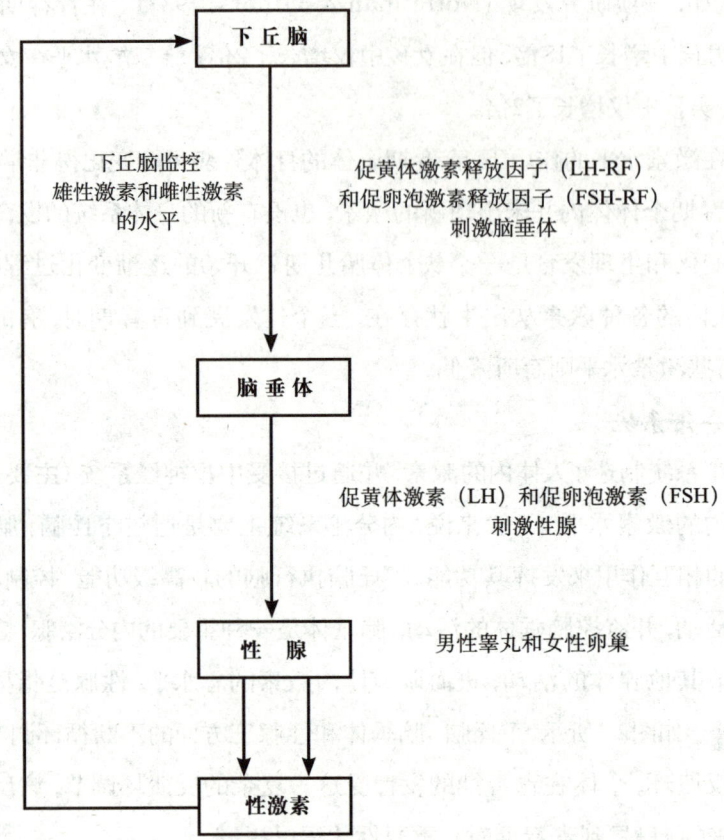

图2-1 由下丘脑、脑垂体和性腺组成的内分泌反馈系统对性激素水平的调节

(资料来源：Grumbach et al., 1974)

(二) 中枢神经系统

脑和神经系统的发育是青少年身心发展的前提和物质基础。脑的生长在个体12岁时已基本完成，这时脑的重量基本达到成人水平，脑的容积也接近成人脑的容积，神经系统的结构基本与成人无异。但是，一般来说，个体的脑和神经系统要到20~25岁之后才会完全成熟。

目前，许多科学家相信，青少年个体的脑不同于儿童期个体，并且脑在青少年期仍然保持着生长发育 (Keating, 2004)。虽然当前该方面的研究还比较少，但从现有研究发现来看，脑在青少年期的生长发育主要体现在神经元、脑部结构和脑电波的变化上。

神经元，也叫做神经细胞，是神经系统的基本单元。一个神经元包括三个部分：

胞体、树突和轴突。树突是神经元接收信息的部分，而轴突则是把信息从胞体传送到其他细胞。轴突的大部分由髓鞘包围着，用来使轴突绝缘，并加快神经冲动的传递速度。有研究发现（Coleman，1986），即使到了老年期，树突仍然在增长。因此可以推论，青少年期个体的树突增长速度可能要超过老年期个体，但是尚缺乏研究证据。还有研究发现（Rajapakse & Others，1996），对于青少年期的个体，神经元的胞体和树突不会有太多变化，但是轴突在青少年期则持续发展。轴突的这一持续发展可能主要是由于髓鞘化过程的增加。此外，青少年期个体大脑发展的另一个重要方面是神经元之间联系的增加，这一过程也被称为"突触发生"（Ramey & Ramey，2000）。突触发生的过程始于婴儿期，并在青少年期一直持续。

神经元之间以精确的方式联结就构成了大脑不同的结构。在个体大脑的诸多结构中，青少年发展研究者主要关注了大脑皮层的四个部分：枕叶、颞叶、顶叶和额叶。其中，枕叶负责视觉功能，颞叶负责听觉功能，顶叶负责响应疼痛、触摸、品尝、温度、压力的感觉，额叶负责推理和人格。有研究发现，儿童和青少年的大脑在3~15岁之间会经历较为显著的解剖学变化（Thompson & Others，2000）。通过对同一青少年个体进行连续四年的多次脑部扫描，研究者发现了大脑快速的、独特的生长发育模式。该研究发现，大脑某些领域的物质数量在一年的时间里会成倍增长，与之相联系的是，不需要的细胞被清除，组织大量减少，大脑持续对它自身进行重新组织；大脑的总体容量在3~15岁之间没有变化，但是大脑的局部模式却产生了重大变化。该研究还发现了大脑不同区域快速增长的不同时间点：在3~6岁这一阶段，大脑增长最为迅速的是额叶，这伴随着个体对新行动的计划、组织以及保持对任务的注意力。从6岁一直到青少年期，大脑增长最为迅速的区域发生在颞叶和顶叶，尤其是这些结构中负责语言和空间关系的区域。另外也有研究指出，直到青少年期和成年早期之间的某一时刻，额叶皮层才完全发育成熟（Casey, Giedd, & Thomas, 2000）。

脑电波是个体大脑皮层有节律的脑电活动，按频率的快慢可分为四种，即α波、β波、θ波和δ波。脑电波频率的快慢是大脑发育过程的重要参数。随着年龄的增长，脑电频率逐渐加快。青少年的脑电波，尤其是α波，在十三四岁时出现第二次飞跃（第一次飞跃在6岁左右），这说明大脑机能逐渐发育成熟。

(三) 身体发育

在第一次生长发育高峰于1岁左右结束以后，进入青春期的个体会迎来第二次生长发育高峰，这被称为青春期的生长突增（growth spurt）。一般来说，女孩生长突增要比男孩早两年出现。女孩生长突增的平均开始年龄为9岁，在11.5岁达到高峰；男孩的平均开始年龄为11岁，在13.5岁达到高峰。在青春期，个体的生长突增会使其体貌特征出现惊人的变化，这些变化几乎涉及全身的骨骼、肌肉和绝大多数内脏器官。从进入青春期之后短短四年的时间里，每个人平均要长高25厘米，性能力将发育成熟，身材的比例结构将会变得与成年人相同，个体在体貌特征上开始呈现出年轻成人的特点。

1. 形态发育

(1) 身高和体重

身高和体重的变化是青春期个体生长突增的最明显的测量指标，也是青少年身体发育最直观的标志之一。进入青春期以后，生长激素、甲状腺激素和雄性激素的同时释放，会使个体的身高和体重迅速增长。

在青春期中，个体身高和体重增长最引人注目的地方不是身高和体重的绝对增长，而是个体身高和体重增长的速度。在这一时期，男女青少年虽然身高和体重的增长都很迅速，但是仍然表现出了各自的特点。就身高来看，男孩的身高平均每年可增长7~9厘米，最多可达10~12厘米；女孩的身高平均每年可增长5~7厘米，最多可达9~10厘米。从图2-2和图2-3中可以清晰地看到男女青少年身高增长的明显变化。在图2-2中，我们可以看到男性和女性在婴儿期、儿童期和青春期绝对身高的平均增长情况。在18岁之后，不论男生还是女生，个体身高的增加已经比较少了。图2-3则显示了男性和女性在婴儿期、儿童期和青春期中每年身高的平均增长量（即变化率）。我们从图中可以看到，身高在生长高峰期发展速度加快，并且，无论男生还是女生，当身高增长速度达到峰值时，身高增长也会进入加速期。我们从两图中还可以较为清晰地看出，女孩生长突增出现的时间一般比男孩早两年。男孩在11岁之前比女孩高一些；但在11岁到13岁之间女孩长得比男孩高，并且女孩的身高增长量大于男孩；从大约14岁开始，男孩的身高超过女孩，并且身高的年增长量也超过女孩。

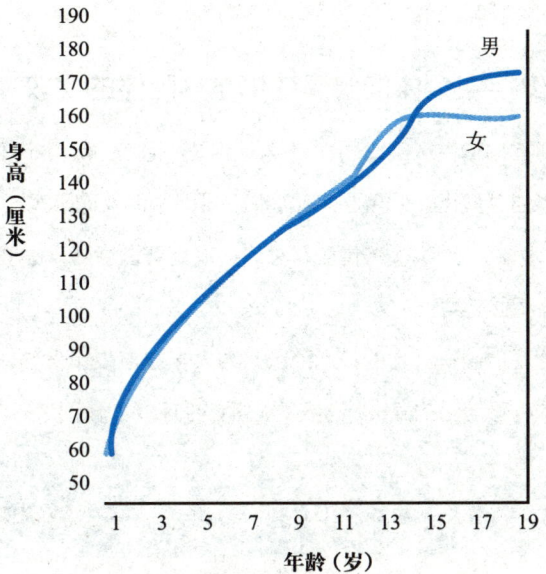

图2-2 男女青少年在不同年龄的平均身高
（资料来源：Marshall，1978）

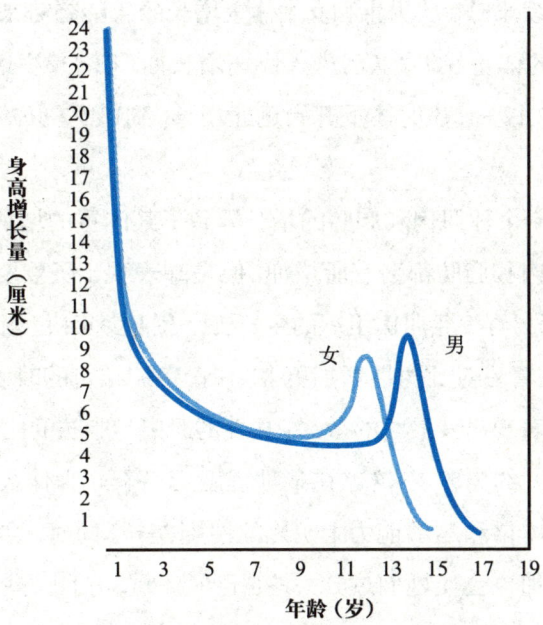

图2-3 男女青少年每年的身高增长量
（资料来源：Marshall，1978）

> **拓展阅读**
>
> ### 青少年期个体的身高变化与其同伴的比较
>
> 　　多数个体在经历青春期的生长突增后，其身高与同伴相比仍保持不变。即使一个男孩的身高在青春期发生了显著变化，但与原来比他高的男孩相比仍然较矮，而与原来比他矮的男孩相比仍然较高。因此，对大多数青少年来说，发育突增所带来的变化不会使其身体外表与同伴群体相比有明显差异。
>
> 　　但是，个体身高的变化仍有一定的波动范围。对大多数青少年来说，虽然小学时期的身高能很好地预测个体青春期后的身高，但青春后期的身高大约有 30% 不能由小学时的身高来预测和解释。
>
> 资料来源：张文新，2002

　　与青少年身高的迅猛增长相伴随的是其体重的变化。青春期也是个体体重迅速增长的一段时期，成人身体重量的一半大约来自于青春期的体重增长。虽然青春期体重的生长突增高峰不如身高明显，但增长的时间比身高长，变化幅度也较大，并且在性成熟后体重仍继续增长。从男生和女生体重增长的年龄趋势来看，9岁以前男女体重相差无几，女孩的体重在9岁以后进入快速增长期，12～13岁达到高峰，14岁后增长速度下降；男孩在12～13岁时体重开始迅速增长，到13岁左右，男孩的体重开始超过女孩。

　　一般来说，青春期个体肌肉和脂肪的增长导致了其体重的增加。在青少年期，虽然男性和女性的肌肉和脂肪都会有所增加，但是却表现出了重要的性别差异。就肌肉的发育情况来看，男青少年肌肉组织的生长要比女青少年快。就脂肪的增加情况来看，女性的脂肪量在青春期比男性增加更多。在青春期结束的时候，肌肉和脂肪增长的这种性别差异会表现出其最终的效果：男性的肌肉与脂肪的比例大约为3∶1，女性肌肉与脂肪的比例大约为5∶4。这也在某种程度上解释了为什么在青春期中会首次出现男生和女生在体格和运动能力上明显的性别差异。同时，这一时期女青少年体内脂肪量的急剧增加也会使她们过分关注自己的体重，并且一些女孩子也会从这一时期开始对自己的身材不满。

(2) 身体各部分的发育顺序

在青春期,身体各部分的发育时间及发育速度是不一致的。大量观察发现,肢体生长比躯干生长早,纵向生长比横向生长早。脚的长度最先开始加速增长,也最早停止增长。脚加速增长6个月后,小腿和前臂开始增长,然后是大腿和上臂。小腿和前臂增长达顶峰后4个月,盆宽、胸宽开始增长,再过11个月,肩宽才开始增长,最后增长的是躯干长度。

由于个体各部分发育顺序的不一致,青少年在体貌特征上常常会出现比例失调的现象,如长臂长腿的不协调体态以及看上去傻乎乎的外貌。当然,这是暂时的,随着躯干长度及横径增长,各部比例将恢复正常。对于这种体貌不协调的状态,许多青少年可能会感到窘迫,此时成人的安慰效果往往不大。

(3) 体型

到了青春期后期,男性身高、体重等形态指标的数值均大于女性,并且会出现不同的体型特征:男性身材高大、肩宽盆窄,肌肉发达;女性身材较矮,两胸丰满,臀部较宽,如图2-4。这种体型上的差异主要基于以下原因:第一,身高、肩宽在男女间的差距大于体重、盆宽在男女间的差距;第二,男性肌肉量多于女性;第三,女孩的脂肪积累增多,尤其是胸部和臀部脂肪积累显著增多。正是由于上述原因,最终形成了成年男女不同的体型。

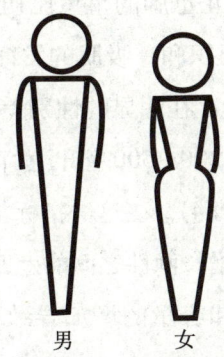

图2-4 男性和女性的不同体型

2. 机能发育

肌肉的力量、心肺功能可用来反映生理机能,最常用的有握力、背肌力、脉搏、血压、呼吸频率、肺活量等指标(林琬生,1984)。

握力,反映的是青少年的手及臂部肌肉的力量。青春期时,男青少年的握力可增长25~35公斤，女青少年的握力可增长15~20公斤，年增长数男青少年为5~10公斤，女青少年为2~5公斤。在这一指标上，女青少年增加的平均值一直低于男青少年，随着年龄的增长，男女之间的差距逐渐增大。

从心脏的发育来看，个体在出生的第一年，心脏重量可增加一倍。青春期时心脏生长迅速，重量增加到新生儿的10倍左右，十七八岁时心脏重量接近成人水平。以后，在适当的体力活动下，心脏重量还稍有增加。心脏机能的强弱可由脉搏、血压来衡量。新生儿的脉搏平均每分钟为120次，随着年龄增长，脉搏次数逐渐减少，到青少年期脉搏已接近成人水平，直到20岁以后才趋于稳定，平均每分钟约为75次。人的血压是随年龄增长而逐渐上升的。在儿童期，由于个体的心脏发育不成熟，排出的血量少，血液内的水分和浆液较多，而血管内径大，血液流动阻力减少，所以血压较低。到了15~18岁，由于内分泌腺活动加强，血管的发育反而落后于心脏的发育，血管口径相对血流量来说过于狭窄，阻力增大，会出现高血压现象。这是发育过程中的一种暂时现象，会随着年龄的增长自然消失。一般来说，我国男女青年在19岁左右血压趋于稳定，逐步达到成人的协调状态。此外，青春发育期的青少年体内红血球数量、血色素与血氧容量增多，这可以促使氧在体内更有效地分布，从而使个体在运动之后能迅速恢复体力。

从肺的发育来看，肺的结构在7岁时就已发育完成。10岁前，儿童肺的发育主要表现为肺泡数目的增加。12岁时，儿童肺的重量比初生婴儿肺的重量重9倍，此时肺的呼吸功能也随之增强。随着肺组织和呼吸肌的发育，肺活量在14岁时急速上升，到19岁左右可达成人水平，但肺活量存在明显的性别差异。在青春期，男青少年的肺活量可增长2000~3000毫升，年增长200~500毫升，女青少年可增长1000~2000毫升，年增长100~300毫升（林琬生，1984）。在这一指标上，女青少年增加的平均值一直低于男青少年，并且，随着年龄的增长两性之间的差距增大。

肌肉的发育、心脏与肺体积和容量的增加导致了青少年身体力量和耐力的增强。与其他身体能力的变化一样，男性在这些身体力量获得的速度和大小方面优于女性。研究发现（Petersen & Taylor, 1980），到青春期结束时，与女性相比，男性更为强壮，拥有更大的心脏和肺、更高的心脏收缩压、更低的静止心率、更高的血氧容量、更强的中和在锻炼中所产生的化学产物（如乳酸）的能力、更高的血色素和更多的红血球。针对机能发育的这一特点，一方面应鼓励女孩在青春期积极参加体育锻炼以提高机能发育水平；另一方面也应承认男女生在身体机能方面客观存在的巨大差别，在体育锻炼和劳动时绝不应强求一致，必须区别对待。

值得注意的是，由于男性一般在诸如举重、投掷、跑步和跳远等活动中优于女性，因此，这种优势往往被人们泛化为男性在所有方面都占身体优势。这其实是一种误解。发育中的性别差异并不意味着男性的身体能力总是优于女性，因为生存能力才是身体适应性的关键指标。

3.性发育

(1) 生殖器官

男女性在生理上区别的根本点在于生殖器官的不同。睾丸与卵巢功能是否正常决定个体的发育状态及生殖功能。男性的睾丸可分泌雄性激素，雄性激素的主要作用是刺激男性附性器官（输精管、附睾、精囊、射精管、前列腺、阴茎等）的发育和第二性征的出现，并维持正常性欲。女性的卵巢具有排卵作用，并分泌雌性激素和孕激素。雌性激素可刺激女性附性器官（输卵管、子宫、阴道等）的发育和第二性征的出现，并维持正常性欲。孕激素的作用是在雌性激素基础上，进一步促进子宫内膜的增生、腺体增长以及乳腺的生长。一般来说，男女生殖器官在出生后的10年内发育缓慢，青春期开始后便迅速发育，到青春期终了时发育成熟。表2-1描述了男女生殖器官在青春期的发育情况。

表2-1 青春期生理变化的序列

男 性		女 性	
特征	首次出现年龄（岁）	特征	首次出现的年龄（岁）
1. 睾丸、阴囊发育	10～13.5	1. 乳房发育	7～13
2. 阴毛出现	10～15	2. 阴毛出现	7～14
3. 生长突增	10.5～16	3. 生长突增	9.5～14.5
4. 阴茎发育	11～14.5	4. 初潮	10～16.5
5. 嗓音变化	大约与阴茎发育同时	5. 腋毛的出现	大约阴毛出现后两年
6. 面部和腋下毛发的出现	大约阴毛出现后两年	6. 油脂腺和汗腺分泌（由于腺体阻塞引起痤疮产生）	大约与腋毛的出现同时
7. 油脂腺和汗腺分泌，痤疮	大约与腋毛的出现同时		

（资料来源：B.Goldstein, 1976）

(2) 遗精和月经

当生殖器官发育到一定程度时,男性可出现遗精,女性可出现月经的生理现象。

在睡梦中自尿道流出乳白色精液的现象为遗精。进入青春期的男孩都可能发生遗精。一般来说,我国男性首次遗精年龄在13~15岁。男孩的第一次射精一般发生在阴茎开始加速生长之后的一年左右,这常常是由文化而不是生物因素决定的。因为对许多男孩子来说,第一次射精的发生是手淫的结果。个别的孩子始终没有遗精并不一定是病态。

子宫内膜周期性脱落并从阴道排出脱落组织及血液的现象为月经。女孩进入青春期后第一次的月经叫月经初潮。我国女性初潮约在12~14岁。由于种族、地区、经济条件及个体的不同,女性月经初潮的年龄会有很大差异。

需要指出的是,月经、遗精的出现只是青春期的一个阶段标志,并不意味着性成熟。当出现月经初潮或首次遗精时,性器官还没有成熟,卵巢尚不能规律地排出卵子,睾丸产生的精子数量少,多数精子还不成熟,体格发育也远没有达到成人水平。因此,有人把月经初潮和首次遗精看成是性成熟的标志,这其实是一种误解。

(3) 第二性征

性征是区分男女性别特征的一些标志。第二性征是与第一性征(生殖器官)相对而言的,是区别性别的一些附属特征,主要包括男性的阴毛、腋毛、胡须、变音、喉结,女性的乳房、阴毛、腋毛等。第二性征在青春期前处于未发育状态,进入青春期后才开始发育。第二性征出现的年龄存在显著的性别差异,女性一般要比男性早1~2年。

对于男性来说,第二性征的发育顺序是比较固定的(见表2-1)。结合男青少年的生殖器官和第二性征的发育,其性成熟的发育顺序依次是:睾丸和阴茎大小的增加,长出直的阴毛,嗓音的轻微变化,首次射精,出现卷曲阴毛,生长高峰开始,长出腋毛,嗓音的明显变化,面部毛发的出现。可以说,阴茎增长、睾丸发育和面部毛发的出现是男性性成熟的三个最明显的标志。此外,在考察男性青春期变化的起始时间和顺序时,一个比较有趣的发现是:男孩子一般在发展出成人的面貌之前就已经具备了生育能力,也就是能够为人父了。但是,正如我们在下面介绍的那样,女孩子的情况正好相反。

与男孩子相比,女孩子第二性征的发育顺序就不是那么固定了(见表2-1)。结合女青少年的生殖器官和第二性征的发育，其性成熟的发育顺序依次是：乳房变大，阴毛出现，腋毛出现，身高开始增长，臀部与肩相比变得越来越宽。阴毛和乳房的发育是女性青春期两个最明显的变化。与男孩子不同，女孩子一般是先看上去达到生理成熟，之后才能够怀孕。

二、青少年生理发展的个体差异与群体差异

从个体进入青春期的时间和发育速度来看，青少年生理发展不仅存在我们前述的性别差异，而且还存在比较明显的个体差异和群体差异。据统计，女孩最早7岁、最晚13岁开始进入青春期，而男孩进入青春期最早是在9.5岁，最晚是在13.5岁。在发育速度上，对女孩来说，青春期首要特征的出现与身体完全成熟之间的时间间隔，短则1年半，长则6年；对男孩来说，青春期从开始到结束的时间间隔的变化是2~5年。由于青少年在青春期的起始时间和发育速度上存在如此大的差异，因此，有研究者指出，探讨青春期个体生理变化的平均年龄往往会引起误解（Steinberg, 2005）。

个体在青春期起始时间和发育速度上的巨大差异是由什么导致的呢？对于这一问题，目前研究人员一般通过两种途径进行探讨：一种是探讨青少年生理发展的个体差异，即探讨为什么某一个体比其他人发育得更早或者发育得更快；另一种是探讨青少年生理发展的群体差异，即探讨为什么某一人群在青春期比另一人群发育得更早或者发育得更快。不管通过哪种途径，研究人员在探讨的过程中都关注了遗传和环境对青春期个体发育时间和速度的可能影响。

（一）青少年生理发展的个体差异

在探讨青少年生理发展的个体差异问题时，遗传因素的作用受到了研究者的诸多关注。一般来说，如果个体成长的整体环境相同，那么个体之间在青春期的起始时间及发育速度上的差异就可以归因于遗传因素（当然，并非在所有的情况下都是如此）。基于这一逻辑，有研究者比较了同卵双生子和异卵双生子在青春期的发育过程，发现他们之间存在相似的青春期成熟模式（Marshall, 1978）。另有研究者（Brooks-Gunn & Reiter, 1990）分别对同卵双生子、异卵双生子和普通姐妹的月经初潮时间进行了比较，结果发现，具有完全相同的遗传基因的同卵双生姐妹，她们初潮的时差一般不超过2.8个月；只具有50%共同基因的异卵双生姐妹初潮的时间一般

相差10个月左右；那些非双生姐妹初潮的时间则相差13个月左右。这些研究表明，青春期个体在发育时间和发育速度上的差异受到遗传因素的强有力影响。

在关注遗传因素的同时，研究者也关注了环境因素的作用。一般来说，遗传规定了个体生长发育的范围，即一种个体在特定的时刻开始进入青春期并以特定的速度发育的范围。在这一预定的范围内，个体何时经历青春期以及是否能够度过青春期，还要受到环境的影响。因此，青春期个体的生理发育时间和发育速度是遗传与环境交互作用的产物，要受个体的遗传天性和其发展的环境条件的综合影响。

在影响青春期个体生理发育的诸多环境因素中，营养和健康是两个至关重要的因素。在当代社会中，多数人已认识到营养对个体青春期发育的重要影响。研究发现，那些在出生前、婴儿期和儿童期都有较好营养的个体青春期出现得较早(George et al., 1994)。由于青少年期个体对蛋白质和热量需求较人生的其他时期更大，如果营养不良，青春期的发育和成熟将减缓或延迟。但一般来讲，营养不良常常只是减缓了个体的发育速度。因为即使在营养不良的情况下，处于青春发育期的个体仍在不断地发育成熟，只不过速度较慢而已。身体健康状况也是影响个体青春期发育的一个重要因素(Marshall, 1978)。严重的创伤或慢性疾病也会影响个体青春期的发育，延迟青春期的开始时间。例如，那些患有心脏病或肾病的青少年，其青春期发育一般要晚于同龄人。研究还发现，过度锻炼也会延缓个体的青春期发育(Frisch, 1983)。

除了营养和健康因素以外，研究者还探讨了社会环境因素的作用。研究发现，那些生长在凝聚力较差或冲突较多家庭的青少年会较早地进入青春期(Graber, Brooks-Gunn, & Warren, 1995)。对于女孩而言，家中有继父的女孩进入青春期的时间会更早(Surbey, 1990)。研究者对上述发现给予了如下解释：家庭内部关系的疏远会使个体感觉到少量的压力，并影响青少年的激素分泌，因此冷漠的家庭关系加速了个体青春期的成熟(Graber et al., 1995)。当然，少量压力会对青春期的发育起到加速作用，而沉重的压力则可能减缓青春期个体的发育成熟。另外，人类和其他哺乳动物若生活在与其生物亲属亲近的环境中，将会减慢其青春期成熟的进程(Surbey, 1990)。继父的存在会使青春期的女孩接触到信息素(刺激某物种的成员做出某种特定行为的化学物质)，这会刺激青少年的生理发育。由此可以看出，人类的社会关系可以影响其生物功能。这一现象在我们日常生活中就可以观察到，如生活在一起的女性（如同宿舍室友），随时间推移，她们的月经周期会趋于同步。

（二）青少年生理发展的群体差异

关注青少年生理发展群体差异的研究者一般更为关注环境因素的作用，因为不同国家、不同地区或者不同文化下的群体在青春期发育时间和发育速度上的差异主要受到环境因素的制约，遗传的作用是微乎其微的。一般来说，这类研究往往从三个角度入手来实施（Steinberg, 1999）：①不同国家间的比较；②同一国家不同社会经济群体的比较；③同一民族在不同历史时期的比较。同时，由于少女的月经初潮是青春期发育比较外显的指标，因此，研究者在进行群体比较时，往往采用这一指标。

从不同国家间的比较来看，在世界的贫困地区，个体青春期的发育在一定程度上要晚于那些饮食较充足的国家中的同龄人。例如，在西欧国家和美国，女孩月经初潮的平均年龄大约在12.5~13.5岁这一范围内；在非洲，女孩月经初潮的平均年龄大约在14~17岁这一范围之内。

对同一国家不同社会经济群体的比较发现，来自富裕家庭青少年的青春期开始时间明显早于贫困家庭的同龄青少年。例如，根据在美国、突尼斯、南非、伊拉克的巴格达和中国香港的比较结果，经济富裕家庭中女孩的月经初潮要比经济拮据家庭的女孩早6~18个月。

此外，研究者还对同一民族在不同历史时期的数据进行了比较。通过分析过去两个世纪中女孩初潮平均年龄的变化，研究者发现，由于在过去的150多年中营养条件得到了很大改善，因此，女孩月经初潮的平均年龄随时间发展呈下降趋势（如图2-5所示）。总体来看，"儿童正在变得越来越高大并且成熟得越来越快"（Eveleth & Tanner, 1990）。由此可以看出，随着时间推移，环境对青少年身体发育的影响越来越大。一方面，个体青春期发育的起始年龄和发育的高峰年龄有提前现象，即青少年的生理成熟过程有提前的趋势，称为"发育前倾"；另一方面，出现了个体生理发育的各项指标逐年增加的现象，即出现了"发育加速"现象。这两种现象统称为青少年身体发育的"长期趋势"。这种身体发育的"长期趋势"普遍存在于世界各地区、国家、种族和民族中。营养、饮食条件和医疗卫生保健条件的改善、对传染病的更好控制以及青少年健康状况的日益改善，是这种长期趋势出现的重要原因。

值得注意的是，近期在美国进行的关于男孩子青春期发育的一项研究表明，在20世纪后半叶，美国男孩进入青春期的年龄有略微的下降（Karpati, Rubin, Kieszak, Marcus, & Troiano, 2002）。但是，对非裔美国少女的研究则发现，非裔美国少女进入青春期的年龄仍然在继续下降之中（Chumlea et al., 2003）。由此可以看出，青少年身体发育的"长期趋势"似乎并不是绝对的。

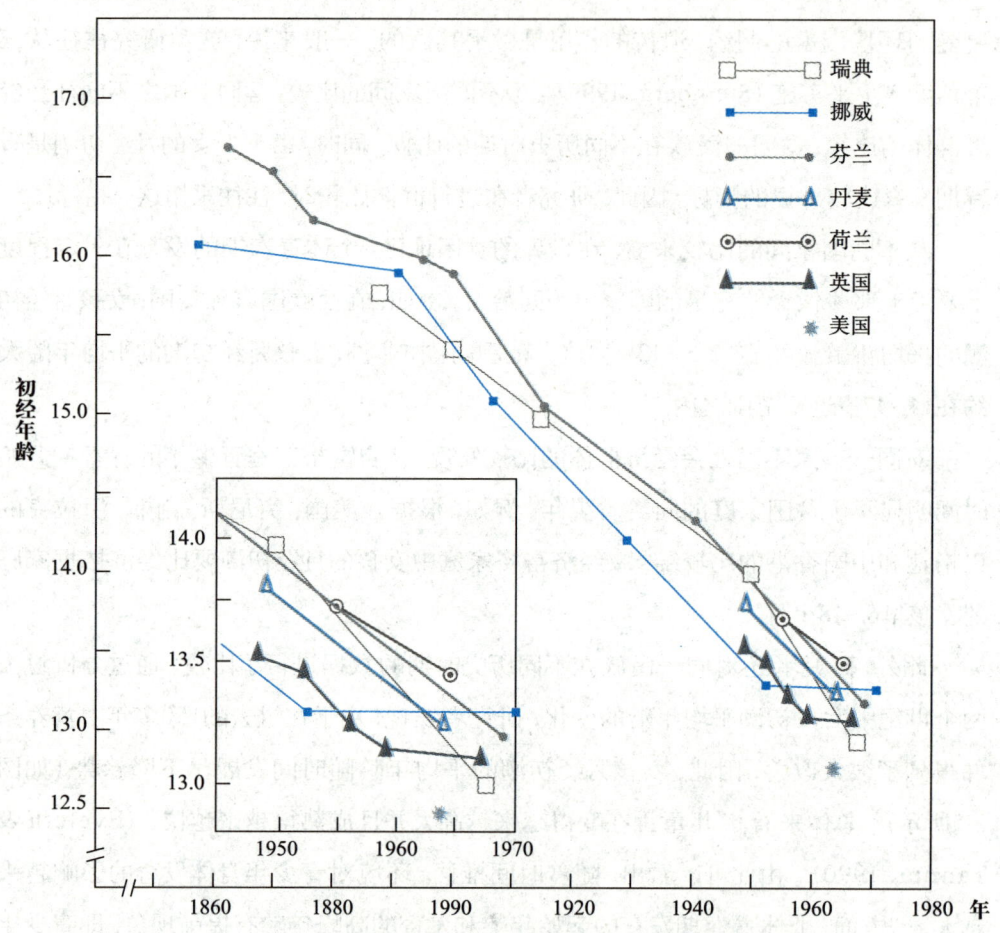

图2-5 1860—1980年西方七国女性初潮年龄逐渐提前趋势

图中的小图是对1950—1970年之间发展的补充说明

（资料来源：Tanner, 1973）

青少年期的生理变化与心理发展

一、生理变化影响青少年心理与行为的方式

进入青少年期之后,个体身上所发生的生理变化会以多种方式影响青少年的心理发展及其社会关系。一般来说,青少年期的生理性变化至少可以通过三种方式对青少年个体的心理和行为功能产生影响(Briiks-Gunn, Graber, & Paikoff, 1994; Steinberg, 2005):

1. 直接影响个体行为

青少年期的生理变化直接影响青少年个体的行为。例如,研究发现,体内激素水平的变化会影响青少年的心理与行为表现。对男性来说,青春期睾丸激素的增加直接导致了男青少年性驱力和性活动的增强(Halpern, Udry, & Suchindran, 1996)。还有研究发现,那些与同龄人相比体内激素水平较高的青少年报告了较多的消极情绪和过剩的精力(Brooks-Gunn & Warren, 1989)。

2. 自我意识转变

青少年期的生理变化改变了青少年的外貌,导致了青少年自我意象的转变,进而影响青少年的行为。

例如,在孩子的儿童期,父母进入孩子的房间根本不需要敲门;但是,到了青少年期,孩子的身体发育促使其开始要求更多的私人空间,这时孩子可能就会要求父母在进入其房间时先敲门。同时,在儿童期需要父母陪伴才能入睡的孩子,到了青少年期,可能会对这一行为感到尴尬,在入睡时不再需要父母的陪伴。

3. 人际交往方式改变

青少年期的生理变化所导致的青少年外貌上的改变会引发他人与其交往方式的改变,从而影响青少年的行为。在青少年期,当个体逐渐展现出成熟的外貌后,其他人对待他们的方式会发生变化。例如,在中国某些地方的传统家庭中,当男孩子比较小时,按照习俗,他们是不能坐在父亲与其朋友吃饭的酒席上的。但是,当男孩子进入青少年期之后,爸爸的朋友们可能会邀请家里的"小伙子"到酒席上坐坐,感受一下成年人的感觉。对于青春期的少女而言,她们可能会突然发现以前从不关注自己的

高年级男生,现在开始关注自己了。

由此可以看出,青春期的生理变化对青少年心理和行为的影响并不仅仅在于其变化本身,更在于青少年对自身变化的认知、对这些变化的意义和重要性的解释以及他人对此所持的态度和看法。

二、青春期对青少年心理发展的直接影响

在关于青少年的生理变化与心理发展之间关系的研究中,一种常用的方法是比较青少年期不同阶段个体的心理发展状况。通过对不同阶段个体心理发展状况的比较,可以在一定程度上揭示青春期的绝对影响力。例如,通过比较青春期、青春期之前和青春期之后个体的情绪变化水平,可以探讨青春期对个体情绪变化的直接效应。

青春期的生理变化对个体心理与行为技能的影响表现在许多方面。其中,生理变化对青少年的自我评价、情绪与家庭关系的影响受到诸多研究者的关注。

(一)青春期的自我评价

青少年在整个青春期都非常关注自己的身体形象,在青春发育期的青少年表现得尤为强烈,因为此时的青少年比在青春晚期时对自己的身体更不满意。新的知觉、面貌和身体比例的出现使得他们对以前熟悉的身体重新进行审视。一般来说,容貌、身高、体重、体型以及第二性征等是影响个体自我形象的主要因素。

青少年对自身形象的感知存在性别差异。与男孩相比,女孩在整个青春期对自己的身体更不满意,对身体形象的认识更加消极(Henderson & Zivian, 1995)。并且,这一性别差异存在年龄变化:随着青春期身体的不断变化,特别是身体脂肪的增加,女孩对身体的不满意度增加;但男孩在经历青春期时却对自己的身体状况变得更为满意,这可能与他们的肌肉与体力增加有关(Seiffge-Krenke, 1998)。

另外,一项针对800名青少年的关于青春期变化对自尊影响的经典研究发现(Simmons et al., 1979),经历青春期会导致女青少年自尊的适度降低。在六年级和七年级,有月经、开始约会和在同一年内变换学校的女青少年的自尊水平下降最高。这表明,青春期可能是一个潜在的紧张刺激,对女青少年有暂时的负面影响,但只有当青春期与其他需要青少年适应的变化相结合时才会出现这种影响。同时,研究还

发现,在进入青春期后,青少年对自己身体形象的感受会相当稳定地延续下去,无论它们实际的吸引力是否发生了变化(Rosenblum Lewis, 1999)。

(二) 青春期的情绪

当代青少年研究的先驱霍尔认为,青少年期是一个暴风骤雨期;在整个青少年期,个体都是感情激烈的、浮躁的和不可预期的。这一论断影响着整个20世纪乃至今天人们对于青少年的看法,也进一步促使人们开始探讨青春期与个体情绪变化之间的关系。一般来说,人们认为青少年要比儿童或者成年人更加情绪化。例如,一个使用电子寻呼机监控青少年情绪变化的研究发现,青少年在一天中的情绪波动多于成人(Csikszentmihalyi & Larson, 1984)。

青少年期激素水平的变化能够部分地解释青少年期个体的情绪化。研究发现(Van Goozen & Others, 1998),雄性激素水平较高的男孩,会表现出更多的暴力和越轨行为;也有许多证据表明,雌激素水平的上升与女孩抑郁水平的增加存在关联(Angold, Costello, & Worthman, 1999)。同时,许多研究还发现,青春期激素水平的变化与个体的情绪、行为存在关联,而这一关联在青少年早期最为明显。因此,有研究者认为,可能并不是激素在青春期中的绝对增长量,而是它们在青少年早期的快速波动影响到了青少年的情绪。到了青少年晚期,激素水平趋于稳定,它们的负面效应也就随之消退(Buchanan et al., 1992)。

在考虑青春期激素变化对青少年情绪的影响时,我们也不能忽略环境因素的作用。有研究者探讨了青春期激素水平与环境的交互作用对青少年的影响(Brooks-Gunn & Reiter, 1990)。他们关于青春期女孩的抑郁和攻击行为的研究发现,尽管青春早期激素的快速增加与女孩的抑郁情绪存在关联,但与激素水平的变化相比,生活压力事件(如在家庭、学校或与朋友的交往中出现的问题)在青少年抑郁情绪的发展中起更重要的作用。正如一些研究者所指出的,很可能是由于环境的变化,如压力水平的变化,影响到青少年体内的激素活动,进而影响到了他们的情绪。

当然,许多研究者对于青少年必然要比儿童和成年人更加情绪化这一论断提出了质疑。拉尔森等人(Larson & Lampman-Petraitis, 1989)通过分析青少年在不同活动或环境中情绪的变化,探讨了青少年情绪的影响因素。结果表明,青少年情绪的上下波动与其所从事的活动密切相关;并且,他们对9~15岁青少年的比较研究发现,在向青春期转变过程中,青少年情绪波动没有增加。因此,研究者指出,青少年比成人的情绪更易变化可能是因为他们比成人更经常地变换活动的内容与背景。

拓展阅读

对于青少年情绪化的解释

对于青少年的情绪化问题,科学研究的结果和大众对青少年情绪变化的认识出现了较大差异。一般来说,对于青少年群体,普通大众总是认为他们有过度的情绪化。但是,目前一些科学研究的结果却并没有对此提供支持。对于二者之间在认识上的差异,一种可能的解释是:青少年群体中情绪变化的水平存在很大的个体差异。

一项关于青少年的研究确认了五种不同的情绪变化模式(Bence,1992)。在一周的时间里,第一组青少年表现出了明显的情绪波动,但是该组成员一般都处于积极情绪之中,即使陷入不良情绪之后,也能够很快回复到积极情绪状态;第二组青少年与第一组有着相同水平的积极情绪,但是表现出的情绪波动要小得多;第三组青少年在情绪波动较小这一点上与第二组相似,但是该组成员一般处于略微消极的情绪之中;第四组青少年与第一组一样,表现出了明显的情绪波动,但是一般会处于不良情绪之中,即使在获得积极情绪之后,又会很快跌入到消极情绪之中;第五组青少年的特点是情绪波动不大,但是大多数时间都处于极端消极的情绪之中。

因此,当人们面对第四组或第一组青少年时,就可能会产生青少年情绪波动较大的印象。

资料来源:Steinberg,2005

(三)青春期的家庭关系

以往研究已经确认了一个相对稳定的青春期家庭关系模式:青春期使得父母与子女之间的距离增大,亲子冲突增多,这在青少年与其母亲之间表现得尤为明显(Paikoff & Brooks-Gunn,1991);青春发育期过后,青少年与其父母的消极互动逐渐减少,但不会立即恢复到青春期以前与父母的那种亲密关系,家庭内部关系过一段时间后才能达到新的平衡(Steinberg,1987)。

青春期的发育成熟与亲子关系距离变化之间的联系不受青春期开始年龄的影响。也就是说,在早熟者或晚熟者身上同样会发现上述亲子关系变化的模式,这说明青春期的特定生理事件会改变亲子之间的情感联结。但迄今为止,研究者尚未弄清青春期影响个体家庭关系的内在机制,即青春期对家庭关系的影响源自青春期激素水平的变化、青少年身体外表的变化,还是源自对家庭关系产生影响的青少年心理功能的变化。

虽然青春期影响家庭关系的内在机制尚不清楚,但是,对此现象人们比较认可的一种解释是:在青少年期所出现的发展过程会扰乱在儿童期就已经建立起来的人际关系上的平衡状态,从而导致家庭系统的暂时性混乱(Steinberg, 2005)。

三、早熟和晚熟与青少年发展

早熟青少年是指较早进入青春发育期的青少年;与之相对应,晚熟青少年则是指较晚进入青春发育期的青少年。如前所述,青少年在青春期的开始时间和发育速度上存在较大的个体差异。对较早发育和较晚发育的青少年心理发展状况进行比较,是研究者探讨青少年青春期生理变化与心理发展关系的另一种途径。通过对早熟和晚熟青少年的研究,可获得有关青少年生理变化对心理影响的重要信息。当前,人们已经认识到,青少年早熟和晚熟带来的短期效应和长期效应有所不同,并且在不同的环境中会有不同的效果。更为重要的是,成熟时间的早晚对于男性和女性而言有着不同的影响。

(一)男性的早熟和晚熟

男性的早熟和晚熟对于其心理发展与社会关系具有怎样的影响呢?近半个世纪以来,对于早熟男孩和晚熟男孩的比较研究得出了较为一致的结果:与晚熟男孩相比,早熟男孩对自身的感觉更好,具有更为成功的同伴关系,在同伴中更受欢迎(Jones, 1965; Graber, Lewinsohn, Seely & Brooks-Gunn, 1997)。对于青少年日常情绪的研究也表明,早熟男孩在情感、注意、力量和恋爱方面拥有更多的积极感受(Richards & Larson, 1993)。对于早熟男孩的上述优势,一种可能的解释是:由于女孩的发育一般比男孩早1~2年,而早熟男孩也比一般男孩早1~2年开始发育。这样,他们与正常成熟的同龄女生在心理体验上就更为相似,因而能在心理平等的基础上与这些女生交往。此外,由于肌肉和力量的提早发育,早熟男生在体育活动中表现更为出色,对权力和领导活动更感兴趣,因而受到同伴或老师的青睐和尊重,成为受欢迎的人物或领导者。

虽然早熟男孩在同伴交往方面的优势得到了普遍证实，但是近期研究也发现，与同龄人相比，早熟的男孩出现反社会行为或越轨行为的可能性更大，更可能吸烟、饮酒、参与冒险行为(Duncan, Ritter, Dornbusch, Gross, & Carlsmith, 1985)。这可能是由于早熟男孩更可能与年龄较大的同伴交往，这种交往使他们参与不适合低年龄青少年活动的可能性增加。

虽然晚熟男孩在早期不如早熟男孩受欢迎，但是，当晚熟男孩在生理发育上赶上早熟者之后会怎样呢？研究表明，晚熟男孩和早熟男孩在进入青春期之前表现出了相似的心理发展水平，但是从晚熟男孩进入青春期到一年后的时间里，他们在智力、好奇心、探险行为和社会主动性等方面的得分较高，同时在解决新问题时更灵活，更具洞察力。由此可以看出，晚熟者也具有早熟者所不具备的优势。对于这一现象，研究者做出了如下解释：儿童中期和前青少年期是应对技能发展的极为重要的时期，而这种技能对个体在青春期和成年期的发展具有重要意义和价值。与早熟者相比，晚熟者拥有更长的青春期前的准备时间，这使其在心理上对青春期的到来做好了充分准备(Peskin, 1967)。早熟者通常很早就被成人社会所接受，因此，他们或许还没有尝试过应对环境和解决问题的不同技能与策略就已适应了社会。

男孩的早熟和晚熟对他们心理发展是否存在长期效应呢？换句话说，早熟男孩和晚熟男孩在心理发展与人际关系方面的差异是否会持续到成年期呢？追踪研究表明(Livson & Peskin, 1980)，在38岁时，早熟男性的表现更有责任感、更具合作意识、更能自控、更加合群，同时也更加顺从、更为传统、更为严肃。与此同时，晚熟男性依然更加冲动和固执，但是也变得更有洞察力、更有创新意识、更加幽默机智。

(二) 女性的早熟与晚熟

与早熟男孩的发展模式不同，对于早熟女孩来说，她们的心理发展存在更多的危机。近些年来，越来越多的研究发现，女孩的早熟会更容易使其出现一系列问题(Brooks-Gunn & Paikoff, 1993; Waylen & Wolke, 2004)：与同龄人相比，早熟女孩更容易吸烟、饮酒、抑郁、出现饮食障碍、更早要求独立、与年长的人交朋友和更早谈恋爱等。并且，最近的一项研究表明，与晚熟女孩相比，早熟女孩更容易出现心理失调(Graber & Others, 2004)。与早熟女孩相比，晚熟女孩则被认为更有吸引力、好交际和富于表现力，并且具有更高的活动性、社会性、领导能力，更加受同伴喜爱(Livson & Peskin, 1980)。

对于早熟女孩可能表现出的诸多问题行为，许多研究者提出了质疑：是否早熟独自导致了女性青春期问题行为的出现？针对这一问题，有研究者对3~15岁女孩进行了追踪研究(Caspi & Moffitt, 1991)，并基于月经初潮年龄区分了早熟女孩（初潮在13岁之前）、正常成熟女孩（初潮在13~14岁之间）和晚熟女孩（初潮在14岁之后）。与许多研究一致，他们发现，在13~15岁之间，早熟女孩的问题行为有大幅度增加；但是，青春期前已表现出问题行为的早熟女孩在这一年龄段问题行为的增加显著高于其他女孩，而青春期前未表现出问题行为的早熟女孩，其问题行为的增加与正常成熟组女孩无显著差异；晚熟女孩在13~15岁之间则很少表现出各种问题行为。由此可以看出，早熟女孩的问题行为并不完全是早熟导致的，早熟只会增加那些先前有问题行为历史的女孩的青春期问题行为，即早熟似乎强化或扩大了青春期前已存在的个体差异。那些在童年时表现出较多问题行为的女孩在经历早熟的压力时会变得更加极端，但那些童年时同样也表现出较多行为问题的晚熟女孩，其先前行为倾向在经历青春期时所受到的强化却较少。

女孩的早熟对其心理发展是否存在长期效应？一般来说，过早介入不良行为对早熟女孩具有长期的消极影响。早熟女孩卷入问题行为的时间越早，越可能对她们学业成绩产生长期的不良影响。到成年期，早熟女孩与晚熟女孩的教育水平会表现出显著差异。研究发现，在义务教育以后继续接受教育的女孩中，晚熟女孩可能是早熟女孩的两倍(Magnusson, Stattin, & Allen, 1986)。对早熟女孩成年后人格特点的研究发现，一方面，早熟女孩与晚熟男孩的人格发展表现出有趣的相似现象(Peskin, 1973)，这两种青少年在青春期都可能出现自尊问题；另一方面，像晚熟男孩一样，早熟女孩在青春期被迫发展起应对技能，而这些技能有长期的积极效应。

拓展阅读

为什么早熟会对男女青少年产生不同的影响

对于早熟对青少年影响的性别差异，心理学家做出了不同的解释，为我们提供了看待这一问题的不同视角。

第一种解释可称为"偏离假设"(deviance)(Simmons & Blyth, 1987)。这一假设认为，

早熟使青少年在身体外表上变得与他们的同伴相差很大，由此面临更大的心理压力。一般来说，早熟女孩比她们的男性和女性同伴成熟得都早，这使她们的身体外表在其发育早期就变得非常突出，因此更易受到同伴的排斥和攻击。这样，早熟的女孩更可能加入年长的同伴团体寻求同伴认同，而这又增加了她们出现问题行为的几率。与早熟女孩相反，早熟男孩则因他们更加成年化的外表而在同伴和成人中获得了较高的声誉与地位。

第二种解释是"发展性准备"。这种观点认为，青少年如果在未做好心理准备之前就已经进入青春期，就会产生心理压力（Simmons & Blyth, 1987）。青春期是对青少年心理适应的一种挑战，由于早熟青少年进入青春期的时间更早，因此，早熟青少年比其他青少年更不能适应这种挑战。由于早熟女孩的青春期出现得特别早，这会使她们有限的心理资源受到很大的挑战，而早熟男孩的青春期出现得相对较晚，因此与早熟女孩相比，他们会有更多的心理准备，所以较少出现心理问题。"发展性准备"的假设还有助于解释这一事实：在青春期，晚熟男孩似乎比早熟男孩更能控制他们的脾气和冲动（Peskin, 1967）。

第三种解释是"社会文化偏爱"（Petersen, 1988）。早熟对女孩来说意味着不能继续拥有社会文化所赞美的苗条身材。早熟使女孩变得身材高大、体重增加、身体丰满，这就不再符合女性苗条美的社会文化标准了，由此早熟女孩承受更大的心理压力。与此相反，青春发育使男孩从一种社会文化所不期望的男性状态（矮小和瘦弱）转变为社会文化所赞许的男性身体状态（高大和肌肉健壮），早熟者在他们的同伴面前拥有高大和健壮的身体优势，因此更可能在青春期表现良好。

资料来源：张文新，2002

四、青少年的生理健康与保健

在人生的第二个十年，青少年所表现出的快速生理发育对这一时期的生理健康与保健提出了特殊的要求。健康教育者和卫生保健人员对于这一点应有更为清晰的认识。近二三十年来，青春期的卫生保健领域得到了快速发展，但比较遗憾的是，在国内该领域的发展相对比较缓慢。

(一) 青少年生理健康与保健的特殊性

与人生的其他时期相比，青少年期的生理健康与保健有其特殊性。一方面，从慢性疾病发生率、住院经历和在家养病的时间来看，青少年期是人生历程中最为健康的时期之一,尤其是随着近年来医疗技术的提高和卫生保健条件的改善,青少年因为大小疾病致残或致死的比率更是下降了很多;另一方面,不健康的行为(如吸烟、饮酒和吸毒等)、暴力以及冒险行为(如鲁莽驾驶)是对青少年健康的最为致命的威胁。有研究者指出了青少年期"新的致病和死亡因素"(Hein, 1988),包括事故(尤其是车祸)、自杀、他杀、有害物质滥用(包括烟草和酒精制品的使用)以及性传播疾病(如艾滋病等)。并且,在青少年期建立的饮食、吸烟和运动模式会延续到成年阶段(Williams et al., 2002)。由此可以看出,青少年期健康保健的重点并不在于对疾病的评估、诊断和治疗,而是在于对青少年的引导和教育——根据青少年期个体的生理变化,通过正确的引导和教育,以有效预防疾病和伤害事件的发生,从而提高青少年的健康水平。换言之,对于青少年期的生理健康和保健,我们所要关注的问题是:

- 如何才能鼓励青少年采取必要的步骤来预防疾病和伤残?
- 如何能够帮助青少年减少危害健康的行为(如暴力、吸毒、不安全驾驶以及无保护的性行为)、增加有助于健康的行为(如健康的饮食、足够的锻炼以及驾驶时系安全带等)。

(二)青少年生理健康与保健的途径

一般来说,对于青少年期个体的生理健康和保健,可以从以下途径入手:

1. 及时为青少年提供相关知识

这些知识主要包括:

- 关于青春期发育的相关知识。在孩子进入青春期之前,家长或者学校要通过适当的途径向青少年介绍青春期生理发育和相关生理变化的知识,以减少青少年面对青春期特殊事件时的恐惧。当女孩出现月经或男孩出现遗精时,母亲或父亲可以抽出时间单独与孩子谈论人的生长发育以及为人之责任等话题,不要避而不谈,因为成人逃避的结果可能会使青少年在好奇心的驱使下,通过一些不良渠道获取这些知识,如看色情小说、浏览色情网站等,从而出现身心健康的隐患。
- 关于青春期保健的相关知识。随着身体的发育成熟,青少年需要学会一些特殊的保健措施,如脸上的痤疮怎么处理、如何保证经期卫生、如何保证着装卫生等。这些知识可以由学校通过为青少年提供正规讲座的形式传递给青少年。同时，家长也可以单独就这个问题与青少年交流。

- 为青少年提供关于酒精和其他药品的使用、事故预防、适当的营养以及安全的性行为等方面的相关知识。在当前社会中，这些知识的获取能够在一定程度上预防青少年致病、致残或致死。

2. 为青少年提供可以求助的途径

在青少年出现问题或面对生理发育变化出现迷惑时，可以让他们找到可以接受的途径去咨询。近十年来，国际上影响广泛的比较流行的做法是：建立以学校为基础的健康中心（Steinberg, 2005）。这些健康中心的定位是：针对青少年期卫生保健中最为迫切的问题提供服务，如预防大多数可以预防却因为没有充分利用传统的医疗服务而出现的青少年健康问题，为青少年的卫生保健需求保密等。这些保健中心一般位于学校内或学校附近，它们提供生理检查、小创伤治疗、健康教育课程、牙科治疗以及与药物滥用、性行为和心理健康相关的咨询服务。

3. 改变青少年的生活环境

青少年的健康行为受到许多因素的影响，要达到提高青少年健康水平的长期目的，改变他们的生活环境是根本。一项研究考察了法定饮酒年龄所产生的影响。结果发现，提高合法饮酒的年龄，能够使年轻司机和行人在车祸事故中的死亡率明显下降；并且，与汽车无关的无意伤害的比率以及他杀的比率也有显著下降（Jones, Pieper, & Robertson, 1992）。还有研究发现，减少青少年吸烟的最有效的方法就是提高香烟的价格（Gruber & Zinman, 2001）。同样，要想让青少年不吸毒，就要让青少年接触不到或无法接触毒品；要想降低青少年的车祸事故，就要延迟青少年驾驶汽车的年龄等。

本章关键词

青春期　　激素　　内分泌反馈系统　　个体差异　　群体差异　　自我评价
情绪化　　家庭关系　　早熟　　晚熟　　生理健康

本章小结

本章首先系统介绍了青春期个体的生理发育和变化,包括激素与内分泌系统、中枢神经系统和青少年的身体发育情况;随后,描述了青少年生理发展的个体差异与群体差异,并且具体阐述了遗传和环境在青少年生理发展差异中所起的作用。青少年期的生理变化会以多种方式影响青少年的心理发展及其社会关系,本章在勾勒青春期对青少年的自我评价、情绪与家庭关系所产生的直接影响的基础上,描述了青少年的早熟、晚熟及其发展之间的关系。最后,具体介绍了青少年生理健康与卫生保健的途径。

问题和练习

1. 青春期个体的生理变化主要表现在哪些方面?
2. 激素是如何影响青少年的心理与行为的?
3. 如何理解青少年生理发展的个体差异与群体差异?
4. 什么是青少年身体发育的"长期趋势"?
5. 青少年的生理变化是通过哪些方式来影响其心理与行为的?
6. 在进入青春期后,小丽的情绪忽然变得非常不稳定,早上起床时情绪还比较积极,中午放学回来就泪眼汪汪的。请对这一现象做出解释。
7. 试述早熟和晚熟与青少年发展之间的关系。
8. 在当前社会中,我们可以通过哪些途径对青少年的健康进行保健?

第 3 章

青少年的认知发展

学习目标

通过学习本章,你应该能够:

- 理解青少年思维发展的特点
- 掌握皮亚杰的认知发展理论
- 理解信息加工的一般过程
- 掌握社会文化理论

认知是具有完整结构的动态系统，指人们认识、理解事物或现象，保存认识结果以及利用有关知识经验解决实际问题的过程。认知包括感觉、知觉、记忆、想象和思维，其中思维是认知能力的核心部分。思维是认识的高级形式，它具有概括性和间接性等特点，能揭示事物的本质特征和内部联系，并主要表现在概念形成和问题解决的过程中。因此，可以通过揭示青少年的思维发展特点来了解青少年的认知发展。

青少年认知发展的特点

一、青少年抽象逻辑思维发展的特点

青少年抽象逻辑思维的发展包括形式逻辑思维和辩证逻辑思维两个发展过程。形式逻辑思维和辩证逻辑思维虽然都是概括地、间接地反映事物的属性和性质,但却有本质的区别。形式逻辑思维是一个从具体到抽象的过程,它撇开事物之间的个别性、差异性和矛盾性,反映事物的本质或属性,是一个片面、静止和抽象的过程。辩证逻辑思维是更高级的思维过程,它统一事物的个别性、差异性和普遍性,对事物之间的矛盾运动进行反映,从而全面、灵活、具体地认识了事物的本来面貌。从上面可以看出,形式逻辑思维和辩证逻辑思维在反映事物的属性和性质时,在深刻性、灵活性和全面性上有着极大的区别。

处于青少年早期的青少年,开始从新的角度去认识外部的世界,能更加抽象地看待这个世界,能同时从多个角度对事物进行观察和思考,对事物的看法更加全面而不是仅仅考虑其中的某一个方面。这说明,青少年与儿童相比,其思维能力有了一个质的飞跃。

基廷 (Keating, 1990) 提出青年思维与儿童思维有很大的不同,主要表现在以下五个方面:

1. 思维不受现实事物的限制,可更好地思考可能发生的事物

例如,在中学学习立体几何时,由于儿童没有达到形式运算水平,当不提供具体模型时,他们对立体几何的理解会困难重重,而青少年的形式逻辑思维得到了一定程度的发展,能把内容和形式区分开来,因此不再受具体事物的限制,能脱离具体的事物进行思考,能从抽象的角度去解决立体几何的有关问题。

2. 思维概括能力更强,更善于思考抽象的问题

进入青少年期之后,青少年抽象逻辑思维得到了充分发展,思维概括能力得到加强。青少年在解决了一个问题之后,还会主动去探索,希望找到另一种解决问题的方法,比如在中学解决数学问题时。这与儿童有很大的区别,儿童在解决某一问题之后,一般不会主动去寻找解决问题的另一种方案。

3. 开始更多地思考思维过程

青少年拥有了更多的元认知技能，他们对自己思维过程的认识能力逐渐增强，开始更多地思考自己思维的过程。例如，青少年在解决问题的同时，还会考察自己思考问题的过程。当正确地解决问题后，他们会反思，如何思考会更快地解决问题。当没能正确解决问题时，他们会更加仔细地反思，怎样思维才能使得问题得到解决。

4. 青少年的思维变得多维，趋向于从多个角度思考问题

在面对问题时，青少年倾向于从多个角度、多个方面去思考和解决问题，通常不像儿童那样给出唯一的解释。如果询问一个儿童，做某件事情是对还是错，他通常会给出一个单一的结论，回答对或者不对。但是，如果询问一个青少年，他会从多个角度去考虑这个问题，然后再做出回答。

5. 相对更辩证地看待事物，不再那么绝对

青少年看待事物、思考问题时，不再是那么绝对，也不像儿童那样简单地接受来自外部世界的刺激和信息，他们能更进一步、更深层次地对事物和遇到的问题进行思考。例如，个体犯了错误而受到老师或家长批评，对于受批评这件事情，儿童可能认为是一件不好的事情，而青少年却能认识到，家长或老师及时纠正自己的错误，对自己的成长是一件好事。

总之，在青少年期，个体能逐渐把形式和内容区分开来，表现出了形式逻辑思维，并在整个青少年期占有优势地位。同时，青少年的辩证逻辑思维也获得飞速发展。青少年辩证逻辑思维阶段是由瑞吉尔 (Riegel, 1973) 提出的，他认为，皮亚杰提出的四个认知发展阶段不能解释个体在15岁以后表现出来的越来越明显的思维的辩证特征。他认为，个体在形式逻辑思维之后，出现的是辩证逻辑思维。瑞吉尔认为，个体可以从皮亚杰提出的四个认知发展阶段中任意一个阶段直接发展到与之相应的辩证逻辑思维阶段。

二、青少年形式逻辑思维的发展

(一) 青少年形式逻辑思维的特点

形式逻辑思维是由具体到抽象的过程，青少年的形式逻辑思维已经获得了大幅度的发展，并在其思维活动中占主导地位。具体表现在以下三方面：

1. 运用假设进行思维

和儿童相比，青少年能更高程度地建立和检验假设。假设是猜想、推测因果之间的关系。与小学生相比，初中生能在更高的程度上建立假设并对其进行检验。在面临和解决问题时，初中生通常通过仔细分析问题情境，找出存在于问题情境中的各种可能性，然后提出多个假设，再通过逻辑分析对这些假设逐一进行验证。到了高中阶段，青少年则使用更加完整和完善的步骤来进行假设思维。在面临问题时，他们通常有一个完整的解决问题的方案，首先提出问题，再明确问题，接着提出假设，然后制定解决问题的方案，最后实施方案来检验假设是否正确。

2. 推理的能力不断提高，发展水平不平衡

推理包括演绎推理和归纳推理。在青少年期，青少年的逻辑推理能力不断得到发展。一般来说，归纳推理能力优于演绎推理能力。原因是，人类的认识遵循这样的规律，即从特殊到一般，然后再由一般到特殊。也就是先归纳后演绎，演绎推理总是在归纳推理的基础上进行。

在初中阶段，青少年的各种逻辑推理能力还是初步的。到了高中阶段，随着年级的升高，各种逻辑推理水平也在不断提高，但两种推理的发展水平仍然存在差异。

3. 运用逻辑思维的能力在不断发展中存在不平衡性

青少年运用逻辑法则的能力也在不断发展，并在发展中存在不平衡性。青少年掌握逻辑法则的情况，主要体现在对矛盾律、排中律和同一律的认识上。其中，矛盾律掌握最好，同一律次之，排中律最差。

> **拓展阅读**
>
> **矛盾律、排中律和同一律**
>
> **矛盾律**：在同一思维过程中，两个互相矛盾或反对的思想不能同时是真的。
>
> **排中律**：在同一思维过程中，两个互相矛盾的思想不能同假，必有一真。
>
> **同一律**：在同一思维过程中，每一思想的自身必须是同一的。

(二) 经典实验

皮亚杰和英海尔德用了很多实验来研究青少年的形式逻辑思维，来考察青少年的假设——推理能力，其中最著名的实验有天平实验、钟摆实验和化学混色实验。

1. 天平实验

皮亚杰的天平实验是这样进行的：给被试呈现一个天平和一些大小不同的砝码，砝码可以在天平的力臂上移动。当天平不平衡的时候，可以通过增加砝码、减少砝码、移近砝码、移远砝码的方法来恢复天平的平衡。给被试呈现一个处在不平衡状态的天平，要求被试恢复天平的平衡。学龄前儿童经常采用减少砝码的办法来恢复天平的平衡，即减少下降端的砝码，而青少年可能采取更多的方法来恢复天平的平衡，除了采用减少砝码的方法之外，他们还会通过移动砝码来恢复天平的平衡。减少砝码和移动砝码这两种方法都是可逆的，这说明与学龄前儿童相比，青少年能认识更多不同的可逆形式。

2. 钟摆实验

在钟摆实验中，主试向被试演示钟摆的运动情况，向被试提供不同重量的钟摆、用来系钟摆的不同长度的绳子，并且被试还可以改变最初推动力的大小以及钟摆下落点的高度。要求被试来做出判断，是哪些因素或者哪些因素的结合影响钟摆的速度。实际情况是，绳子的长度是影响钟摆速度的因素，而钟摆的重量、最初推动力和钟摆下落点的高度并不影响钟摆的速度。实验中，儿童会同时改变以上四个因素来解决问题，从而确定这几个因素同时影响钟摆的摆动速度。青少年则只改变其中的一个因素，使其他因素保持恒定，建立各种假设，然后再一一验证，从而得到正确的结论——只有绳子的长度会影响钟摆摆动的速度。从钟摆实验可以看出，与儿童相比，青少年的假设-推理能力已经得到很好的发展。

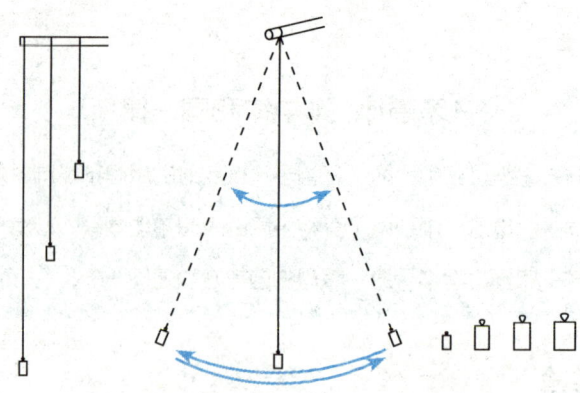

图3-1 皮亚杰的钟摆实验装置示意图
（资料来源：林崇德，沈德立，1996）

3. 化学混色实验

化学混色实验的原理是：实验开始时，在儿童面前摆一张桌子，桌子上放置4个大瓶子、1个标识瓶和2个烧杯。4个大瓶子中的每一个瓶子都盛有一种透明液体。把1号瓶和3号瓶中的液体倒入一个烧杯中混合，然后取标识瓶中的液体，滴入烧杯中，混合液体变成了黄色。此时，如果往烧杯中加入2号瓶中的液体，混合液体的颜色保持不变，仍为黄色，但在烧杯中加入4号瓶中的液体后，混合液体则变成了无色液体。

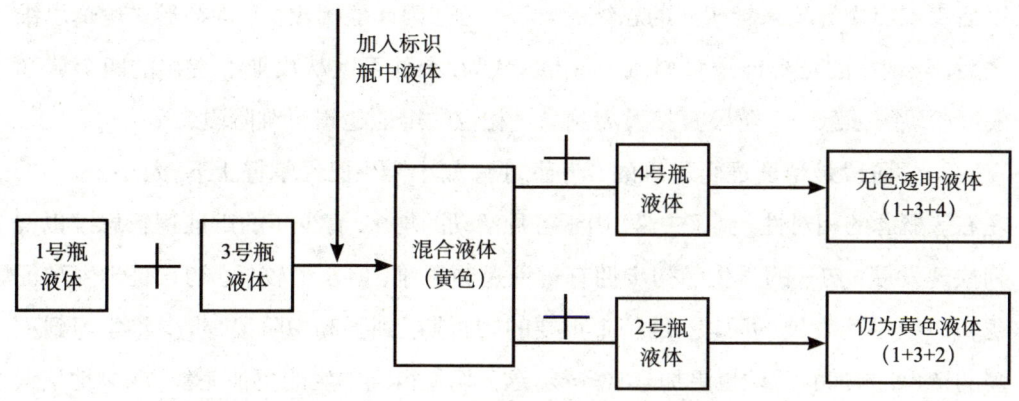

图3-2 化学混色实验原理图

实验是这样进行的：主试向被试呈现两个事先装满液体的烧杯，一个烧杯里装满1号瓶和3号瓶的混合液体，另一个烧杯装满2号瓶中的液体。主试从标识瓶里取出液体，分别滴入这两个烧杯中，然后一个烧杯中的液体变成了黄色，另一个烧杯中的液体却没有变色。在实验开始时，被试并不知道烧杯中的液体取自于几号瓶，也不知道实验中的混色规律。主试要求被试对各种混合方式进行尝试，从而判断哪些液体混合后颜色会发生改变。

研究表明，7岁儿童在解决问题的过程中，并不能系统地进行混合取样，而青少年却能系统地去解决问题。青少年先是进行简单的尝试，即把每一烧杯中的液体与标识液进行混合；然后再进行稍微复杂的液体混合，比如两种液体混合，再加入标识液；随后再把三种液体进行混合，再加入标识液。通过系统地对液体进行混合取样——从简单混合到复杂混合，青少年就能发现哪些液体混合可以改变颜色，得到混色规律。从这个实验可以看出，青少年在解决问题的过程中，可以系统地做出种种假设并一一验证。

三、青少年辩证逻辑思维的发展

在皮亚杰提出的四个认知发展阶段中,个体认知发展的最高阶段是形式运算阶段。后来,有些研究者认为皮亚杰的形式运算阶段并不是个体认知发展的最高阶段,他们用辩证逻辑思维拓展了皮亚杰的认知发展理论。瑞吉尔于1973年提出了辩证逻辑思维阶段的概念,他认为,皮亚杰提出的四个认知发展阶段不能解释个体在15岁以后表现出来的越来越明显的思维的辩证特征。因此他提出,个体在形式逻辑思维之后,表现出的是辩证逻辑思维。瑞吉尔认为,个体可以从皮亚杰提出的四个认知发展阶段的任意一个阶段直接发展到与之相应的辩证逻辑思维阶段。

小学阶段是辩证逻辑思维的"萌芽期",如小学生已经掌握上下、大小、前后、左右等概念的相对性。到了中学,由于各种活动的增多,青少年的辩证逻辑思维也得到快速发展。初一的学生已初步拥有辩证逻辑思维,但水平较低。初三是学生辩证逻辑思维迅速发展的阶段,是一个重要的转折期。到了高中阶段,青少年学习到更多的知识,参加的活动也更加丰富多彩,这一切使得高中生能更加完善、深刻地认识外部事物,从而促进辩证逻辑思维的发展。到了高二,青少年辩证逻辑思维的发展水平已接近成人,但只有到了青年中、晚期,辩证逻辑思维的发展才能更完善、更成熟。

拓展阅读

辩证逻辑思维

形式逻辑思维被皮亚杰认为是思维发展的最高阶段,但一些心理学家认为,形式逻辑思维之后还存在着新的思维阶段。瑞吉尔(Riegel,1973)指出,这个新的思维发展阶段为辩证逻辑思维阶段,并提出个体可以从皮亚杰的四个认知发展阶段任一阶段直接发展为与之相应的辩证逻辑思维阶段。

皮亚杰的认知发展理论

一、皮亚杰认知发展理论的基本观点

(一) 皮亚杰认知发展理论的核心概念

皮亚杰认为,认知发展是通过个体与外界环境相互作用,个体主动构建心理结构,并通过适应外部环境使自身与外部环境达到一种暂时平衡的过程。

1. 图式

皮亚杰认为,图式是动作的结构或组织。在个体与外部环境相互作用的过程中,这些动作在相同或者相似的环境中不断得到重复,从而产生概括或者迁移。图式是个体感知、理解和思考这个世界的方式。由于个体图式不同,因此在面对相同的来自于外部世界的刺激时,不同的人对刺激所做出的反应是不同的,这是由于个体以不同的内在因素来感知、理解和思考来自于外部世界的刺激。图式最初是先天遗传的,个体在与环境的相互作用中、在适应外部环境的过程中,通过同化和顺应,图式从低级向高级发展,不断地得到丰富。

2. 同化和顺应

皮亚杰认为,认知发展是通过个体对外部环境的不断适应而实现的。适应包括了两种形式,即同化和顺应。同化指个体把外部环境中的因素纳入到已有的图式当中,从而丰富和加强了个体的动作。实际上,同化是个体图式不断增多的过程,在这个过程中,个体并没有对自身的图式进行改善或者改变。图式只发生了量变,并没有产生质变。例如,小明家有一只狮子狗,小明在公园中看到了其他种类的狗,如狼狗,他就会吸收狼狗特征这些信息,把狼狗的这些信息纳入到自己已有的狗的图式中。以后遇见了其他种类的狗,小明还会逐渐地纳入到自己已有的狗的图式中去,从而丰富了自己关于狗的图式。

当呈现给个体的信息不符合他已有的图式时,个体就不会简单地把环境中的信息纳入到已有的图式中。这时,就出现了顺应,顺应是与同化互补的一个过程。顺应指个体为了适应外部环境,调整或改变已有的图式。顺应是个质变的过程,在这个过程中,个体为了适应新的信息,改变或调整自己原有的图式。例如,小明熟悉狗的特征,当妈妈带小明去动物园游玩时,小明会看到其他的动物,如狮子和老虎。此时,小明就不能把狮子和老虎归类到自己的狗的图式中去，而是通过调整和矫正自己原有的图式来容纳这些新的信息。

同化和顺应并不是两个相互对立的过程，而是相互联系、相互依存的。在一个活动中可能同时存在这两个过程，只是在不同的活动中，有时候同化占主导地位，有时候顺应占主导地位。在个体很多的认知活动中，我们会同时看到同化和顺应。例如，一个刚学会说话的儿童可能将与妈妈年龄相当的年轻女子都称为"妈妈"，这里面包含一个同化的过程。随着年龄的增长，这个儿童可能会看到自己妈妈与其他女子之间的区别，从而只将妈妈的这个称呼用在自己的母亲身上，这里面又包含着一个顺应的过程。

3. 平衡

根据皮亚杰的观点，个体总是会尽可能地获得平衡。当呈现给个体的信息符合其现有的图式时，个体就会感到自身与环境保持着一种平衡。但是，当呈现给个体的信息不符合其现有的图式时，个体就感到出现了不平衡。在不平衡状态中，个体通过同化或者顺应来达到自身与外界环境的一种新的平衡。这种新的平衡并不是绝对的或静止的，而只是暂时的平衡。个体对平衡的追求总是从一种平衡到另一种平衡，个体就是在对平衡的追求过程中实现了认知的发展。皮亚杰认为，平衡的发生包括三个阶段。首先，当作用于个体的信息与其图式相匹配时，个体处于暂时的平衡状态。其次，当个体感到现有的图式与外界环境中的信息不匹配时，就打破了现有的平衡。最后，个体发展了一种新的更有效的认知方式，又达到了一种新的平衡。

（二）皮亚杰认知发展理论的基本假设

1. 个体认知发展的内在主动性

皮亚杰认为，个体认知发展的源动力存在于个体自身中。当个体与外部环境之间相互作用时，个体并不是只能被动地接受外部环境刺激的影响，而是主动地寻求探索周围的环境和刺激。因此，很大程度上儿童的发展方向和水平是由儿童自身决定的。

2. 儿童认知的发展是其心理结构的改进与转换

皮亚杰指出，结构具有整体性、转换性和自调性三要素。结构的整体性指整体中的各个成分不是独立存在的，而是相互联系在一起构成一个有机的整体。结构的转换性指结构在不断地运动和发展，随着结构的不断转换，认知也在向前发展。结构的自调性指平衡对图式的调节作用。皮亚杰认为，由于结构具有整体性、转换性和自调性，个体在与外界相互作用的过程中，使得心理结构不断得到改进和发展，从而促进了认知的发展。

3. 认知发展具有建构性

皮亚杰认为，个体的认知发展是个体在与外界环境相互作用的过程中，个体的心理结构或图式不断得到改进、改善的过程。个体接受到外界的信息后，根据自己已有的图式对其进行解释，对外部刺激的认识程度完全取决于个体已有的认知结构或图式。也就是说，在认知发展过程中，个体是积极主动地构建心理结构或者图式。

(三) 影响认知发展的因素

皮亚杰认为，影响个体认知发展的因素有成熟、物理因素、社会环境和平衡。

1. 成熟

成熟主要指神经系统的成熟。神经系统是个体认知发展的物质基础，也就是说，个体的某些行为能否出现依赖于神经系统的某些功能。皮亚杰认为，成熟是个体认知发展的必要条件而非充分条件，成熟在个体认知发展过程中起着一定的作用。

2. 物理因素

物理因素指个体在与外部环境相互作用的过程中所习得的经验。经验包括物理经验和逻辑－数理经验。物理经验指个体作用于具体的物体上所获得的关于物体的颜色、形状、大小等经验。而逻辑－数理经验不是通过个体感知物体本身而获得的关于物体性质的认识，而是通过个体对外部事物（客体）施加动作及其协调所产生的。

3. 社会环境

社会环境指人与人之间的相互作用以及社会文化的传递，主要包括社会生活、文化、教育、语言以及交往对个体认知发展的影响。

4. 平衡

皮亚杰认为，上面三个因素不能完全说明发展的过程，发展只有通过平衡才能得到完整的解释。皮亚杰认为，平衡指个体在不断成熟的内部组织与外部组织相互作用的过程中，使个体的认知结构处于一种相对稳定的状态。当作用于个体的外部信息与个体的已有图式不匹配时，就会出现不平衡。此时，青少年会不断调整和改善自己的图式，从而达到一种新的平衡状态，个体就是在不断追求平衡的过程中得到发展的。

二、认知发展的阶段论

(一) 认知发展的阶段

1. 感知运算阶段 (0—2岁)

在此阶段，儿童主要通过感知运动图式与外部环境相互作用。在这个阶段中，儿童凭借很简单的动作与外部世界或其他人进行交流。最初儿童是被动地对反射动作的适应，逐渐地，儿童也会积极地、有意识地控制自己的行为模式。当儿童成长到大约9个月大的时候，就会出现客体永久性。在感知运算阶段后期，儿童开始对外部刺激表现出内在表征。

 拓展阅读

客体永久性

客体永久性指在没有看到、听到或知觉到某个物体时，个体对此物体仍有内在的心理表征。没有建立客体永久性的儿童，认为只有自己看得见的物体才存在，一旦这个物体从视线中消失，就认为这个物体不再存在了。例如，把一个婴儿正在玩耍的玩具放到地毯下边，如果婴儿会试着去地毯下边找这个玩具，我们说这个婴儿具备了客体永久性；如果这个婴儿不再试图去寻找刚才玩耍的玩具，那么我们就说这个婴儿不具备客体永久性。

2. 前运算阶段 (2—7岁)

前运算阶段是在感知运算阶段的基础上发展起来的。在此阶段，各种感知运动图式逐渐转换为内在的心理表象或形象，儿童也从依赖于简单的动作与外部世界交流转换到依赖于内在抽象的表象来与外部世界相互作用。儿童能通过表象、语言以及其他的符号来表现内心世界和外部世界。在这一阶段中，个体的思维模式具有明显的自我中心特征。自我中心性并不是说儿童是"自私自利的"，而是说个体总是站在自己的角度去考虑问题，不能从他人的角度去认识外部世界。儿童的自我中心性体现在认知、言语、情感和社会性发展等各个方面。

皮亚杰认为，自我中心性是前运算阶段儿童思维的一个显著特点。自我中心指个体不能很好地把自我和外部世界区分开来，总是站在自己的角度去认识外部的世

界，只能考虑自己的观点和想法，不能接受他人的观点。例如，儿童能认识到自己的左边和右边，却要间隔很长时间才能区分别人的左边和右边。再比如，处在此阶段的儿童，知道自己有哥哥或姐姐，但不知道自己的哥哥或姐姐是否有弟弟或妹妹（自己）。

拓展阅读

"三山"实验

皮亚杰的"三山实验"很好地说明了处在前运算阶段的儿童思维的自我中心性。

让儿童坐在一张桌子前面，桌子上放着一个模型。模型是三座山，这三座山是以不同的标志来区别的。一座山上覆盖着白雪，一座山上有一间房子，第三座山的山顶上有一个红的十字架。然后把一个娃娃放在桌子周边不同的位置，同时从不同角度拍摄"三座山"的照片，让儿童从这些图片中挑出娃娃所看到的那张图片。结果是，大多数6岁以下的儿童选择的图片，都与自己观察的角度一样，而不是站在娃娃的角度去选择图片。由此可见，自我中心是处在前运算阶段儿童思维的基本特征。

但是，有的心理学家认为，这个实验的任务对于处在这个年龄阶段的儿童来说，过于复杂，会对实验的结果产生影响。

3. 具体运算阶段（7—11岁）

在具体运算阶段，儿童能够熟练地操作他们在前运算阶段所形成的内在心理表象或形象。他们不仅能够形成事物的内在心理表征，还能对这些表象或形象进行心理操作。但是儿童只能对具体事物形成的内在表象或形象进行心理操作。

在这一阶段，由于具备了对表象或形象进行心理操作的能力，儿童获得了守恒，可以完成守恒任务。守恒指当物理或情境的某一方面发生变化时，其他方面仍然保持恒定。例如，一块球形的橡皮泥，把它捏成长方体，虽然其形状发生了变化，但是其物质、质量和重量是不发生变化的。

拓展阅读

守 恒

儿童在具体运算阶段获得了守恒，有数量守恒（6—7岁）、长度守恒和物质守恒（7—8岁）、面积守恒和重量守恒（9—10岁），然后是体积守恒（12岁）。以下是数量守恒和长度守恒。

> **数量守恒**：第一行：☆ ☆ ☆ ☆ ☆
>
> 　　　　　　第二行：☆　☆　☆　☆　☆
>
> 　　问题：两行星星一样多吗？
>
> 　　回答：两行一样多。（守恒）第二行多。（不守恒）
>
> **长度守恒**：A ————　　　A ————
>
> 　　　　　　B ————　　　　B ————
>
> 　　问题：右边两根线段一样长吗？
>
> 　　回答：A 与 B 一样长。（守恒）A 更长或 B 更长。（不守恒）

4. 形式运算阶段（十一二岁至十五六岁）

形式运算阶段又被称为命题运算阶段。此阶段最大的特点是个体脱离了具体事物的束缚，能把事物的形式和内容区分开来。在具体运算阶段，个体心理操作的对象是具体事物的内在表象。在形式运算阶段，个体开始对脱离了具体事物的抽象符号进行心理操作。也就是说，处于此阶段的个体已经不再把自己的思维局限在具体事物和自身经验上，可以凭借对各种抽象符号的心理操作去解决问题、认识这个世界。

形式运算阶段和具体运算阶段有着本质的区别。比如，处在形式运算阶段的个体可以对命题进行运算，而处在具体运算阶段的个体只有在联系具体事物时才能解决问题。

另外，处在形式运算阶段的个体可以系统地综合各种因素来建立假设，然后逐一检验，而处在具体运算阶段的个体在面对有多个因素存在的问题时，往往盲目地尝试。皮亚杰等所做的钟摆实验就很好地说明了这个问题。

拓展阅读

对命题的运算

> 问题：汤姆比玛丽高一些，爱丽丝比玛丽矮一些，问在这三个人中，谁最高，谁最矮？
>
> 如果让一个处在具体运算阶段的儿童回答这个问题，儿童很难用命题来表示这三者之间高矮的关系，只有当具体的人站在儿童面前时，他才能很容易地解决问题。
>
> 如果让一个处在形式运算阶段的儿童来回答这个问题，他就能这样思考：爱丽丝比玛

丽矮一些，也就是玛丽比爱丽丝高一些，又知汤姆比玛丽高一些，因此可以得出，在这三个人中，汤姆最高，爱丽丝最矮。这说明，处在形式运算阶段的个体可以摆脱具体事物的约束，对命题进行运算。

自我中心性在个体的认知发展过程中出现过两次：第一次表现在前运算阶段；第二次则在形式运算阶段。当然，这两个阶段的自我中心的表现是不同的。

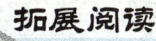

青少年思维的自我中心性

个体进入到形式运算阶段后，思维上的自我中心性又得到了恢复。首先，个体思想表现出主观性，他们坚持自己的观点和想法，并认为自己的观点是正确的。另外，青少年在这个阶段，在头脑中构想出假想观众。他们过多地关注自我，并且认为别人也特别关注他们，因此在自己的心里想象出好多观众，而自己就像在舞台上表演一样。同时，青少年也构建了个人神话，他们认为自己是世界上独一无二的，是与他人不同的。

（二）认知阶段的特点

认知阶段有以下特点：

首先，皮亚杰认为，个体认知发展4个阶段的先后次序是固定不变的。个体认知的发展是由低到高、从一个阶段发展到另一个阶段的，不能跨越某一个阶段去发展。皮亚杰认为，认知发展的阶段具有普遍性，所有的儿童都按照这样的顺序去发展。

其次，皮亚杰认为，个体认知发展的4个阶段中，每个阶段都有其独特的认知结构。这些独特的认知结构决定了处于此阶段的个体的行为特点。也就是说，处在某一阶段的个体可以从事与此阶段特征相对应的某些活动。

最后，皮亚杰认为，个体认知结构的发展是一个连续的过程。每一个发展阶段都是后一个发展阶段的基础，后一个发展阶段都是前一个发展阶段的延伸。

三、对皮亚杰认知发展理论的评价

(一) 贡献

皮亚杰的认知发展理论对儿童认知发展的研究产生了很大的影响,他通过大量的实验论证了儿童思维发展的规律和机制,为后来的研究者进一步研究儿童思维发展做出了很大贡献。首先,皮亚杰创立了"发生认识论",阐明了认识发生、发展的机制,并通过实验详细地论证了个体认知发展的阶段以及机制,从而为人们进一步研究认知发展以及新理论的产生奠定了基础。其次,皮亚杰提出,个体发展是个体与外部环境相互作用的结果,他提出的相互作用论具有辩证意义。再次,皮亚杰还强调,当个体与外部环境之间相互作用时,个体并不是只能被动地接受外部环境刺激的影响,而是主动地寻求探索周围的环境和刺激。

(二) 局限

尽管皮亚杰的认知发展理论为儿童认知发展的研究做出了巨大的贡献,但其理论仍然有一定的局限性。首先,皮亚杰认知发展理论中的适应和平衡是源于生物学的,贬低了环境、教育和语言的作用。他将适应和平衡扩展至人类社会,从而忽略了人的社会性这个最根本的特征。其次,个体的认知发展并不完全像皮亚杰描述的"全或无"那样的形式,个体的有些认知能力在其年幼时就已经存在。再次,皮亚杰的研究方法遭到了批评。有些人认为皮亚杰在做实验时把很多变量混淆了,从而对结果产生了影响。比如,没有考虑社会因素、儿童对语言的理解水平等对实验结果的影响,从而贬低了儿童的思维水平。还有,皮亚杰实验中的一些实验材料,经常是抽象的或者脱离了儿童实际生活的,因此,这些实验并不能真正说明儿童的真实推理能力。最后,皮亚杰认为个体思维发展的最高阶段是形式运算阶段,但有些心理学家认为形式运算阶段并不是个体发展的最高运算阶段,在此之后还有新的运算阶段出现。例如,瑞吉尔(1973)把此阶段称为辩证运算阶段,并且认为个体可以从皮亚杰的4个认知发展阶段的任一阶段直接发展到此阶段。

尽管皮亚杰的理论存在着一些不足,但这并不能抹杀皮亚杰对心理学所做的贡献,不能降低皮亚杰的理论在心理学发展历程中的重要地位。

信息加工理论

一、信息加工理论的基本观点

美国康奈尔大学心理学教授奈瑟尔所著的《认知心理学》一书于1967年问世，这标志着信息加工心理学正式作为一个学派立足于西方心理学界，引发了心理学界的认知革命。信息加工理论集中研究的是人类的认知过程。奈瑟尔认为，认知是指人们或其他有机体获取和利用信息的全部过程和活动。

纽厄尔和西蒙提出的著名的"物理符号系统"理论假设指出，计算机是物理符号系统，它能够操作符号，处理信息，而人脑也是物理符号系统，在人脑中所进行的心理活动，也可以看做是处理信息。刺激信息以感知觉的形式输入到人脑，人脑对所接受的信息进行积极的编码、转换和组织，然后做出行为反应，整个从输入到输出的过程，与计算机的信息加工过程相类似。把人脑比拟为计算机，为研究人脑的思维活动提供了新的视角。

信息加工理论把人类的心智看做是一个复杂的认知系统，这个系统在某些方面与数字计算机相似。与计算机一样，认知系统处理或加工来自于环境的信息和已经存储于系统内的信息。认知系统处理信息的方式有如下几种：编码、重编码或者解码，与其他信息进行比较或结合，从记忆中提取或存储信息，把信息维持在意识中心或排除出意识中心等。

图3-2的模型将帮助我们更好地理解信息加工的一般过程。

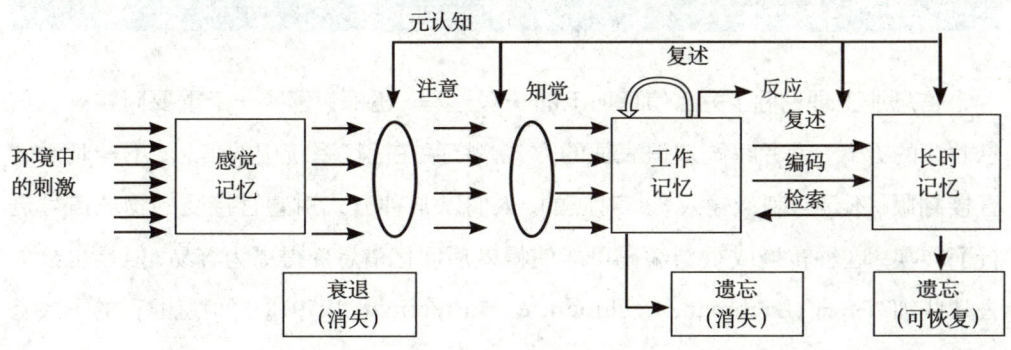

图3-2　信息加工的一般过程

其中，感觉记忆、工作记忆和长时记忆都是信息贮存的单元，但是三者又有不同的分工。外部环境中的各种刺激信息直接进入感觉记忆，被选择或注意到的信息进入工作记忆，没有被注意到的信息则因为衰退而消失。工作记忆中的信息经进一步加工后，有一部分又进入长时记忆，另一部分则因为遗忘而消失。长时记忆中的信息在需要的时候可以被提取到工作记忆中来，长时记忆中的元认知知识又控制着注意和知觉的过程。当然，长时记忆中的信息也可能发生遗忘。进入感觉记忆中的信息量很大，但保持时间短；工作记忆中的信息保持时间短、容量有限；长时记忆中的信息则是相对稳定的。

在研究方法方面，信息加工论者批判性地改造了内省的方法，并提出了"口语报告法"或"出声思考法"，要求被试通过原始的口头陈述来报告思考时的内部信息加工，即短时记忆中的内容。

拓展阅读

一个出声思考的实例

上课铃响了，讲台上，一位初中数学老师从批改好的作业中拿出两本，一本是一名成绩很好的同学的，他全做对了；另一本的主人成绩处于中等水平，在一道难度比较大的问题上，他像多数同学一样，得了个红叉号。老师简单说了一下作业的情况，对于那道难题，老师让这两名同学先后到黑板前一边演算一边大声说出每一个步骤，并请其他同学认真思考他们的思路，之后老师会提问。

这样，老师和同学们就能够知道做错这道难题时，是在哪个步骤上出了问题，可以有针对性地教给学生解决的办法。

信息加工理论除了关心信息加工的一般过程，还探讨了另一个重要问题——信息贮存的方式，或者叫做知识表征的方式。贮存在记忆系统中的信息，不是刺激的直接翻版，不是与刺激输入一一对应的。人们以某种方式对感官接受的物理信号进行了转换。这种转换或重新编码可能使得以后回忆信息变得更为容易，但是也会失去某些细节信息(Lachman, Lachman, & Butterfield, 1979)。对信息贮存的形式有影响的代表性观点有以下三种：

(一) 情节记忆与语义记忆

图尔文 (E. Tulving) 通过总结有关记忆方面的研究，把记忆区分为情节记忆 (episodic memory) 和语义记忆 (semantic memory)。

情节记忆是指有关以往经历的某些特定事件的信息，它主要用来贮存印象比较深刻的具体的事件。例如，青少年很容易想起中考那天的情景，所经历的细节仿佛就发生在昨天，历历在目。这就是情节记忆，是在具体的时空背景下发生的具体的事情。

那么什么是语义记忆呢？它是运用语言所必需的，以语言为媒介，有组织地存储人们对整个世界的知识。例如，语法规则、数理化公式、运算规则等方面的有组织的知识都属于语义记忆。图尔文认为，"语义记忆并不录下输入信息的可觉察的属性，但它却录下了输入信号的认识对象。语义系统使不直接贮存在该系统的信息可以检索，而且使该系统中检索出来的信息内容保持不变……语义系统也许比情节系统不易受不随意转换与失去信息的影响 (Tulving, 1972)。"所以，语义记忆不受具体的时空背景的影响，不是具体的事情，而是抽象的事实。

情节记忆与语义记忆的区别在于，在记忆系统中的信息组织的方式和信息贮存的性质是不同的。情节记忆是一种事件知识贮存 (event knowledge store)，其中的信息是以视觉表象或其他形象的形式而存储的，而语义记忆是一种概念贮存 (conceptual store)，其中的信息是经过抽象概括的。

情节记忆与语义记忆有着紧密的联系。它们是相互作用的。例如，当妈妈问青少年儿子："你的球鞋放在哪儿了？"儿子的回答所依据的是情节记忆中的信息。假如妈妈重复问儿子同样的问题，儿子的回答就会越来越快，这时情节记忆中的信息就逐渐变成语义信息，儿子不需要回忆情景就能很快地回答。

(二) 双重编码模型

图片比文字更容易记忆，这是我们日常生活中的常识。心理学研究也反复证明了这一点。有很多心理学家认为，心理映象是使信息进入记忆中的基本途径之一。

心理学家佩维奥 (Paivio, 1971) 研究发现，以具体的文字传递的信息，与抽象的文字表达的信息相比，学起来容易一到两倍。他认为原因在于具体的文字能够产生心理映象。举个例子来说，麻雀比鸟具体，鸟比动物具体，"麻雀"学起来就容易得多，因为我们头脑中可以产生一个具体的形象。

佩维奥用双重编码 (dual coding) 的假设来解释这一研究结果。他认为，我们可以用言语－序列贮存（verbal-sequential store）的形式对信息进行编码，也可以用映象－空间贮存（imaginal-spacial store）的形式对信息进行编码。例如，在听演讲时，我们是根据演讲者口语表达的顺序，逐字逐句进行编码的，这是言语－序列贮存。视觉映象是与之不同的，它包含空间领域信息，所有的信息是一次性处理的，佩维奥由此推测，抽象的文字，如"自由"和"真理"，是用言语－序列贮存的方式来储存的，而"麻雀"这类较具体的文字，可能同时具有言语记忆痕迹和视觉记忆痕迹。具体的文字比较容易回忆，一方面的原因可能就是由于存在双重编码，所以可以使用两种不同的方式提取信息。另一方面的原因是，映象系统与言语系统相比，不易产生遗忘。这些研究提示我们，在学习和教学的过程中，同时使用形象和抽象的形式对信息进行编码将有助于记忆。

(三) 语义网络模型

也有心理学家不同意佩维奥的观点，而是认为我们只以言语这一种形式贮存信息，只支持"言语贮存系统"的概念。他们承认映象在记忆信息加工中的重要作用，不过，他们认为言语形式是信息的最终表征方式，而映象信息则是根据言语代码重建起来的。语义网络模型用"交节点"来描绘概念与从属概念的层次结构关系。

语义网络模型的代表性观点有三种，即安德森的命题网络 (prepositional network)、诺曼与鲁梅尔哈特的活跃的结构网络 (active structural network) 和纽厄尔与西蒙的产生式系统 (production system)。

可以认为，研究者之所以对信息的表征方式观点不一致，是因为他们的研究对象不一样。不同类型的信息对表征系统的要求是不一样的。在现代认知心理学中，语义记忆的信息也会被称作图式。原因在于，认知心理学家认为人们要对这种图式赋予意义来理解语言。例如，"北京人真多。"我们理解这个句子时，不仅仅要对这个句子进行编码，利用这些文字所提供的信息激活语义记忆中的图式，而且，还要根据这些图式为这个句子赋予意义。我们可以对这个句子赋予两种不同的意义：一种是"在北京这个地方，人真多"另一种是"北京人，真多"。我们如何根据这个句子提供的信息来建构意义,决定着我们如何理解这个句子,而不是句子本身的文字决定这个句子的意义。

因此,图式的重要性在于,它不但能够储存信息,而且在长时记忆中发挥作用。它的作用有:①预期作用。图式提供了一个框架,新的材料必须适合于这个框架,从而被纳入这个框架。②补充作用。图式能够填补从环境中接受的信息中的间隙。③选择作用。图式吸引注意,使认知主体有目的地从环境中搜寻刺激。

按照心理学家巴特莱特(F. C. Bartlett)的观点,图式是个体已经具有的知识结构。它对于个体认识新事物发挥着重要作用。在认识过程中,个体要把新事物与已有的相关知识联系起来,这样才能理解它。所以,图式又被称为认知框架。1932年,巴特莱特做的一次经典实验,说明了图式在理解信息中的作用。实验中,巴特莱特让18个被试依次画图,以一幅鸟的图片作为实验材料,让第一个被试看后根据记忆画图,然后把第一个被试的作品给第二个被试看并根据记忆画图,第二个被试的作品给第三个被试看,当进行到第18个被试的时候,被试画出的图已经由最初的鸟变成了猫,尾巴也到了另一侧。也就是说,信息在很大程度上被改变了,适应了猫的图式,从而证实了信息加工理论的基本假设:人类记忆系统是一个能动的复杂的信息组织者和加工者。

图3-3 记忆过程中图形的变化

(摘自彭聃龄,2004)

研究的具体方法成为信息加工论者在研究过程中面临的一个困难问题。基于信息加工理论的研究继承了实验心理学的研究传统，并且吸收了计算机科学的研究成果，形成了一套比较完善的方法体系，即实验、模拟、理论分析相结合的研究方法。这种方法充分反映了当代科学在实验基础上高度综合的特点，以及宏观上的研究与微观上的研究相结合、定性研究与定量研究相结合的特点。这些具体的研究方法有：口语报告法、实验法和计算机模拟等方法。方法上的突破大大地促进了信息加工理论的发展。

在研究内容方面，信息加工论者的研究主要是进行了有关感知觉与注意、记忆、解决问题的策略等方面的。除此之外，他们还对概念形成的思维、学习与迁移、社会认知与心理学发展等问题进行了一系列的探讨。

二、信息加工认知发展理论

信息加工论者主张认知主体自身是积极主动的，他们认知变化的原因正是其持续不断的自我修正的过程。认知主体将通过自己的实践活动认识到哪些行为策略是有效的、哪些是无效的，而且，根据这些认识，认知主体在进一步的行动中将采用有效策略，舍弃无效策略，从而使自己变得更聪明。所以，认知主体今天如何行动将影响他明天如何思考。值得注意的是，信息加工观点主张认知发展是不分阶段的，是一个连续的过程。

与皮亚杰关于青少年认知发展新进展的观点一致，信息加工观点也认为，青少年的抽象思维能力比童年中期的儿童要强。但是，信息加工观点把这一变化归因于青少年具有更强的信息加工能力，即青少年能够更好地注意信息，更好地在记忆中保持信息，并能够更有效地表征信息。

信息加工论者认为，任务分析对于理解思维是非常重要的。个体怎样表征信息和加工信息都要在完成一定任务的过程中表现出来，通过任务分析，能够知道不同任务对认知主体的信息加工能力有什么不同要求，进而可以判断当认知主体不能完成任务时，原因究竟是在于主体行为不符合任务的要求，还是在于主体缺乏相应的认知加工能力。

对于认知的发展，信息加工论者主要关心如下四个关键变化过程的研究：编码、策略的建构、概括化和自动化。这四个过程的结合导致认知的变化(Siegler, 1991)。

如果认知主体要正确地完成任务,他首先必须对问题信息进行编码,然后,结合过去的知识产生一种解决问题的策略。当认知主体能够把新形成的策略应用到类似问题情境中的时候,就达到了概括化。新的策略在刚形成的时候执行得很慢很不熟练,通过多次练习,认知加工速度大大提高,元认知监控的努力减少,从而达到自动化的程度。

关于认知主体的抽象思维能力,与皮亚杰通过主客体相互作用而产生的观点不同,信息加工论者认为,抽象思维能力是通过教学直接教给儿童的。

例如,信息加工论者对于著名的天平平衡实验的解释与皮亚杰学派不同。皮亚杰学派认为,这是由于认知主体通过动手操作发现了事物之间的各种关系。信息加工论者则认为,青少年能够解决任务是因为个体获得了一系列解决问题的规则。实验中,在天平两臂的不同位置可以放重量不同的砝码,改变天平一边力臂的长度和(或)砝码重量,让被试设法保持天平平衡。认知主体首先获得关于重量的规则,之后是关于距离的规则,最后获得重量和距离相结合的规则。例如,他们先发现,把同样重量的砝码放在与天平中心距离相同的地方,天平是平衡的。改变一端的砝码的距离,天平失去平衡。同时改变距离和砝码重量,天平可能又达到平衡。青少年比小学儿童更容易完成这一任务,但是仍然没有认识到砝码重量与距离的关系影响天平平衡。有研究发现(Siegler, 1983, 1998),如果把"左边砝码重量和距离的乘积与右边相等"的公式教给儿童,则能够促进儿童对于这一任务的理解,提高解决能力。

社会文化理论

一、社会文化理论概述

维果斯基(Vogotsgy, 1896-1934)是前苏联一位著名的心理学家,是社会文化-历史学派创始人,是该学派奠基之作《高级心理机能的发展》一书的作者,与列昂节夫、鲁利亚一起,是"维列鲁学派"的代表人物。维列鲁学派是当时苏联最大的一个心理学派别,后来的心理学家,如钦琴科、加里培林、赞可夫、查包罗塞茨、艾利康宁、达维多夫等,都是维列鲁学派的成员。在美国、日本及西欧国家,这一学派也有着广泛的影响。

维果斯基认为,只有在儿童所经历过的社会文化-历史背景下来理解儿童的发展才有意义;儿童的发展依赖于个体随自身成长而形成的符号系统。

(一) 文化-历史发展理论

维果斯基提出了文化-历史发展理论,阐明了使人类不同于动物的那些高级心理机能的社会历史发生问题。他是从种系发展和个体发展两个角度对心理发展的实质进行分析的。下文中将有专门阐述。

(二) 心理发展观

维果斯基认为,心理发展是个体的心理从出生到成年,在环境和教育的影响下,在低级心理机能的基础上,逐渐向高级心理机能转化的过程。与皮亚杰的认知发展观不同的是,皮亚杰认为儿童通过自己来建构关于周围世界的认知图式,并且把认知发展划分为各个阶段;而维果斯基强调环境和教育的影响,强调儿童心理发展的社会性,他没有明确地把个体认知发展分为不同的阶段,但是对于低级心理机能向高级心理机能转化的标志做了明确的阐述。

(三) 最近发展区

维果斯基用最近发展区的概念说明了教学与发展,特别是教学与智力发展的关系问题。在教学与发展的关系上,维果斯基提出了如下三个重要的问题:

1. 最近发展区

最近发展区(zone of proximal development, ZPD)指儿童现有的水平与经过他人帮助可以达到的较高水平之间的差距。维果斯基认为,教学必须考虑儿童现有的水平并走在儿童现有发展水平的前面。在确定儿童的发展水平及其教学时,需要考虑两种发展水平。维果斯基把每个人目前所表现出来的发展程度称作"现实发展水平"(level of actual development),而个人在学习之后所表现出来的水平则称作"潜在发展水平"(level of potential development),是在成人或者更有能力的同伴的指导帮助下可能达到的解决问题的水平。最近发展区是潜在发展水平与现实发展水平之差。它存在着个别差异和情景差异。

拓展阅读

发生在最近发展区的学习实例

在学习人教版高中《物理》必修本第一册"人造卫星——宇宙速度"新课时,首先提出这样一组问题:

(1)在地面上抛出的物体为什么会落回地面?

(2)石块水平抛出,其轨迹如何?

(3)子弹从枪膛水平射出,其轨迹如何?

(4)导弹水平发射出,其轨迹如何?

(5)物体做平抛运动时,其飞行距离与飞行的水平初速度有何关系?

启发学生得出"速度越大,射程越远,其轨迹是曲线"的结论。

通过设问,使平抛运动等原有旧知识在学生脑海里再现,进入"最近发展区",这时再进一步设计一组问题:

(6)如导弹速度足够大,其射程可以绕地球一周吗?

(7)导弹的轨迹是圆还是抛物线?

(8)导弹水平发射的初速度满足什么条件时,导弹就成为一颗绕地球运动的卫星?

学生根据推理可兴奋地得出:只要速度足够大,射程足够远,导弹可绕地球一周。这是一种思维的挑战,解决问题的乐趣致使学生的学习兴趣高涨。通过讨论,教师引导可得:重力方向不变时是平抛运动,重力方向随着导弹位置改变时,导弹不再做平抛运动而是圆周运动了。此时,学生脑海中已建构起一幅完整的人造卫星原理图,并感悟出抛物线与圆轨迹之间的联系与区别,教师在此基础上介绍牛顿著作中描绘的人造卫星原理图也就水到渠成了。

资料来源:贺佩霞,宁波效实中学网站教师论文

2. 教学应走在发展的前面

在最近发展区内的教学,为儿童的发展提供了可能性,通过教和学的相互作用促进了儿童的发展。所以,教学"创造着"儿童的发展,社会和教育对儿童的发展起着主导的作用。维果斯基主张教学应该走在儿童现有水平的前面,通过教学带动儿童心理机能的发展。

基于最近发展区来考察教学的作用，它表现在两个方面：一方面，教学决定着儿童发展的内容、水平和速度等；另一方面，教学创造着最近发展区。儿童的现实发展水平和潜在发展水平之间的差距是动态的，取决于教学如何帮助儿童掌握知识并促进知识的内化。教学不能直接与发展画等号。但是，教学需要根据学生的最近发展区，既考虑现有发展水平，又考虑潜在发展水平，根据最近发展区给儿童提出高于现有发展水平、又在潜在发展水平之内的要求，把儿童潜在的发展水平变成实际的发展水平，同时不断创造新的最近发展区。只有这样的教学才能更好地促进儿童的发展。

3. 学习的最佳期限

为了发挥教学的最大作用，必须强调"学习的最佳期限"。维果斯基认为，学习某一技能时如果不考虑学习它的最佳年龄，脱离儿童发展的实际，就会造成儿童发展的障碍，对儿童的发展是不利的。因此，我们进行一种教学时，必须以发育和成熟为前提，而且教学必须建立在正在开始形成的心理机能的基础之上，并走在新的心理机能形成的前面。

（四）内化学说

维果斯基分析了智力形成的过程，提出了"内化"学说。

维果斯基指出，教学最重要的特征就是教学创造学生的最近发展区，正是教学激起和推动儿童的一系列内部发展的过程。通过教学，儿童掌握了全人类的经验，并内化于儿童自身的经验体系中。

内化学说的基础就是他的工具理论。维果斯基认为，人类的精神生产工具或"心理工具"，就是各种符号。运用符号系统使心理活动得到根本的改造，这种改造在人类发展和个体发展中都进行着。儿童早年还不会使用语言这个工具组织自己的心理活动，心理活动的形式是"直接的和不随意的、低级的、自然的"。在掌握了语言这个工具以后，它就转化为"间接的和随意的、高级的、社会历史的"心理技能。一开始，新形成的、高级的、社会历史的心理活动形式，是以外部活动的形式而存在，以后才逐渐"内化"，转化为内部活动，之后才能"默默地""在头脑中进行"。

二、维果斯基的文化-历史发展理论

人的高级心理机能是从哪里来的呢？维果斯基从种系发展和个体发展的角度，

分析了心理发展的实质，提出了文化-历史发展理论，以此说明人类心理本质上区别于动物的高级心理机能及其起源。

(一) 两种心理机能：低级心理机能和高级心理机能

维果斯基对两种心理机能作了区分，即低级心理机能和高级心理机能。低级心理机能是由动物进化而产生的结果，是个体在早期以直接的方式与外部世界相互作用时表现出来的特征，如基本的知觉加工与自动化过程。高级心理机能是历史发展的结果，它是以符号系统为中介的，如记忆的精细加工系统。高级心理机能是人类在本质上区别于动物的特征（思维、有意记忆、逻辑记忆等）。

在个体心理发展的过程中，高级心理机能和低级心理机能是融合在一起的。高级心理机能实质上是以精神生产的工具——即人类社会所特有的语言和符号为中介，并受社会历史发展的规律所制约。与动物心理相比较而言，人的心理不仅在量上有所增加，而且，在结构上有了改变，形成了新质的意识系统。

(二) 高级心理机能的社会起源——精神生产的工具（语言符号系统）

历史唯物主义的观点强调劳动在人类适应自然和在生产过程中借助于工具改造自然的作用。根据这一思想，维果斯基提出了对高级心理机能的社会起源和中介结构的看法。使用工具进行劳动使得人类有了新的适应自然的方式，即物质生产的间接方式，而动物是以身体的直接方式来适应自然的。在人类使用工具进行生产的过程中，积累了经验并代代相传，这种间接的经验即社会文化经验。这样，人类的心理发展规律就不再受生物进化规律的制约，而是受社会文化历史规律的制约。这里的工具分为两个层次：精神生产的工具和物质生产的工具。物质生产的工具指向外部，引起客体的变化。精神生产的工具即语言符号系统指向内部，它引起人的心理结构和行为的变化。

在维果斯基看来，最重要的精神生产工具就是语言。儿童不但使用语言进行社会交往，而且也用语言来计划、指导和监控自己的行为，是一种自我管理的方式。这种自我管理的语言被称为"内部言语"或"个人言语"。3—7岁的儿童处在由外部语言向内部语言转化的过程中，常常自言自语。

（三）心理机能的中介结构——历史文化

维果斯基认为社会文化是对儿童认知发展起重要作用的因素。儿童认知能力的发展源自社会关系和文化，儿童的记忆、注意、推理能力的发展都与学习和使用社会的创造发明有关。例如，儿童出生在不同的民族就学会不同的语言；在一种文化背景中，儿童学习如何借助电脑进行计算；而在另一种文化背景中，儿童会学习用自己的手指或珠子计数，新几内亚地区土著儿童则要学习用自己身体的不同部位来计数。

社会文化通过人的活动对人的思维与智力的发展起作用，在社会交互作用过程中，社会历史文化不断被儿童内化。儿童的认知发展更多地依赖于周围人们的帮助，儿童的知识、态度、价值观都是在与周围人们的交往过程中发展起来的，他们发展的状况取决于他们学习的方式和学习的内容。与其他人以语言符号为中介的相互作用过程中，包括教学过程中，儿童的高级心理机能逐渐形成。所以，人的高级心理机能是在与他人的交互作用过程中形成的，高级心理机能起源于社会交互作用。

根据维果斯基的理论，在同一座城市中，父母受教育水平低的儿童与其他儿童相比，在学校中就处在不利的地位，由于他们的父母文化水平低，不会选择读书作为休闲娱乐活动，家中缺少书籍读物，所以，他们家庭中没有读书的氛围，不像其他父母文化水平高的儿童，可以在家里受到父母潜移默化的影响。但是，相对于生活在偏远地区的儿童而言，他们的社会文化环境又显然丰富得多。

三、社会文化理论下的青少年认知发展

根据维果斯基的理论，青少年所具有的高级心理机能是人类在物质生产过程中所发生的人与人之间的关系以及社会文化－历史发展的产物。儿童，包括青少年的心理发展，表现为低级心理机能转化为高级心理机能的质变过程。在论述个体心理发展时，维果斯基为这一质变过程确定了一系列指标。

（一）由低级心理机能向高级心理机能转化的四个主要表现

1. 随意机能的发展

个体心理活动的有意性、主动性不断提高，逐渐能够根据自己的目的而自发地产生行为。例如，不随意注意是低级心理机能，随意注意是高级心理机能。青少年的

随意注意已经发展起来，他们能够有目的、有意识地把注意指向并集中于一定的活动或事物，而对另一些事物不予注意。在这个过程中，青少年要付出一定的意志努力。他们可以为攻克一道难题苦思冥想一节课，这对不随意注意占绝对优势的婴幼儿来说是根本不可能的。

2. 抽象—概括机能的发展

随着知识经验的增长和语言的掌握，青少年的各种机能由于思维（主要是抽象逻辑思维）的参与而高级化，心理机能的间接性、概括性不断提高。例如，青少年已经完全能够理解给党过生日是怎么回事，不会问"不是给党过生日吗，党怎么还不来呀"这种幼稚的问题。

3. 以符号为中介的心理结构的形成

人的心理基本结构受以劳动为基础的社会生活基本结构所制约。劳动工具不能进入心理过程的结构，对人的心理结构起中介作用的是特殊的"精神生产的工具"，也就是各种符号系统。它们是在物质生产的基础上产生的人与人相互关系的方式和社会文化发展的产物。青少年各种心理机能之间的关系不断变化、重组，形成间接的、简约的、以符号为中介的心理结构。

4. 心理活动个性化的形成

维果斯基认为，个体的意识发展不仅仅表现为个别机能从这一年龄阶段到下一阶段过渡时的增长和提高，更为重要的是其个性的发展。个性特点对其他机能的发展起重要作用。心理活动个性化的形成是高级心理机能发展的主要标志。青少年的整个意识在发展过程中有了自己的特点。

（二）心理发展的原因

1. 心理机能的发展起源于社会文化历史的发展，受社会规律制约

社会文化的影响是个体心理发展的根本原因。根据维果斯基的理论，文化创造特殊的行为方式，心理机能的活动形式为文化所改变，文化在人的行为发展系统上增加了新的层次。在历史发展进程中，人处在社会中，受其文化的影响，原来的自然素质与机能得到改造，原来的行为方式得到改造，新的行为方式和特有的文化形式得以形成。

2. 从个体发展的角度来说，语言、符号这种心理工具起中介作用，是个体心理发展的直接原因

心理工具是指各种符号、记号乃至词和语言，在低级心理机能和高级心理机能之间起桥梁作用。儿童、青少年在与成人交往的过程中，由于社会文化的影响，逐渐掌握了心理工具，即语言、符号系统，在低级的心理机能基础上逐渐形成了各种新的心理机能，即高级心理机能。

3. 高级心理机能是外部活动逐渐内化的结果

高级心理机能最初以外部动作的形式表现出来，要经过很多次的重复和变化，才转化为内部的智力动作。根据维果斯基的观点，所有的高级心理机能在最初的时候都是社会的机能，高级心理机能先要经历外部阶段，后来才内化。儿童、青少年在发展过程中的每种机能都要出现两次：第一次出现是在社会水平上的发展；第二次出现是个体水平上的发展。第一次出现在人与人之间，第二次出现则是在儿童、青少年的内部，即内化了。

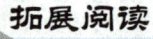

拓展阅读

增加青少年与他人进行社会性交互作用的机会

大多数的独生子女缺少玩伴，从小以看电视、打游戏等活动来打发闲暇时光，而在繁忙的中学阶段，时间基本上都贡献给书本了，连周末和节假日也被各种补习班和作业所挟持。单调的生活使得他们高分低能，依赖性强，学不能致用。看似很有个性，实际上剑走偏锋，盲从于社会上一时流行的另类观念，没有形成独立的个性。所以，有必要从以下几个方面出发，增加儿童、青少年与他人进行社会性交互作用的机会。

- 有选择地多交一些朋友，同龄的和忘年交都可以。
- 多参加集体组织的活动。
- 独立照顾自己的生活，避免家长过多包办。
- 利用节假日参加社会实践活动。

本章关键词

形式逻辑思维　　辩证逻辑思维　　图式　　同化　　顺应　　平衡
认知发展阶段　　客体永久性　　自我中心　　守恒　　出声思考
最近发展区　　内化学说　　高级心理机能

本章小结

　　本章首先简要介绍了青少年抽象逻辑思维的特点，并对青少年形式逻辑思维和辩证逻辑思维进行了详细说明。为了更好地理解青少年形式逻辑思维的特点，本章还介绍了皮亚杰等的实验，包括天平实验、钟摆实验和化学混色实验。随后详细地介绍了皮亚杰的认知发展理论（包括皮亚杰认知发展理论的核心概念、基本假设、影响个体认知发展的因素以及认知发展阶段）、信息加工理论（包括信息加工理论的基本观点和信息加工认知发展理论）、社会文化理论（包括社会文化理论概述、维果斯基的社会文化-历史理论和社会文化理论下的青少年认知发展）。

问题和练习

1. 简述青少年抽象逻辑思维的特点。
2. 简述皮亚杰的认知发展阶段。
3. 什么是同化和顺应？举例说明。
4. 举例说明客体永久性。
5. 什么是守恒？举例说明。
6. 简要介绍自我中心性。
7. 简述信息加工的一般过程。
8. 谈谈你对皮亚杰和信息加工论者的青少年认知发展观点之异同的理解。

9. 什么是最近发展区?
10. 社会文化理论认为教学与发展的关系是怎样的?
11. 由低级心理机能向高级心理机能转化的主要表现有哪些?
12. 简述维果斯基的文化−历史发展理论。

第 4 章

青少年情绪和情感的发展

学习目标

通过学习本章，你应该能够：

- 理解青少年情绪和情感发展的理论
- 掌握青少年情绪和情感发展的特点
- 理解青少年亲密感的理论及发展历程
- 理解青少年常见的情绪困扰及成因
- 掌握培养青少年健康情绪和情感的途径

情绪和情感是个体的需要与客观事物之间关系的反映。一般说来,情绪是人受到情景刺激,经过是否符合自己需要的判断后,而产生的行为变化、生理变化和对事物或事件态度的主观体验。除了情绪的概念外,在心理学中还经常使用情感这一概念。情感就是感情的感受和主观体验。而情绪这一概念是指感情的行为表现和生理机制等。因此,情绪这个概念既可以用于人类也可以用于动物,而情感这个概念只用于人类,特别是在描述人的高级社会性感情时,我们会使用情感这一概念。

青少年情绪和情感发展的理论

一、情绪和情感的一般理论观点

众多心理学派别重视对情绪的研究,并发展出一系列理论观点来解释情绪。这为我们更好地了解青少年的情绪问题提供了理论背景。

(一) 詹姆士-兰格的机体知觉即是情绪的理论

美国心理学家詹姆士 (James, 1884) 和丹麦生理学家兰格 (Lange, 1885) 最早对人类情绪的变化做出了系统性解释。他们认为,当外界刺激引起身体的变化时,人们对这些变化的知觉便是情绪——"因为我们哭,所以愁;因为动手打,所以生气;因为发抖,所以怕。不是愁了才哭,生气了才打,怕了才抖。"因为詹姆士和兰格都强调情绪与机体变化的关系,强调植物性神经系统在情绪发生中的作用,所以该理论被称作情绪的外周理论。尽管该理论有不足之处,但它推动了关于情绪机制的大量研究,因而在情绪心理学发展史上占有重要的地位。

(二) 坎农-博德的丘脑情绪理论

在对詹姆士-兰格的理论提出批评的基础上,坎农 (Cannon, 1927) 和博德 (Bard, 1927) 提出了丘脑情绪理论。他们认为,植物性神经系统的生理反应无助于情绪的发生,情绪的产生是大脑皮质解除丘脑抑制的功能,即激发情绪的刺激由丘脑进行加工,同时把信息输送到大脑及机体的其他部分。输送到大脑皮质的信息产生情绪体验;输送到内脏和骨骼肌的信息激活生理反应。身体变化和情绪体验是同时发生的,而情绪感觉是由大脑皮质和植物性神经系统共同起作用的结果。坎农-博德的情绪理论把詹姆士-兰格对情绪的外周性研究推向了对情绪中枢机制的研究。后来,奥尔兹也确实发现下丘脑有所谓"快乐中枢"和"痛苦中枢"。但是,坎农过分强调丘脑在情绪中的作用,而忽视大脑皮质和否定外周生理反应对情绪的作用,这是不正确的。

（三）沙赫特的激活归因情绪理论

沙赫特（Schachter, 1971）对詹姆士－兰格的理论和坎农－博德的理论采取折衷的观点。他认为，情绪既来自生理反应的反馈，也来自对导致这些反应情境的认知评价。因此，认知解释在情绪唤醒中两次起作用：第一次是当人知觉到导致内脏反应的情境时；第二次是当人接受到这些反应的反馈时把它标记为一种特定的情绪。沙赫特认为，脑可能以几种方式解释同一生理反馈模式，给予不同的标记。生理唤醒本来是一种未分化的模式，正是认知过程才将它标记为一种特定的情绪。标记过程取决于归因，即对事件原因的鉴别。人们对同一生理唤醒可以作出不同的归因，产生不同的情绪，这取决于可能得到的有关情境的信息。激活归因理论已开始关注对情绪认知机制的研究。

（四）阿诺德－拉扎鲁斯的认知评价情绪理论

阿诺德（Arnold, 1950）强调认知评价在情绪中的作用，拉扎鲁斯（Lazarus, 1968）进一步将其扩展为评价、再评价过程：这一过程包括筛选信息、评价以及应付冲动、交替活动、身体反应的反馈、对活动后果的知觉等成分。他认为，只要事物被评价为与个人生活的重要方面有联系，他就会有情绪体验。每一种情绪均包括生理的、行为的和认知的三种成分。它们各自在每种特定的情绪中起不同的作用，同时又相互作用、互为因果。

认知评价情绪理论既承认情绪的生物因素、具有进化适应的价值，也承认情绪受社会文化情境的制约、受个体经验和人格特征的制约，而这一切又随时发生在对任何事物的认知评价中。这种理论较为合理地推进了情绪、行为和认知关系的研究。

各种情绪理论对我们理解青少年期的情绪情感发展特点颇具启发意义。在青少年期，个体的生理、认知机能、行为表现及生活背景等诸方面发生着一系列重大变化，这使得青少年往往面临多方面的矛盾和冲突，因而在情绪表现上也显得复杂多样。

二、青少年情绪情感发展的观点

从发展角度对情绪情感做出解释的理论主要有精神分析理论的心理性欲发展阶段论、艾里克森的心理社会发展理论、行为主义的"遗传模式反应论"以及文化人类学的观点。

(一) 经典精神分析理论

精神分析学说的创始人弗洛伊德认为,人的精神活动的能量来源于本能,本能是推动个体行为的内在动力,尤其是性本能。弗洛伊德所说的"性"与一般人所理解的性是不同的,大多数人认为"性"与"生殖器"的含义相近,而弗洛伊德认为"性"除了与生殖活动有关之外,还包括吮吸、大小便、皮肤触摸等凡是能直接或间接引起机体快感的一切活动。性本能冲动是人心理活动的内在动力,当这种能量(弗洛伊德称之为力必多)积聚到一定程度就会造成机体的紧张,机体就要寻求途径释放能量。被释放的心理能量,可以表现为多种形态,比如兴奋、激动、唤起、内驱力或动机,其中很重要的一种形态是表现为情绪。由于力必多在不同的发展阶段,集中投放的部位不一样,这些不同的部位被称为"性感带",弗洛伊德以力必多发展经过的"性感带"为标准,把力必多的发展分为五个阶段,即口唇期、肛门期、前生殖器期、潜伏期和青春期,这也被称为心理性欲的发展阶段理论。

从年龄上讲,女孩约从11岁、男孩约从13岁开始进入青春期。弗洛伊德认为青春期是一系列变化的积累。随着生殖器官的成熟,童年末期所取得的心理平衡状态被打破,进入青春期的男孩和女孩面临着强烈的解决性紧张的愿望,内在情绪与情感发生着剧变。个体逐渐开始对异性感兴趣,并在无意识中产生了一种希望接近年长异性的倾向,具体表现为男孩开始选择与其母亲相似的成熟异性作为爱慕的对象,但同时又避免选择与其母亲有太多相似的异性以避免体验乱伦的禁忌,女孩也是同样。另外,弗洛伊德指出,在青春发育期,由于生理的变化会带来行为的变化及适应的困难,性成熟影响着个性的形成,易使人产生兴奋,同时也削弱了对歇斯底里和神经症的抵制,因此青少年容易产生精神机能障碍。

弗洛伊德的女儿安娜·弗洛伊德对青春期精神分析的研究做出了重要贡献,她比父亲更多地对青少年发展的动力问题进行了研究。在讨论青春期的发展时,安娜更多地强调本我、自我与超我之间的关系。她指出,青春期由于本能能量大量涌现,使得本我力量胜过自我,进而支配自我,导致青春期甚至延续到成人期的低挫折容忍力、过度冲动、持续地寻求本我满足的性格。安娜认为,青春期是一个内在冲突、心理不平衡与变化无常的阶段,青少年会以自我作为世界的中心,只顾满足个人的兴趣，不顾他人的反应，并容易盲目顺从或反抗权威，他们显得自私、充满物质取向，并且满怀不切实际的理想等；同时，青春期由于各种冲突增加，对个人的自我与超我都形成挑战，自我就成为一切自我心理防御的统合，会排斥或否定任何性冲动的存在。由于压制本我的存在，禁欲主义与理智化是青春期两种特有的自我防御机制。安娜认为，青少年需要解决本我、自我、超我三者之间的冲突，否则会伤害自己，并伴有神经性症状产生。她相信本我、自我与超我三者之间的平衡是有可能的，多数青春期中的青少年在青春末期可以发展出适当的超我，自我也能获得良好发展。当青少年个体有足够的智慧来调和三者的冲突，并且能够适当满足本能、不过度压抑自我时，罪恶感和焦虑感就会日渐降低。总之，从安娜·弗洛伊德的观点来看，青春期会使个体的"性冲动增加"，而个体又无法立刻满足，因此，处于青春期中的青少年的冲突、背叛、反抗、压力是无法避免的，但多数青少年终究能安稳地度过青春期，从而获得顺利发展。

(二) 艾里克森的心理社会发展理论

艾里克森对弗洛伊德的理论加以修正，强调社会文化在个体发展中的决定作用。艾里克森认为，人一生面临八个主要危机或冲突，每种冲突在一个独特的时期产生，这个时期是由发展中的个体在生命特定时期经历的生物成熟和社会需求决定的。根据艾里克森的观点，个体进入青春期后，身体迅速发育，并逐渐趋于成熟，同时性意识也开始觉醒。由于身体发生了革命性的变化，个体开始异常关注自己的身体形象。社会也对青少年提出了新的要求，给他们分配了新的角色，需要他们承担新的责任，这些都使得青少年处于冲突之中，体验着种种困扰和混乱。这时，他们开始思考"我是谁"、"我在社会中占有什么样的位置"以及"我要到哪里去"等问题。由此，生理的成熟、心理的发展、社会的要求共同促成了青少年心理发展的主要任务——同一性的获得，同时各种条件也使得个体具备完成这一任务的可能性。

大量研究表明，青少年的情绪与其自我同一性的发展有密切关系。自我同一性发展良好的个体有一种连续性、前后一致的统合感，内外一致，目标明确，知道自己需要什么、要做什么，挫折耐受性高，消极体验少；同一性延迟的青少年情绪反应较为敏感，耐受性较低，遇到一点挫折就干脆放弃，追求安逸，而且往往有着较多的负面情绪体验，经常体验到矛盾和挫折，稳定性较差，虽然能积极探索，但往往不切实际，好高骛远；同一性扩散的青少年自主性低，易受外界影响，被动顺从社会压力，受暗示性强，常常表现出盲从。

(三) 行为主义理论

经典行为主义的创立者华生认为，情绪是身体对特定刺激作出的一种反应，是内隐行为的一种形式。从情绪的发生机制来说，是一种遗传的模式反应，其中包括整个身体机制的深刻变化，特别是内脏和腺体系统的深刻变化，而模式反应强调了反应的各个细节表现出一定的恒常性和规则性。华生重点研究了儿童在三种非习得情绪反应的基础上所形成的条件反射。他指出，人类有三种原始的情绪：愤怒、恐惧和爱，成人的全部情绪都是由于一种条件作用过程从以上三种最基本的情绪模式发展出来的。爱引起温柔、同情、相思等有关情绪；恐惧引起窘迫、苦恼、焦虑等类似的派生情绪；愤怒引起仇恨、嫉妒、大怒和类似的情绪（高峰强，秦金亮，2000）。华生通过一系列的实验发现，儿童对动物起初并不表现出恐惧情绪，若之后有一个动物使他害怕，以后其他能活动、有毛皮的动物就可以使他惊慌不安，这种现象就是所谓的泛化，即对某一刺激的条件反射也可以由具有某种共同特征的别的刺激所引起。华生除了研究愤怒、恐惧和爱几种非习得的情绪之外，还研究了儿童的嫉妒和羞耻情绪。他认为，嫉妒是由于爱的刺激受到限制而引发的反应，属于愤怒情绪一类。羞耻则与儿童早期手淫动作受到制止有关。

华生还特别强调家庭在儿童情绪发展中的重要意义。他反对以体罚的方式来教养儿童，认为体罚会使儿童养成消极反应，为父母者应该通过习惯养成训练把儿童的行为培养得与团体的行为和谐一致，这样就会减少儿童的冲突，使儿童在自然状态下获得良好的行为习惯。

总之，在行为主义者眼中，除了几种原始情绪，其他情绪都是条件作用的产物，它们的产生和发展过程如同其他习惯的形成与发展一样。也就是说，许多青少年或成人的厌恶情绪、恐怖症、畏惧和焦虑，可能就是在早期由某一条件作用过程引起的。

(四) 文化人类学理论

直到20世纪30年代，人们对青少年心理发展规律的认识还主要受生物决定论的影响，尤其是霍尔的复演说和弗洛伊德的性本能决定论。人们普遍认为，青春期是一个充满暴风骤雨的时期，青少年体验到的种种冲突和痛苦是不可避免的，它是由人的遗传因素决定的，具有生物学上的普遍性。但是，随着人类学家研究的逐渐深入，人们开始对本能决定论产生怀疑。在美国及其他西方国家普遍存在的青少年青春期经历的躁动、困惑和反抗等现象是不是人类所共有的？如果不是，那么是什么因素造成了西方社会青少年的这种青春期躁动？美国人类学家玛格丽特·米德带着这些问题，到南太平洋萨摩亚群岛开始了长达9个月的文化人类学研究，并于1928年出版了风靡整个美国的《萨摩亚人的成年：为西方文明所作的原始人类的青年心理研究》。米德通过观察发现，萨摩亚人只有一种简单的生活方式，他们不会为前途的选择所困扰；生活的意义是既定的，因此也不会对人生发出痛苦的质疑；甚至在性的方面他们也有着较大的自由，同样不会有文明社会一般年轻人都有的那种骚动和压力。这种宁静淡泊的生活态度，较单一的生活方式，使个体与自己、他人、社会之间较少有冲突出现。萨摩亚社会没有不良青少年，因为萨摩亚人不要求青少年服从任何清规戒律，青少年也不必以反抗成规证明自己的存在。可见，使美国青少年骚动不安的青春期危机在原始文化中呈现出完全不同的景象。米德得出如下结论：以往我们归诸于人类本性的东西，绝大多数不过是我们对于生活于其中的文明所施加给自己的各种限制的一种反应。

在米德学术生涯的后期，她对于世界范围内代沟（即年轻一代和年老一代在行为方式、生活态度、价值观念方面的差异、对立、冲突）产生的必然性给予了颇具说服力的阐释，也对如何解决两代人之间的对立与冲突给予了深刻回答。人们往往把代沟产生的原因仅仅归咎于年轻一代的"反叛"，而米德却进一步把这种反叛归咎于老一代在新时代的落伍之上。以往，尽管也有人强调两代人之间应该进行交流，但他们往往把建立这种交流当成恢复老一代对新一代教化的手段，而米德却申明："真正的交流应该是一种对话。"值得注意的是，参与对话的双方其地位虽然是平等的，但对未来所具有的意义却完全不同。当代世界独特的文化传递方式，决定了在这场对话中，虚心接受教益的应该是年长的一代，因为今天正是年轻人代表未来。

文化人类学关于青少年期心理包括情绪发展的特点及解决方式的观点，基本摒弃了以往极端的立场而采用一种综合的观点，同时关注遗传和社会环境的力量。

青少年情绪和情感发展的特点

在个体的一生中,情绪情感的发展是一个动态的过程,并与人的生理、认知、需要、人格的发展有密切的联系。有关青少年的研究发现,由于生理成熟、心理成熟和社会成熟的不同步性,青少年在情绪情感发展上会呈现出一系列的特点,如情绪体验跌宕起伏波动剧烈、情感活动广泛且丰富多彩等,表现出明显的心理年龄特征。了解青少年情绪情感发展的特点,可以有针对性地对其进行疏导和调节,从而促进青少年心理的健康发展。

一、情绪体验的不稳定性和两极性

由于自我意识的迅速发展,青少年的内心世界日益丰富,对周围的事物也比较敏感,这使得他们的情绪体验易于变化,在他人看来好像有些喜怒无常,表现出极不稳定的特点。一方面,青少年的情绪反应由开始到高峰的时间非常短暂,这种特点导致他们在遇到某些意外刺激时,往往快速产生激烈的情绪反应,但这种反应维持时间较短,很快就平息下来,而且这种情绪表现的强度与体验的深度并不成正比,极易出现高强度的兴奋、激动、热情或是过度的伤感、气愤、绝望;另一方面,青少年自身也能体验到复杂的甚至是剧烈波动的情绪,他们甚至能够在同一时间感受到两种完全相反的情绪。这是由于青少年的情绪与他们的需要、评价、预期密切相关,而这三者在青少年期正处于变化和不平衡状态,从而导致青少年的情绪有较大波动。另外,由于青少年的认知发展尚不成熟,看问题还带有明显的片面性,这也使得他们的情绪容易从一个极端转向另一个极端,就像我们常常见到的,有些青少年顺利的时候得意忘形,受挫时又马上垂头丧气;刚刚对事物还表现出强烈的认同、肯定,可忽然又转向了拒绝、否定,时而积极、时而消极、时而平静、时而急躁的两极情绪体验典型、突出。有研究者发现,青少年报告的极端积极情绪和消极情绪都比他们父母多,但是中立的或者温和的情绪状态则不及他们父母那么多。青少年所报告的非常高兴的情况比他们的父母多出6倍,非常不高兴的情况比父母多3倍。

二、情绪体验的心境化和持久性

心境是指比较平静而持久的情绪状态，具有弥散性特点。随着年龄的增长，青少年情绪体验的持续时间逐渐延长，呈现明显的心境化色彩。一方面，他们逐渐发展出对情绪的自我控制能力，情绪体验不再像儿童期那样容易受制于外部环境的各种刺激，即使引起情绪的刺激消失，情绪也会慢慢转化为具有弥散性、感染性特征的心境体验；另一方面，青少年也发展出一定程度的集体感和自尊心，这些与稳定的集体观念和自我观念相联系的情绪体验都会有较长的持续性。但是，青少年早期的心境体验还不是稳定持久的，他们的情绪体验呈现出明显的主导心境和从属性心境相互并存的状态，一般说来，女性青少年的心境体验比男性青少年多，男性青少年会较多体验到振奋的心境，而女性青少年则较多体验到伤感的心境。在青少年后期，心境体验会逐渐趋于稳定和持久。

三、情绪情感体验的丰富性和深刻性

青少年自身生理的成熟、社会实践领域的扩展、生活环境的复杂化以及这些因素之间的交互作用，为他们的情绪体验提供了十分丰富的来源。青少年基本上能够体会到人类所具有的不同层次、不同种类、不同强度的情感。拿快乐情绪来说，青少年可以体会到舒适、愉快、喜悦、狂喜等不同水平的情绪；对恐惧感而言，他们可以体会到由具体的事件（可怕的动物、黑暗等）或情境（公众面前演讲、考场等）到社会因素（怕被人瞧不起、怕孤独、寂寞等）引起的恐惧情绪。由于身体与心理、心理与社会之间发展的不平衡，青少年会更多地体验到孤独、丧失、分离、失望、忧郁、愤怒、嫉妒等各种消极情绪的困扰。随着所受教育及社会实践内容的增多，青少年的高级情感（如正义感、理智感、道德感、美感等）进一步得到发展，逐渐占据了青少年情绪情感体验的主导。

随着知识结构的完善，社会经验的丰富及想象能力的发展，青少年的情绪体验也更加深刻。他们开始探索各种亲密关系。以友谊关系为例，儿童期的友谊更多的是以相互间的直接接触为基础，朋友间关系的维持往往不能超越时空，缺乏稳定性。青少年选择朋友则特别重视性格、品格、知识、能力等因素，更多地以相互了解为基础，共同兴趣、爱好及情感的分享是促使青少年彼此吸引的力量，因而，青少年往往拥有更加持久、稳定的友谊。

四、情绪情感表现的外显性和内隐性

青少年初期，个体虽然仍带有儿童纯真单一的情绪特点，其情绪活动具有外露性，即各种情绪往往通过面部表情、身体动作显露出来，但随着生理的成熟、逻辑思维能力的发展及个人知识经验的积累，青少年情绪情感的自我认知、自我体验及自我调节能力逐渐增强，情绪情感表达逐渐变得温和、细致，并且逐渐学会根据具体情况来调节和控制自己的情感表现和行为反应。有时，他们会表现出强烈的情绪情感反应，充分展示对外界事物的喜怒哀乐，淋漓尽致甚至夸张地抒发他们的内心感受。例如，遇到高兴的事，他们往往会发出多少带有一些表演性质的大笑或微笑，而遇到伤心的事，他们同样也会表现得十分明显，周围人经常可以从他们的表情直接解读他们当时的情绪和情感；有时，他们又能表现出逐渐掩饰、压抑自己的情绪，使这种情绪的表露带有很大的文饰性，并逐渐学会用理智控制自己的情绪反应。情绪的文饰性是青少年情绪变化的明显特征，主要表现为情绪的表里不一致。即青少年常常把自己真实的情绪隐藏起来，而表露出一种与内心体验不一致的甚至截然相反的情绪状态。例如，有时，他们对某一件事情明明是厌恶的，但是出于礼貌或其他原因，他们会表现出无所谓，甚至显得很热情；他们对自己所喜欢的人表面上无动于衷，或者故意做出回避的姿态，实际上内心却狂热地爱慕着对方，时刻关注对方的一言一行；他们明知自己不对，但是口头上仍然拒不认错。到了青少年中后期这种特点更为明显，这是青少年适应能力增强的表现，他们开始注意到自己的情绪在特定的情境中表达的适当性。当情绪表现与他人和社会对其评价不一致时，他们往往对情绪表现进行掩饰、克制甚至用逆反的方式进行表现。

五、情绪识别能力不断提高

在心理发生发展的过程中，个体的情绪体验先产生，而后随着经验的积累、认识能力的发展，情绪识别能力才逐渐发展起来。情绪识别是一种复杂的认知过程，包含观察、分析、判断、推理等复杂的心理过程。个体主要通过他人的表情完成对他人情绪的识别。表情也称情绪表现，是指各种情绪体验在身体姿势、语言表达及面部的外在表露，主要包括面部表情、身体表情和言语表情。在社会生活中，表情是最敏感的情绪发生器和显示器,具有独特而重要的社会交往功能。儿童从小就开始学习认识情绪并有效地发展表达情绪的能力。3岁的孩子已经能部分地读懂一些成人的"脸色",4岁的孩子对表情的正确辨别率是50%,6岁的孩子可达75%;4岁的孩子对"快乐"、"生气"这样一些比较简单的表情的辨别正确率几乎达到百分之百。

  研究发现,儿童、青少年情绪识别能力的发展呈现以下几个特点:①情绪面部表情的整体认知能力随年龄的发展逐渐提高,学龄前期发展速度非常迅速;②10—14岁时,个体的情绪表情识别能力进入一个快速发展期;③14岁左右情绪面部表情认知能力已基本上接近成人水平;④对基本情绪——面部表情识别的先后顺序是:高兴、愤怒、恐惧、厌恶、惊讶和轻蔑;⑤总体上看,男女青少年情绪识别能力发展的性别差异不明显。伴随着表情认知的发展,青少年自觉运用和控制表情的能力也得到了进一步完善,这为青少年非言语手段的社交能力的提高创造了有利条件,也为情绪文饰现象在青少年期的出现提供了可能性。

  总之,在整个青少年期,青少年在情绪情感体验及表达方式上逐渐发生着改变。一方面,他们的情绪情感体验比儿童更具稳定性、丰富性和深刻性;另一方面,与成人相比,他们的情绪情感发展还不够成熟,在情绪情感体验的深度及表达的复杂性等方面还在继续向前发展。

青少年的亲密感

  在人际关系的发展方面,进入青少年期的个体与周围人紧密联系的方式会发生转变。著名青少年心理学家斯滕伯格认为,这种转变是这一时期最值得关注的现象之一。青少年与同性、异性朋友以及父母的关系都变得更为紧密、更为私人化,青少年在这些关系中也投入了更多的精力和情感,而亲密关系的发展对青少年的健康成长及成年期人际关系的建构都具有非常重要的意义。

一、亲密感的含义

  亲密感是指人与人之间的一种情感依恋,其外在表现就是人与人之间建立了亲密关系。本节所讲述的青少年亲密感,主要指建立在信任基础上的两个青少年个体之间通过相互关心、互惠式分享等建立起来的情感体验。舍曼等(Sherman & Thelen, 1996)指出，亲密包括亲密情感与身体行为(如眼神交流、身体亲近、性行为)两种成分，而亲密行为实际上是一种亲密情感的流露，即真正的亲密首先体现在情感上。一般说来，两个人之间的亲密关系有三个特征：首先，关心对方的身体健康状况；其次，自愿向对方敞开心扉，吐露有关自己的一些隐私和敏感性话题，即意识到自己的感受并与朋友分享这些感受；再次，有共同的兴趣爱好、共同的活动。

　　青少年期青少年亲密感的获得和发展对个体的心理发展起着至关重要的作用。首先，与同伴建立亲密关系能够满足青少年个体对归属感和爱的需要，在亲密关系中，个体会体会到被对方接纳、理解、关心和照顾，这对于维护个体的心理健康起到了重要作用。研究发现，同儿童相比，拥有一个亲密好友对于青少年的心理健康有着更为核心的价值。至少有一个好朋友的青少年，同那些没有好朋友的同龄人相比，自我评价水平更高。其次，亲密关系为青少年的未来规划和设计提供了重要平台和背景，能够促进青少年同一性的积极发展。青少年可以和好朋友一起探讨对于未来教育、职业和家庭的思考或憧憬。在诸多与同一性有关的问题方面，朋友都可以为青少年提供建议。再次，青少年的亲密关系有利于个体的性别社会化。与儿童相比，青少年与朋友交往频繁，这使他们能够获得从父母那里无法得到的信息和问题解决方法，如对青春期第二性征出现带来的种种疑虑的解除、如何处理与异性朋友之间的关系等。同时，在帮助和安慰朋友时，个体的移情能力和社会理解力也得到发展。最后，亲密关系的建立可以减少青少年期可能出现的一系列内化和外化问题行为，如孤独、焦虑、抑郁、学业成绩下降、酗酒等。当然，青少年与同伴的亲密关系所具有的影响的性质，取决于同伴是什么样的人，以及在与同伴的亲密关系中他们互动的内容和方式。

拓展阅读

青春期的亲密性话题

　　大多数研究者会在亲密关系和性关系之间划一条界线。在青春期研究领域中，亲密关系是指两个人之间情感上的依恋，是以表露内心、相互信任和相互关怀为特征的一种关系。青少年期的生理变化使得年轻人由于有了共同关心的话题而聚在一起；认知能力的发展使他们能够更为深刻地理解及维持人际关系；社会角色的转变也为青少年提供了更多同伴相处和分享经验的机会。

二、青少年亲密感的理论

与青少年亲密关系发展有关的理论观点主要来自于心理学家艾里克森、沙利文的亲密观以及关于青春期依恋关系的研究。

(一) 艾里克森的亲密观

新精神分析主义者艾里克森一方面继承了弗洛伊德的人格结构理论，另一方面也认为，在考察儿童发展时，既要考虑到生物因素的影响，又要考虑到社会文化因素的作用。艾里克森建立了以自我发展为核心的人格理论，这一理论把人的一生划分为前后相继的八个阶段，在每一发展阶段，个体都有特定的心理社会任务需要完成。艾里克森认为，青少年期和成年早期面临两项发展任务：一是发展同一性，避免同一性混乱；二是发展亲密感，克服孤独感。在艾里克森看来，青少年只有建立了自我同一感才能获得真正的亲密感。如果没有稳定的同一感，青少年会害怕并且不愿意对他人做出严肃的承诺，他们担心在这种关系中失去自己的同一性。因此，对于未确立同一感的个体而言，他们之间的关系一般会看似亲密，但实则不然，仅仅是一种肤浅的、表面化的亲密性，彼此之间没有投入更多的感情，更不会向他人袒露心胸。这一阶段已经建立真正亲密关系的个体彼此之间会有更多的共同点，但他们并没有失去自我的同一性，他们在亲密关系中既可以克服孤独或孤立，又作为一个独立的个体而存在着。因此，青少年只有建立稳定的同一感，才能在以后的亲密交往中，避免发生失去自我的危险。

(二) 沙利文的人际发展理论

同艾里克森一样，沙利文也反对弗洛伊德的本能说，强调社会文化和人际关系对亲密感的影响，认为亲密感的形成和发展是人与人之间相互作用的结果。沙利文认为，个体在人际关系方面的需求会随年龄发生改变，即随着儿童的成长，人际关系方面的需求会一一浮出水面，如婴儿期的人际需求是与人接触和被照顾，而童年中期则有交友的需要和被同伴社会群体接受的需要。如果这些需要得到满足，就会带来安全感，否则就会带来焦虑感。如果孩子在婴儿时期对于接触和温柔的需要没有得到满足，那么，他在此后的人生阶段处理人际关系问题时，就会感受到更多的焦虑、对安全感有更强烈的需求以及出现更为摇摆不定的自我感。相反，如果在婴儿期中，孩子在人际交往方面的需求得到了满足，那么，他就会自信而又乐观地处理此后阶段中的人际关系问题。

沙利文认为，青少年的亲密感首先是在同性同伴中发展起来的，后来才发展为异性之间的性亲密关系。因此，青少年面临的主要任务之一就是从儿童期的同性亲密关系向青少年晚期的异性亲密关系的转变。这一时期是真正的人际关系的开始，之前，儿童的人际关系是依赖于成人的；现在，个体开始形成平等、成熟、忠诚、互惠互利的关系，相互公开自己的隐私。而且，具有亲密关系的青少年之间彼此同化、互相影响，从而也培养了理解他人、同情他人的品格。

沙利文指出，到了青少年晚期，异性之间的亲密交往会成为青少年人际交往的主流，但是，它不会取代同性之间的亲密关系，即异性同伴关系的出现是在原有友谊对象与范围基础上的增加。因此，在整个青少年期，同性个体之间的亲密关系是持续发展的。

（三）青少年期的依恋理论

近年来，针对青少年的亲密感出现了一种新的理论观点，即亲密感同婴儿期依恋关系的发展有关。依恋一般是指个体对某一特定个体所具有的一种强烈而持久的情感联结。婴儿会和照顾他的成人（父母或其他看护者）构建起安全型或不安全型的依恋关系，并且这一心理发展过程是连续的，即儿童早期的依恋类型会直接影响其后期的情感联结。按照这种观点，青少年期的情感联结就是婴儿期依恋关系的延续和发展。如果个体在早期的依恋关系中获得安全感，进入青少年期时，他就更可能在心理和人际关系方面健康地成长。正如研究者们所指出的，早期的依恋关系是个体在以后发展历程中所采用的一般人际关系模型的基础，被称为"内部工作模型"。这种模型决定个体在与他人的交往中持信任态度还是持怀疑态度，肯定自己值得别人爱还是否定自己值得别人爱。根据这一理论，在婴儿期拥有安全型依恋关系的个体，到青少年期后会拥有一种更为积极健康的内部工作模型，而早期形成不安全依恋的个体则会在青少年期拥有一种较为消极的内部工作模型。有些研究已经发现，青少年与父母关系中的工作模型与他们和朋友之间关系的工作模型也具有相似性，而后者又和恋人之间关系的工作模型有相似之处。另外，研究还发现，在婴儿期表现出不安全型依恋关系的个体在后来的恋爱关系中对别人的拒绝更敏感。

三、青少年亲密感的发展历程

(一) 友谊性质的转变

儿童和青少年的友谊性质是截然不同的。当向不同年龄的儿童和青少年询问为什么说某人是他最好的朋友时，他们会分别给出不同的答案。我们来看一下下面的两种反应：

幼儿园的儿童：我有时会住在他的家里。当他和朋友在一起玩球时，他会叫我一起玩。当我睡醒了之后，他会让我在四个方块游戏（一种在操场上玩的游戏）中站在他的前面。他喜欢我。

六年级学生：如果你们可以告诉彼此对方身上让你们不喜欢的地方；如果你和别人打架的时候他会站出来帮你；如果你能告诉他你的电话号码，而他不会给你打开玩笑的电话；如果当其他人在你身边的时候，他不会对你做出卑劣的举动，你就知道他是你最好的朋友。

(选自斯滕伯格, 2007)

儿童对于友谊概念的认知随着年龄的增长而发生改变。托马斯的研究表明：从幼儿园儿童到六年级学生，他们都把"亲社会行为"和"共同活动"作为友谊的内涵，但在进入青少年期之前，儿童不会提到像袒露心声和彼此忠诚这样的友谊指标。直到初中，个体才会在对什么是友谊的回答中提到亲密性。在青少年早期，个体对友谊的看法中开始更多地强调亲密性、忠诚以及共同的态度和价值观。有研究表明，亲密性作为深厚友谊的一个界定特征，其重要程度在青少年早期和中期会进一步增强。但是，在青少年中期，对于彼此忠诚的关注，以及由于害怕被人拒绝而引发的担忧会变得更为明显，这种情况在女生身上尤其突出。另外，在此时期，青少年与朋友间的冲突类型也会发生转变，中晚期青少年的冲突往往围绕私密性的问题，而年龄较小的青少年的冲突则是由于公开的无礼举动。

(二) 亲密表现的变化

和儿童相比，青少年在界定友谊的时候除了视"亲密和忠诚"更重要之外，他们开始对于好朋友有了更为深刻的了解，更能对好朋友做出积极的回应，而且对于好朋友的内心世界也更为敏感，他们也开始更多地以协商的方式来化解矛盾。这都表明，他们在友谊关系中确实表现出更多的亲密性。

众多研究表明，不同年龄阶段的儿童对好朋友的亲密性信息的了解存在差异。例如，美国四年级和八年级的学生对其好朋友的非亲密性信息（如朋友的年龄和电话号码）的了解程度大致相当，但对好朋友的较为私人化的信息（如朋友的担心是什么、骄傲的又是什么），高年级的学生就要了解得多得多。随着年龄的增长，青少年也越来越认同以下说法："不需要朋友告诉我，我就知道朋友如何看待这件事"、"我可以无忧无虑地向朋友谈任何事"等。这表明，青少年期的友谊变得越来越个性化。

在整个青少年期，个体对好朋友的行为表现、心理变化都更为敏感，也会做出更为积极的回应，这说明他们的亲密能力日益增长。在助人行为方面，儿童更可能去帮助其他同学，和其他同学分享一些东西，而不仅仅是对他们的朋友。青少年则不同，相对于和一般人的关系，青少年对朋友会变得更为宽容，也更会互相帮助。有趣的是，青少年在身体上和生理上也会对他们的朋友有所反应。研究表明，朋友之间在行为和情绪状态方面很多时候是同步的，表现出"相同的节奏"。青少年在帮助别人或安慰别人时，对他人的内心世界更为敏感，表现出更强的感同身受的能力。这种移情能力和社会理解力的增强，使青少年与朋友之间能够相互体谅、互相支持。

（三）从同性交往向异性交往转变

根据沙利文的人际发展理论，前青少年期和青少年早期的友谊关系出现了明显的性别分离现象，即个体喜欢与同性伙伴交往而将异性伙伴看做是圈外人，这一时期的男女生都很少提及与异性的交往。有研究发现，6岁半儿童与同性伙伴相处的时间超过与异性伙伴相处的时间10倍以上；小学儿童和前青春期的儿童更加表现出与异性划清界限、回避与异性交往的倾向。然而，随着年龄的增长，性别界限和对异性同伴的偏见在青少年期会逐渐模糊和减弱，青春期的各种社会和生理因素触发了青少年对异性朋友的兴趣。心理学家邓菲（Dunphy, 1963）提出了青少年同伴关系由同性友伴群到异性友伴群进而到男女恋爱关系的发展模式，即青少年的异性关系具有三种形式：同伴团体内的异性互动、异性友谊关系、异性恋爱关系。也就是说，青少年在与异性单独交往之前,会有一段时间的群体交往作为以后交往的铺垫。出现这一现象的原因可能是,青少年对与异性建立亲密关系有很大的社会压力,并伴有焦虑感。在两性混合群体的背景下,男女之间通过共同活动、互相调侃等可以增进相互了解,缓解交往压力。但需要指出的是,尽管异性之间的亲密交往成为青少年晚期人际交往的主流,但它不会取代同性之间的亲密关系,青少年与原来同性好友一直保持着密切的联系。

(四)亲密性的性别差异

两性在青少年期表现亲密性的方式有显著差异。一般而言,男孩间的友谊更多地表现为在一起活动,而女孩间的友谊则更多地以满足情感需求为目的。和男孩子相比,女孩子更可能会以不同方式来对待密友和普通朋友,会为了与人际交往有关的话题发生更多的争吵,也更愿意把她们的友谊变成专属性的,不愿意让更多人参与进来。还有研究表明,女孩子报告的同性亲密感水平高于异性亲密感水平,而男孩子则认为异性亲密感水平高于同性亲密感水平,这意味着在与异性交往中,男孩子变得更加健谈,而女孩子则表现得比较谨慎。另外,青少年好朋友之间矛盾的发生原因和解决方式也有明显的性别差异。男孩间的矛盾持续时间较短,往往是由双方权力和控制的原因引起的,也不需要刻意加以解决就能自动化解;而引发女孩间矛盾的原因往往在于对彼此间关系的某种形式的"背叛"(比如泄露秘密),而且只有在其中一方向另一方道歉之后矛盾才能得以化解。

但是,从某些衡量友谊的指标来看,青少年期的男生和女生在表现出的亲密程度方面是类似的。例如,在对最好的朋友的私密信息了解方面,男女生的水平是相当的。斯滕伯格认为,与男生相比,女生可能更有意识地关注亲密关系,但这并不意味着男生间缺乏亲密关系。正如理论家们指出的,亲密性上表现出的性别差异是由不同的社会化方式引起的。因为,社会化过程会更多地鼓励女孩去表达亲密性,尤其是在言语方面。

青少年健康情绪和情感的发展

青少年正处于情绪情感发展的重要时期，在青少年的情绪表现中，充分体现出半成熟、半幼稚的矛盾性特点。在这一阶段，青少年由于面对学习、考试、升学、就业等压力，很容易出现情绪情感困扰问题，如孤独、抑郁、焦虑、自卑、嫉妒等。由于青少年情绪情感发展的状态会对其学习、生活及其身心健康产生重要影响，所以，需要认清不良情绪产生的原因，及时引导青少年进行积极的情绪调节。

一、情绪情感与情商

"情商"也称为"情绪或情感商数"，是相对于"智商"的概念而提出的，是指个体情绪智力活动水平的高低。首次提出这一概念的心理学家是耶鲁大学的彼得·萨罗维（P. Salovey）和美国新罕布什尔大学的约翰·梅耶（J. Mayer），他们提出的能力型情绪智力模型包含一组相关情绪能力：知觉、评价和表达情绪的能力；促进思维的能力；理解和使用情感的能力；管理情感的能力等。2000年，梅耶和萨罗维又将情绪智力模型简化为：情绪的知觉、情绪的整合、情绪的理解、情绪的管理。同年，由巴昂主编的《情绪智力手册》出版，标志着情绪智力的研究进入了一个新的阶段。情绪智力理论的普及应归功于曾担任《今日心理学》杂志高级编辑及《纽约时报》记者的丹尼尔·戈尔曼（Danie Goleman），他于1995年出版的《情绪智力：为什么它比智商更重要》一书，在美国社会和世界各国引起轰动。他指出：一个人取得成就的大小，只有20%可以归因于智商（IQ），80%要受其他因素的制约，其中情绪智力起着重要的作用。他提出的情绪智力概念（也被称为混合型情绪智力），分为五个领域，分别是自我觉察力、自我控制力、成就动机、移情和社交技巧，共包含了25种能力，后经过修改提炼出四个方面20种能力。综合以上观点，我们可以把情绪智力看作是个体识别和表达情绪、理解情绪、将情绪同化为思想以及调节自己和他人积极与消极情绪的能力。

情绪智力理论联结了认知与情绪两个重要的方面，它不仅对情绪的理解与管理更具理性、更具智慧，而且使智力的发展和情绪的培养相互影响、相互渗透、相互促进。心理学研究表明，情绪智力是决定一个人在生活中取得成功的重要因素，并直接影响人的心理健康。对青少年进行良好情绪智力的培养更加具有重要意义：首先，有助于青少年对情绪做出准确的评价和判断，从而帮助青少年摆脱焦虑、抑郁等不良情绪；其次，有助于青少年调节和管理自身的情绪，从而改善学习和生活的质量，提高学业成绩和增强心理幸福感；最后，有助于发展青少年多方面的潜能，帮助他们认识自我，建立自信，使其能够健康地成长。

二、青少年常见的情绪困扰及成因

(一) 自卑

自卑是个体由于某种原因而产生过多自我否定的消极情绪体验，是一种对自己的能力或品质评价过低、怀疑自己、看不起自己、担心自己失去他人尊重的心理状态，自卑感的极端形式就是自暴自弃。青少年自卑主要表现在如下几个方面：

- 对自己评价过低。自我评价过低是产生自卑情绪的一个重要原因。青少年期的个体对自我生理、心理及社会性特点都愈加关注，但往往不能对其做出客观评价。比如，青少年会对自己的体态、相貌等十分敏感，但由于先天和后天的各种原因，许多青少年的生理条件都没有自己所希望的那么完美，如果青少年认为自己的外貌、身高明显不如他人，就会缺乏自信心，产生自卑感。当然，如果个体对自己的学业能力、交往能力等社会性特征也不满意的话，同样也会产生自卑的情绪体验。

- 有泛化性的特点。泛化性的特点是指青少年由于某种原因造成的自卑情绪容易泛化到其他方面去。比如，有些学生认为自己在人际关系方面总是不成功的，而事实上他只是在与长辈或陌生人交往时有些困难，其他情境下的交往活动还是很成功的。这些学生的问题是将"有时"与"总是"、"或许"与"必定"混为一谈，以偏概全，扩大了自己的劣势，增强了自己的自卑情绪，这就是不合理的泛化。

- 具有敏感性与掩饰性。青少年往往对自己的不足和别人的评价过于敏感，容易从他人的言行中"寻找、发现"对己不利的评价，常常把与己无关的言行看成是对自己的轻视；由于担心被人知道自己的不足，青少年对自己的缺陷和过失常常加以掩饰或否认，表现出较强的虚荣心。

自卑情绪的产生是主观和客观原因交互作用的结果。从主观的心理过程看，自卑是人的自我意识发展不健康和自我评价不合理的结果。随着自我意识的发展，青少年日益关注自己的外貌、能力、自我价值、个性品质以及家庭背景等方面，并结合他人评价对自己进行评价，如果个体对自己的主客观条件认识和评价不当，就容易形成自卑感。自我意识的发展也促使青少年的自我概念中出现了理想自我与现实自我的分化。由于理想与现实的差异较大，这两个自我的符合程度往往较低。也就是说，许多学生对现实自我的评价往往不能满足理想自我的标准，因此产生消极的自我评价和自卑的情绪体验。

（二）焦虑

焦虑是一种复杂的综合性消极情绪，是人们在生活中预感到一些可怕的、可能造成危险的、需要付出努力和代价的事物将要来临，而又感到自己对此无法采取有效措施加以预防和解决，因此产生担心、不安和恐慌的情绪体验。简言之，人们对一件事情情况不明，感到没有把握、无能为力，由此产生的忧虑和不安情绪就是焦虑。应当注意的是，焦虑是一种比较普遍的情绪状态，人们在生活中常常能够体验到它的存在，许多比较轻微的焦虑往往会事过境迁，自动消失。但有些青少年的焦虑情绪比较持久和严重，对身心健康和学习、交友都造成了不良影响。

引起青少年焦虑情绪的原因主要有以下几个方面：

- **因为生活不适应而产生焦虑**。包括对生活环境、生活方式、生活习惯等的不适应，由于不能适应环境的转变（如小学升入初中或高中升入大学）而产生各种焦虑症状。
- **因为学习不适应而产生焦虑**。青少年由于不能达到预期目标和不能克服学习障碍的威胁常常产生焦虑情绪。有些学生在家长、老师和社会等方面的高期望压力下，确立了超出自身学习能力的目标，虽然尽了最大努力，成绩却不理想，于是产生压力和焦虑情绪；也有的学生在初中或高中时成绩优异，升入高中或大学后原来学习上的优势不复存在，并表现出不能适应新的学习特点、学习内容和学习方式，不会有效地利用图书馆、阅览室、实验室等，这使他们对学习和前途感到忧虑不安，陷入焦虑状态之中。
- **考试焦虑**。这种焦虑在学生中是比较常见的，是由于担心考试失败或渴望得到更高的分数而产生的一种忧虑、紧张的心理状态。这种焦虑在那些学习能力较差，或自感能力不如别人，或强烈期望获得好成绩的学生身上表现得更明显。
- 人际关系不良造成的焦虑。由于青春期固有的闭锁、羞怯、敏感和缺乏经验等心理特点，加之家庭、学校教育等不同程度地存在误区，青少年在与家长、老师、同学交往中不可避免地会遇到各种问题，又缺乏一定的处理技巧，因而导致焦虑的产生。
- 因为过分关注身体健康状况而产生焦虑。高强度的脑力劳动有可能使人产生疲倦、注意力不集中、健忘、失眠等症状。对于那些过分关注自己健康状况的青少年，他们此时便可能产生焦虑情绪。

（三）抑郁

抑郁情绪就是感到压抑和忧愁的情绪，是一种感到自己无力应付外界压力而产生的消极情绪，常常伴有厌恶、痛苦、羞愧和自卑等情绪体验，是青少年中常见的不良情绪。抑郁情绪人人都曾体验过，但对大多数人来说它的出现是暂时的，但也有少数人可能长期处于抑郁状态而导致抑郁症。青少年抑郁情绪的主要表现是：情绪低落、思维迟缓、自卑自责；郁郁寡欢、闷闷不乐，干什么都没精神；不愿社交，回避熟人，对生活没有信心、没有兴趣，并伴有食欲减退、失眠等情况。长期抑郁会严重损害人的身心健康，使人无法有效地学习、工作和生活。

抑郁情绪的产生，除了与个体的人格因素有关外，还与在生活中曾遭受过意外或重大的挫折有关。所以，抑郁情绪的产生，大都能找到较为明显的诱发因素，如学习成绩落后、疾病的发生、人际关系不和谐等。但是，遭遇挫折并不必然导致抑郁，抑郁的发生关键在于一些青少年对这些负性事件不能正确认识，以及对自我价值的不合理评价而造成的。关于自我差异的理论较好地解释了抑郁发生的可能原因。该理论认为，现实自我与理想自我的差异将会导致抑郁情绪的产生，个体对有关客体的知识相对丰富，便会产生能够解决相对较多问题的期待，这种期待与个体的理想自我相关联。然而，个体实际的社会判断能力以及认知结构并不能满足这种期待，而这种情形和个体的实际生活体验与个体的现实自我相联系。现实自我和理想自我之间的认知不协调在引发动机解决问题失败之后，个体将有可能产生消极的适应，并且它往往与失败、悲观、情绪低落以及进一步产生负性认知相联系，从而产生抑郁情绪。

(四) 孤独

对于孤独感不同的学者有不同的理解。有人认为，孤独感是当个体感觉到缺乏令人满意的人际关系、自己对交往的渴望与实际的交往水平产生差距时的一种主观心理感受或体验。有人则认为，孤独感是指个体在社会关系网络不足时的不快乐的体验，包括社会关系在数量上的不足和质量上的低下。由此可以看出，孤独感是一种主观的感受，与客观的社会孤独感（与社会隔离）在内涵上是不同的，它是困扰人类的一种普遍的心理现象，这种孤独感是慢性而长期存在的。对于青少年来讲，孤独感是个体基于对自己在同伴群体中社交和友谊地位的自我知觉而产生的孤单、寂寞、失落、疏离和不满的主观情绪体验，是一种消极的情绪反应。

孤独感作为人类社会的一种心理现象，它的产生、发展与个体所处的社交环境、社会关系状况有关，与个体的人格因素、认知因素也有着密切联系。有关青少年孤独感的研究表明，明显影响孤独感的因素主要有：

- 同伴关系不良。青少年的孤独感与同伴关系状况密切相关，同伴关系差的青少年孤独感水平高。在青少年的交往过程中，内在的安全需要促使他们寻求情感保护，当这种寻求未能达到一定的期望值时，便会产生孤独感。
- 人格特点的原因。有关研究探讨了孤独感与外向、神经质及自我袒露的关系，结果发现这三个变量都与孤独感得分显著相关，其中神经质与孤独感的相关最明显。由于神经质的人往往对人际关系过分敏感，害怕被拒绝，使用过当的自我防御机制，因而常有孤独感。另外，经常有孤独感的人往往是较内向的，人际角色被动，缺乏社交技巧，有更多的社交焦虑，难以建立和维持人际关系。
- 缺少社会支持。一般说来，越不能获得同性朋友和教师的价值肯定、指导性和情感性支持，朋友越少的青少年，其孤独感越强。与个体社会网络中社会关系的数量和经常与之交往的人数相比，网络中与之关系密切的可以信赖的人数对个体的孤独感有更为重要的影响，即社会网络中缺乏亲密性关系的个体更容易体验到孤独。
- 不良归因风格。研究表明，孤独感与退缩行为、归因方式有关。美国心理学家阿舍（Asher, 1990））指出，退缩的社会行为、同伴接纳水平低、少或没有朋友和内部稳定的归因风格可增加青少年的孤独感水平（转引自王宏伟，2003）。许多有关青少年抑郁、压抑与归因方式的相关性研究发现，对消极事件和积极事件的不正确归因会导致高水平的抑郁,近而引发高孤独感。

三、培养青少年健康情绪和情感的途径

情绪情感状态的管理与调适对青少年当前及以后的社会适应和心理健康有着重要影响。青少年只有保持良好的情绪状态,发展健康的情感体验,才能顺利完成当前的发展任务,为成年期的成功发展奠定良好的基础。对青少年来说,拥有健康情绪情感的表现是:情绪情感的基调积极乐观,愉快稳定;情绪反应适度;对自己的不良情绪具有调节控制的能力;高级的社会性情感得到良好的发展。积极情绪情感的产生途径可从青少年自身和教育者两个层面来探索和实施,即青少年的情绪自我调节和教育者的有效引导,只有将二者有机结合加以运用,青少年才能够更好地发展积极的情绪情感。

(一) 青少年情绪情感的教育和引导

1. 培养青少年正确的需要观

情绪情感是同人的需要相联系的,当需要得到满足时,人往往容易产生积极的情绪体验,反之则易产生消极的情绪体验。由于人的需要又受社会经济发展水平和价值观等条件的制约,所以个体只有选择那些符合社会要求并能体现自身价值的需要,使自身需要服务于社会需要,从而不断提高需要的层次,才能使个体产生积极的情绪情感。因此,培养青少年正确的需要观,对他们建立积极的情绪情感、形成良好的心理品质起着决定性的作用。

2. 改变容易引起青少年不良情绪的几种错误观念

美国心理学家埃利斯提出了"情绪ABC"理论,认为一个人情绪的好坏主要由自己的认知和想法决定,如果能改变一个人非理性的思想、观念和评价,就能改变他的情绪和行为。易引起不良情绪的非理性信念具有以下共同特征:①绝对化。即凡事以自己的意愿为出发点,认为其一定会发生或者一定不会发生。②过分概括化。即以偏概全、以点概面的片面认知方式。③夸大化。即认为某一件事一旦发生,就全完了,糟糕极了,非常可怕。可以根据"情绪ABC"理论的原理引导青少年学生,当他们处于负性情绪时,如果能找到以上非理性信念,并驳斥、干预、改变此信念,用合理信念取代之,就会产生更为积极的情绪。

拓展阅读

情绪ABC理论

ABC理论的创立者埃利斯认为：人的消极情绪和行为障碍结果不是由于某一激发事件直接引发的，而是由于经受这一事件的个体对它不正确的认知和评价所产生的某种信念引起的，这种信念也称为非理性信念。正是由于人们常有的一些不合理信念才使人们产生情绪困扰。在情绪ABC理论中：A表示诱发性事件；B表示个体针对此诱发性事件产生的一些信念，即对这件事的一些看法、解释；C表示个体产生的情绪和行为的结果。

3. 指导青少年了解自己的情绪情感特点

不同的青少年有着不同的情绪情感特点。比如，从气质特点来看，胆汁质类型的学生情绪产生快，强度大，容易爆发激情；多血质类型的学生容易产生情绪，但自控性较好；黏液质类型的学生不易产生情绪，而且强度一般也较小；抑郁质类型的学生则很容易产生情绪，且强度较大，自控性较差。教育工作者应指导青少年深入了解自己的情绪情感特点，有意识地克服情绪体验或表达方面的缺点，努力培养积极向上、健康活泼的情感体验。

4. 建立和谐温馨、积极向上的班级氛围，组织青少年学生多参与集知识性、娱乐性于一体的活动

班级氛围会影响每个人的情绪，和谐温馨的班级氛围有助于满足学生归属和爱的需要，激发学生热爱班级、热爱学校的情感，促进学生奋发向上。同时，青少年精力充沛，朝气蓬勃，且具有较强的自我意识和交往欲望，非常需要通过一个平台来展现自己的才华和创造力，以得到内心的满足，体现自身的价值。因此，适当组织学生参加一些诸如文体表演、知识竞赛、演讲比赛等活动，不仅能够缓解他们学业上的压力，消除他们的不良情绪，同时还能锻炼他们的人际交往能力，建立良好而真诚的人际关系。

（二）青少年情绪情感的自我调节

情绪调节是指个体通过情绪的觉察、监控、评估和策略使用改变情绪体验和反应的性质、强度、持续时间以达成个人情绪管理的目标。为了保持良好的情绪，青少年应该学会对情绪进行自我调节。情绪调节一方面可以培养、维护良好的心境；另一方面能够控制、消除不良情绪。常见的情绪调节方法有：

1. 学会悦纳自己，不对自己过分苛求

许多青少年对自己期望过高，奋斗目标的确立往往超出自己力所能及的范围，一旦不能实现目标就反复自责、焦虑不安。因此，应引导青少年在充分了解自己的基础上，欣然接受和悦纳自我，确立适合自己的、恰当的追求目标，然后努力去实现它，并在人生奋斗中应该保持一种良好的心理状态，做到既尽力又量力、既积极又放松、既有适当的高目标又没有高目标造成的过重压力。

2. 合理宣泄，消除压抑

宣泄就是把不良情绪能量通过一定渠道释放出来，以缓冲心理压力，恢复心理平衡。宣泄的途径很多，如倾诉。在内心充满烦恼和忧虑时，可以向知心朋友或家长、信任的老师倾诉心声，也可以用写信的方式来倾吐心中的不快。通过倾诉，一方面可以使不良情绪得以发泄；另一方面也使当事人得到更多的情感支持和理解，并能获得认识问题和解决问题的新启示、新思路，增强自己克服困难的勇气。又如哭泣。在极为伤悲、委屈的时候，不论男女都不必强忍眼泪，尽情地痛哭一场，就会感到轻松、平静。再如剧烈活动。如较大运动量的体育活动、体力活动、激烈的快节奏的喊叫等，亦有利于释放紧张的情绪。情绪的宣泄要做到适时、适度，注意时间、场合和方式方法。

3. 积极的自我暗示

暗示是通过内部语言或书面语言的形式来纠正和改变人们的某种行为或情绪状态。积极的自我暗示是指自己有意识地将某种观念不断强化，从而影响自己的情绪和行为。比如，当遇到愤怒的刺激时，心里默念："息怒！息怒！"当不自信时，告诉自己："我能行！我能做好！"此法一方面可以增强自信心，促进自我悦纳、激励奋进；另一方面可以消除焦虑、紧张和愤怒的不良情绪，恢复应有的愉悦情绪。

4. 放松调节法

当人感到身心疲惫、焦虑、烦躁、心理压力过重时，采用放松技术进行自我调适，可以排除杂念干扰，平静心绪，有效地缓解心理压力和消除不良情绪。放松调节既可以采用动态方式，也可采用静态方式。动态方式是通过体育锻炼等较剧烈的活动，释放紧张的情绪，达到身心放松的目的。静态放松的主要方式有：

- 想象法。可先选择一个比较安静的环境，然后全身放松，闭上眼睛，开始进行想象，一般是想象一些美好的景物、幸福的经历等。
- 音乐调节法。音乐对人的生理和心理有着明显的影响，优美的乐曲可以使人血压正常、肌肉松弛、脉搏放慢，使人感到心情宁静、轻松愉快。
- 深呼吸放松法。站立或坐位都可以，闭上眼睛，默念"静、静、静"；然后深深吸气，吸气要缓慢，把气息沉到丹田之后，停止呼吸几秒钟，再慢慢呼气。呼气时比吸气速度还要慢，徐徐吐出。反复做三分钟，往往会感到身心放松，有效缓解紧张疲劳。

5. 使情绪升华

这是一种比较高级的情绪宣泄方法，就是把情绪波动激起的能量引导到提升自己、发展自己、贡献社会的方面去。居里夫人在丈夫横遭车祸的不幸后，用努力工作克制自己的悲痛，完成了镭的提取。青少年完全可以把因考试失利而产生的不良情绪升华为激励自己努力学习的动力；把对自己外貌的不满升华到全面发展自己、增长才干方面上来；把由失恋而产生的不良情绪升华为更加刻苦地学习和实践，以自己的博学多才去寻求真正的爱情。升华法既消除了心灵的烦恼，又对自己和社会有益，是一举两得的最积极的调整方法。

本章关键词

情绪　　情感　　心境化　　情绪识别能力　　亲密感　　自卑　　焦虑
抑郁　　孤独　　情商　　情绪调节

本章小结

本章首先简要介绍了有关情绪和情感发生的一般理论观点,然后着重从发展角度介绍了对青少年情绪和情感做出解释的精神分析理论、心理社会发展理论、行为主义理论和文化人类学的观点。接下来描述了青少年情绪和情感的特点,并对青少年期亲密感的获得和发展的意义进行了分析,艾里克森、沙利文及青春期依恋关系的理论从不同视角分析了青少年亲密感的发展。在此基础上,本章对青少年亲密感的发展历程进行了详细介绍。最后,详细介绍和分析了青少年常见的情绪困扰、成因以及培养青少年健康情绪情感的途径。

问题和练习

1. 比较精神分析理论和文化人类学理论关于青少年情绪情感发展的观点。
2. 青少年情绪情感的发展表现出哪些特点?
3. 什么是亲密感?青少年获得和发展亲密感的意义是什么?
4. 在青少年亲密感的发展问题上,艾里克森和沙利文观点的异同之处是什么?
5. 简述青少年亲密感的发展历程。
6. 什么是情商?情绪智力对个体成功发展有何意义?
7. 青少年有哪些常见的情绪困扰?试举例说明。
8. 有哪些因素可能引发青少年的焦虑和抑郁情绪?
9. 什么是孤独感?请分析孤独感的产生原因。
10. 教育者应从哪些方面入手引导青少年发展健康的情绪情感?
11. 举例说明并在生活中练习使用情绪情感的自我调节方法。

第 5 章

青少年的同一性

学习目标

通过学习本章,你应该能够:

- 认识同一性是青少年期心理发展的主题
- 理解青少年自我概念和自尊的变化
- 掌握艾里克森的理论观点
- 理解青少年期同一性的建构过程
- 掌握诺米关于未来取向发展的理论观点

自我及其发展一直是心理学关注的焦点，它直接指向了心理学思考的根本问题——人是什么。自我的发展一直持续人的整个生命全程，其中青少年期自我的发展尤为关键。该时期又被称为"自我的第二次诞生"、"自我的发现"时期，婴儿期所产生的自我的萌芽在这一时期得到了前所未有的发展。在青少年期，个体的生理、认知机能和社会期望的变化首次聚合在了一起，使整个自我系统的发展表现出了明显的阶段性特征，这尤其显著地体现在青少年自我概念和自尊的发展上；同时，青少年期的个体也面临着新的人生发展课题——同一性的发展。

青少年期自我的发展对于个体的一生来说都是非常重要的，它是个体稳定人格发展的奠基时期，并且影响个体道德判断以及价值观的形成。它也同性格缺陷、犯罪和精神疾病等社会问题相联系。可以说，自我的发展影响青少年发展的各个方面。

青少年期的自我

一、同一性是青少年期心理发展的主题

如果用一个概念来描述青少年期的自我发展，那它就是同一性发展。艾里克森认为，青少年期的发展课题就是同一性对同一性扩散。自我的形成是以同一性确立而获得稳定的心理状态为标志的。

一般来说，同一性可以从三个层面上来理解：

- 同一性是指在过去、现在和将来这一时空中，对"自己是谁"、"自己还是原来的自己"、"自己自身是同一实体的存在"等问题的主观感觉或意识。它重视主观的意识体验，强调内外部的整合及自身内在的不变性和连续性。
- 同一性意味着以社会性存在确立的自我，也就是被社会认可的自己、所确立的自我形像，如"我是中国人"、"我是学生"等。
- 同一性是一种"感觉"。这相当于"感到身体很舒适"、"清楚自己在干什么"的感觉。当这三种自我同一性的意识在自己心中确实产生的时候，我们称之为自我同一性的形成或确立（张日升，2000）。

正如马西亚（Marcia）所认为的，同一性一旦形成，就会赋予个体他们曾经是谁的历史性感觉、他们现在是谁的有意义认识以及他们将来会成为谁的认识。

虽然个体自我的发展是一个终生发展的过程，但是青少年期自我的发展，尤其是同一性的发展受到研究者的广泛关注。一般认为，青少年期是自我发展的关键期和转折期，同一性成为青少年心理发展的主题。这主要基于以下原因：第一，青少年期所发生的自我同一性的变化包含个体自我感觉的第一次实质性的重新组织和重新建构。虽然同一性的一些重要变化确实发生在童年期，但是青少年期对这些变化则具有更多的自我意识，并且青少年已经具有充分理解这些变化重要性的认知基础，能够强烈地感知到这些变化（Steinberg，1999）。第二，青少年的生理和心理在这一时期都发生了重大变化。在生理方面，青少年身体上发生的突然剧变使他们重新指向了对自我的认识，这在很大程度上改变了青少年的自我概念及其人际关系；并且，对青春期身体变化的经历本身可能会促使青少年的自我形象产生波动及对他/她到底是谁进行重新评价。在心理方面，青少年认知能力的扩展也改变了他们思考问题

的方式、价值观以及人际关系,并且也使青少年能够以新的方式来思考和认识自己。在青少年期,个体认知能力最为显著的发展就是能够系统地考虑假设的和未来的事件。正是基于此,青少年所考虑的典型问题是:"我将来会成为什么样的人?"在此以前,由于儿童思维的相对具体性,对于他/她而言,认真地考虑成为一个不同的人是非常困难的。第三,社会角色的变化使青少年需要面临一系列以前没有涉及过的新选择和新决定。在当代社会中,青少年期特别是青少年中、后期是对工作、婚姻和未来做出重要决定的时期。面对这些自我社会定位的重大决断,青少年很容易会考虑到"我是谁"以及"我将到哪里去"的问题,而对这些问题的考虑也是非常必要的。这些问题的顺利解决,一方面依靠个体的自我同一性水平;另一方面,在很大程度上反过来促进个体自我同一性的发展。由此可以看出,青少年期个体在生理、心理以及社会角色上的同时性变化决定了青少年期同一性发展的重要性。

二、青少年自我概念和自尊的变化

(一)青少年自我概念的变化

自我概念(self-concept)是青少年个体关于自己的能力、外表和社会接受性等方面的态度、情感和知识的自我知觉,即个体把自己当成如同其他事物一样的客观物体所做出的知觉和评价。自我概念是自我系统中的认知成分,它不仅为个体提供了自我认同感和连续感,使个体的存在和发展富有意义和价值,而且在面临重要任务时,自我概念能够调节、维持个体有意义的行为。在青少年期,青少年一个非常重要的转变是个体自我概念的变化。随着此阶段生理发育的成熟、认知能力的提高以及社会角色的改变,青少年的自我概念表现出了显著不同于以往的特点。

1. 青少年自我概念的抽象性和理想化

皮亚杰认为,青少年的认知发展已经进入了形式运算阶段,他们开始以更加抽象化和理想化的方式来思考问题。个体能够想象纯粹假设性质的虚构情境或完全抽象的命题,并且能够对此进行逻辑推理。这最为明显地体现在他们日益提高的对自我思维的认识方式上。正如一名青少年所说的,"我开始考虑我是谁,接下来我将考虑为什么我在考虑我是谁。然后我将考虑为什么我要考虑为什么我在考虑我是谁。"同时,形式运算阶段青少年思维的抽象性本质也伴随着思维的理想性和可能性。青少年开始广泛地思索自我或他人的理想特征或特质,往往通过一些理想化的标准对自己和他人做出比较。并且,青少年期个体的思维经常会考虑到未来的可能性。对于这些新发现的理想标准,青少年难免会感到不安。因此,青少年在适应这些新标准的过程中感到困惑也是正常的。

青少年思维的抽象性和理想性也使得青少年更倾向于以抽象性和理想化的方式进行自我描述。哈特发现,大多数儿童倾向于以相对简单、具体的术语来描述自己,而青少年则更可能使用复杂、抽象以及心理性的描述自己(Harter, 1997)。并且,大多数青少年逐渐地能够对真实自我和理想自我做出较好区分。

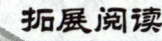拓展阅读

一个14岁女孩对自己的描述

抽象描述:"我属于人类。我有点优柔寡断。我不知道我是谁。"

理想化描述:"我能够真正关心他人的感受,在本质上是感觉敏锐的人。我想我看上去是很漂亮的。"

2. 青少年的自我概念在结构上更加分化

在从童年期向青少年期过渡的过程中,青少年的自我概念在结构上更加分化。与儿童相比,青少年在进行自我描述时更倾向于把自己的一些特质和品质与一些背景或情境相联系,而不是泛泛地使用这些特征或特质。例如,早期的儿童可能会说,"我很友好。"但是,到了青少年期,他可能会说,"在我心情好的时候,我对人很友好。""当我遇到老朋友时,我是友好的。"可以说,认识到自我在不同情境中会以不同的方式体现出来,这本身就是个体自我概念分化水平不断提高的一个明显表现。另外,青少年自我概念的分化还在于他们在自我描述时考虑到了"谁做描述"的问题(Steinberg, 1999)。十几岁的青少年能够区分自己以及他人的观点。当要求青少年对自我的社交行为做出描述时,青少年会说:"人们一般认为我在交往方面是很大方的,但是在第一次遇到不认识的人时,我也是有点腼腆。""有些人认为我是很文静的,但是,我的好朋友都知道我是很喜欢活动的。"

随着青少年自我概念的分化,青少年的自我概念在内容上也出现了领域的区别,这可称之为"多重自我",即在不同的社会关系、社会角色以及社会文化背景中,青少年的自我概念也是不同的。此外,不同的种族以及文化背景也会创造出青少年

的不同自我概念。

拓展阅读

青少年期的"多重自我"

许多研究者发现（如 Santrock，2001），青少年往往会联系与自己的父母、好友、恋人或同伴等人的交往来完成对自我的描述，而且他们联系不同社会关系所做出的自我描述也是有变化的。当青少年联系不同的社会角色（如学生、运动员或职工）来对自我进行描述时，他们的自我概念也会发生变化。

3. 青少年自我概念的组织性和整合性增强

伴随着自我概念分化程度的日益提高，青少年的自我概念也逐渐呈现出较好的组织性和整合性。从个体的自我描述来看，儿童对自我的一些特质或品质的描述就像一些杂货物品的陈列清单，具有异质性和随意性。但是，处于青少年期的个体却能够把自我形象的不同方面整合成一个较有逻辑性和连贯性的整体。并且，他们也会尽力地把一些存在明显差异的信息整合成具有较高组织性的陈述（例如，"当我第一次与人见面的时候，我有点退缩，但是熟悉了以后，我是非常友好的"），从而维护自我的统一。

4. 青少年的自我概念存在年龄差异

自我概念维度的分化随着人的主要生活任务的变化而变化。例如，中小学阶段以学习为主，到了大学则成为学习与交往两大任务，大学毕业后，工作和家庭开始变得重要起来，自我概念的维度和强度也会随之发生相应变化。青少年正处于经历由小学转入中学、由中学转入大学或直接参加工作的时期，他们在适应不断变换的"微环境"的同时，也经历着社会角色的转变。因此，许多研究者运用不同的理论模型来揭示青少年期个体自我概念的年龄发展特征。大量研究发现，自我概念的发展曲线是起伏跌宕的，尤其是在某些关键期和转折期（Marsh，1989）。弗里曼的研究发现，一般自我概念的发展曲线是起伏变化的，从小学到初中逐年下降，青春后期显著上升，大学毕业后又下降，到中年之后又再次回升，然后随着年龄的增长又平静下来。这种趋势发生的时间、起伏的高度因自我概念的内容不同而不同（Freeman，1992）。某些特殊年龄阶段的自我概念引起了研究者的浓厚兴趣。马什运用他编制的三个

SDQ量表对数千名6~18岁的美国学生进行测量，结果发现，总的自我概念和绝大多数分量表都表现出自我概念在七至九年级开始下降，九至十一年级开始回升，呈U字形曲线。11~14岁是自我概念的最低点(Marsh, 1989)。

我国学者周国韬、贺岭峰运用修订后的Song-Hattie自我概念量表对500名11~15岁学生的自我概念进行了研究，其结果与马什的研究结果基本一致。11~15岁学生的各项自我概念(身体自我除外)基本上表现出了U字形发展趋势，小学五年级至初一显著下降，初一至初三逐年显著上升，初一(13岁)是自我概念发展的最低点(周国韬，贺岭峰，1996)。刘惠军运用同一工具进一步考察了整个中学阶段学生自我概念的发展，结果发现，中学生在学业自我方面不存在年级差异，而在非学业自我方面存在显著的年级差异，尤其是在同伴自我、身体自我和自信自我三个维度上年级差异显著。其中，初一是整个中学阶段非学业自我发展的最低点(与上述研究一致)，初一至初二阶段非学业自我概念迅速发展，初二以后至高中阶段发展缓慢，呈现出相对稳定的态势(刘惠军，1999)。由此可见，自我概念的发展同其他心理特质的发展一样存在关键期，而这个关键期就处于初中阶段。

5. 青少年的自我概念存在性别差异

自我概念是一个具有特定文化内涵的社会心理学范畴，社会偏见或刻板印象会在人们的自我概念中表现出来。由于男性和女性在生理特征上的差异以及不同文化背景中社会期望和社会角色的不同，男女自我概念的发展表现出各自不同的特点，这在青少年时期表现得尤为突出。弗莱厄蒂的研究表明，青少年自我概念存在性别差异的固定模式：男孩在成就/领导方面的自我概念高于女孩，在意气相投性/社会能力方面的自我概念却较女孩更低(转引自宋剑辉等，1998)。马什和帕克发现，在前青少年期和青少年期，男孩在身体能力自我概念上有优势，女孩在语文自我概念上有优势；青少年期的男孩在数学自我概念上有优势(转引自张野，刘晓明，2002)。

我国学者周国韬等人的研究发现，男生同伴自我的发展比女生滞后一年，这可能是因为男生的成熟期要比女生晚1~2年的缘故；同时，初一、初二女生的身体自我概念要明显低于男生(周国韬，贺岭峰，1996)。刘惠军的研究也发现类似结果，中学生在身体自我和班级自我两个维度上具有性别差异，这集中体现在初二女生的得分要显著低于男生(刘惠军，1999)。研究者认为，这一方面体现了处于青春初期的女生对性成熟带来的种种生理变化(如身材、月经、青春痘等)的不适应所导致的身体自我评价的降低;另一方面也体现了社会定型在青春期女性心理上产生的特定影响。在我们的文化中,女性是劣势性别,男性是优势性别。青春期女性在生理上的成熟促使她们的女性意识逐渐增强,她们在心理与行为上也逐渐趋同文化中的女性社会定型,这进而影响到她们的自我评价,使其对自我概念中部分内容的期望降低。

(二)青少年自尊的变化

自尊(self-esteem)是指个体对自己所持有的一种肯定或否定的态度,这种态度表明个体相信自己是有能力的、重要的、成功的和有价值的。简言之,自尊就是一种个人的价值判断,它表达了个体对自己所持的态度。如果说自我概念是个体对有关自我的描述和评价过程,那么自尊则是指个体自我评价的结果以及由此而产生的情感(张文新,1999)。青少年期个体生理上的成熟、认知能力的提高以及社会角色、微环境等的一系列改变,毫无疑问会带来个体自我评价的变化,这种变化直接影响青少年自尊的发展。其中,自尊发展的稳定-可变性与差异性是青少年自尊发展研究所关注的两个重要方面。

1. 青少年自尊发展的稳定性与变化性

霍尔(G. S. Hull)指出,青少年期是一个充满"暴风骤雨"的时期。这一论点指出了青少年期个体所承受压力的程度,并直接引发了研究者对于青少年自尊发展的稳定性与变化性的关注。尽管国内外的研究者在此领域做了大量工作,但是由于研究的角度和研究方法的不同,不同的研究者对于青少年自尊发展的稳定性与变化性的看法也不一致。

弗莱厄蒂等指出,"进入青少年期的个体与他走出青少年期的时候相比基本上没有什么变化(Dusek & Flaherty, 1981)。"阿拉斯克等认为,青少年的自我感觉会逐渐稳固,并且不大可能因为经验的不同而发生波动。因此,青少年的自尊随着年龄的增长将倾向于变得更加稳定(Alasker & Olweus, 1992)。换句话说,儿童期具有高自尊的个体在青少年期也会具有高自尊。并且,在青少年期,个体的自尊水平不会降低。但是,一些研究却支持了青少年期个体自尊的波动性。西蒙斯等对前青少年期和青少年期的自尊进行了一系列研究,探讨了青少年自尊波动的时间和原因(Simmons, Rosenberg, & Rosenberg, 1973)。他们发现,青少年在12~14岁最可能出现自我意象的波动。与年长的青少年(15岁以后的青少年)以及青少年期以前的个体

(8~11岁)相比,在青少年早期,个体往往具有较低的自尊、较高的自我意识以及较不稳定的自我意象。并且,早期的青少年也较年长的青少年更倾向于对自己和自己的行为感到羞愧(Reimer, 1996)。总体来说,前青少年期个体与早期青少年在自尊方面的差异要大于青少年中期和青少年晚期之间的差异。这表明,自我意象的最显著的波动发生在向青少年期的过渡时期。哈特的研究也发现,从初中一年级开始,青少年的自尊发生转折,表现出下降的趋势(Harter, 1998)。我国学者张文新运用修订后的库伯史密斯自尊问卷对初中生的自尊进行的研究表明,整个初中阶段,学生的自尊是不稳定的,存在着显著的年级(年龄)差异(张文新,1997)。初一学生的自尊得分显著地高于初二和初三的学生,但是初二与初三学生的自尊之间不存在显著差异。也就是说,从初中二年级(约14岁)开始,自尊出现了一种下降趋势。由此可以看出,我国青少年自尊发生转折的时间要比国外的青少年晚一年左右。研究者认为,与初一相比,初中二年级青少年的自尊下降主要与其自我意识的增强、生理的迅速发育成熟和学习的压力增大等因素及其交互作用有关。

那么,我们该如何看待这些不同的研究结果呢?根据社会学家罗森伯格的观点,在看待自尊研究时,区分浮动自尊和基线自尊是非常重要的。那些报告青少年期自尊具有高度稳定性的研究者所测查的可能是个体的基线自尊,基线自尊不可能随时间而发生很大变化。因为决定个体基线自尊的可能是一些相对稳定的因素,诸如社会地位(家境殷实的青少年比家庭不富裕的同伴,具有较高的自尊)、性别(男性比女性具有较高的自尊)、出生顺序(长子或独生子女具有较高的自尊)、学术能力(能力高的青少年具有较高的自尊等)(Jackson, Hodge, & Ingram, 1994)。相反,那些发现早期青少年的自尊或自我意象具有波动性的研究者可能关注于青少年的浮动自尊,而浮动自尊是很容易发生波动的。因此,事实可能是这样的,虽然个体的基线自尊在整个青少年期不会有很大变化,但是青少年早期是个体浮动自尊波动很大的时期(Rosenberg, 1986)。从这个角度来看,关于青少年自尊研究的不同结果实际上是反映了同一事实的不同方面。

2. 青少年自尊发展的差异性

差异性也是理解青少年自尊发展的一个重要方面。正如一些研究者指出的,如果我们仅仅关注发展的整体趋势,那么我们就会掩盖整个发展轨迹中重要的个体差异(Steinberg, 1999)。对于青少年自尊发展的个体差异,我们可以从两个方面来理解：不同个体之间自尊的发展变化是否具有差异性？不同个体在自尊的不同维度之间是否具有差异性？

赫希等的研究发现，有些青少年的自尊在整个青少年期都表现出了高度稳定性，而有些则不然(Hirsch & DuBois, 1991)。该项研究将个体在从小学六年级向初中过渡期间自尊的发展趋势划分为四种不同类型。其中，约35%的青少年具有稳定的高自尊，约13%的青少年具有严重的低自尊，约52%的青少年在只有两年的时间内发生了显著的变化：其中约21%的青少年自尊水平直线下降，约31%的青少年自尊水平有所提高。布劳克和罗宾斯的纵向研究表明，个体从14~18岁或者从18~23岁中，平均自尊未发生重大变化。总体来说，他们自尊的发展表现出了跨时间的稳定性(Block, J. & Robins, R. W., 1993)。但是，布劳克和罗宾斯指出，平均模式会掩盖青少年经验中的重要区别，因为对许多青少年来说，平均意味着几乎没有出现什么变化。但是事实上，他们发现，从14~23岁这9年间，超过60%的被试其自尊或者有了很大增长或者有了很大下降。很明显，在这些研究中，自尊保持相当稳定这一总体性结果不能充分描述个体青少年自尊的发展。

在自尊的不同维度上，我们也可以看出青少年期自尊发展的差异。现在许多研究者认为，青少年既会在整体意义上评价自我，也会从学业、运动、外表、社会关系与道德品行等几个不同方面评价自我。因此，对于一个青少年而言，很可能在学业能力方面拥有高自尊，在体育运动方面具有低自尊，而在身体外表、社会关系或道德品行等方面具有中等水平的自尊。并且，即使是在自尊的同一维度上，他们的自尊也可能具有很大差异。研究发现，青少年在与父母关系中的自我评价截然不同于在与同伴友谊关系中的自我评价(Harter, Waters & Whitesell, 1997)。另外，某些方面的自尊要较其他方面的自尊对青少年总体自尊的影响大一些。一般来说，青少年的身体自尊是其整体自尊的最重要的预测指标，其次是同伴关系的自尊(Hater, 1990)，而学业能力、运动能力或道德品行等方面的自尊是相对次要的预测指标。值得一提的是，身体自尊对女青少年的影响要大于对男青少年的影响(Usmiani & Daniluk, 1997)；总体而言，女青少年的身体自尊要低于男青少年(Jackson, Hodge & Ingram, 1994)。因此，如果不考虑青少年自尊的不同维度以及相关联的具体背景，而简单地将青少年的自尊描述为"低"或"高"，这并不能准确勾勒出青少年期自尊发展的画面。因此，在整体意义或一般意义上对青少年的自尊进行考察，其效度问题值得注意。

青少年同一性的发展

一、艾里克森的理论观点

新精神分析学派代表人物艾里克森对自我的终生发展观做出了最为细致的描述。他创立了强调自我适应和自我发展的精神分析心理学，最早提出了自我同一性的概念，并在古典精神分析的"盘石"上创立了以自我同一性为核心的心理社会发展或自我发展的八阶段生命周期理论（见图5-1）。艾里克森认为，自我的发展开始于童年期并在整个的生命周期中继续着它的发展历程。个体在每一阶段都不可避免地要面临一个任务，这个任务虽然在其他阶段也以这样或那样的方式存在，但由于生物与社会因素的交互作用使得它在某一特定时期格外突出。其中，自我同一性的发展便是青少年期的中心任务（Erikson, 1968）。具体来说，心理社会发展的八个阶段具体表现为：

- 第一阶段是婴儿期（0—1.5岁）：该阶段的发展任务是发展信任感（trust），克服不信任感（mistrust），个体体验希望的实现。
- 第二阶段是儿童早期（1.5—3岁）：该阶段发展的基本任务是发展自主感（autonomy），克服羞耻感（shame）、怀疑感（doubt），个体体验意志的实现。
- 第三阶段是游戏期（3—5岁）：该阶段发展的基本任务是获得主动感（initiative），克服内疚感（guilt），个体体验目的的实现。
- 第四阶段是学龄期（5—12岁）：该阶段发展的基本任务是获得勤奋感（industry），而克服自卑感（inferiority），个体体验能力的实现。
- 第五阶段是青少年期（12—18岁）：该阶段发展的基本任务是建立自我同一感（identity），防止同一感混乱（identity confusion），个体体验忠实的实现。
- 第六阶段是成年早期（18—25岁）：该阶段发展的基本任务是建立亲密感（intimacy），而避免孤独感（isolation），个体体验爱情的实现。
- 第七阶段是成年期（25—65岁）：该阶段发展的基本任务是获得繁殖感（generativity），避免停滞感（self-absorption），个体体验关怀的实现。
- 第八阶段是老年期（65岁直至死亡）：该阶段发展的基本任务是获得完善感（integrity），避免失望（despair），个体体验智慧的实现。

婴儿期	信任对怀疑							
儿童早期		自主对羞怯						
幼儿期			主导对内疚					
学龄期				勤奋对自卑				
青少年期					同一性对同一性扩散			
成年初期						亲密对孤独		
成年中期							繁衍对停滞	
成年后期								整合对绝望

图5-1 艾里克森的心理社会发展阶段理论图式

（资料来源：Erikson，1968）

根据艾里克森的观点，同一性对同一性扩散是青少年期的核心任务。艾里克森认为，这一阶段任务的解决既建立在前些阶段任务的解决之上，也为成年期任务的解决奠定了基础。因而，同一性的任务不仅仅局限在青少年期，它也是信任对不信任、自主对羞怯或疑虑、主动对内疚、勤奋对自卑等这些早期心理社会阶段任务解决中的焦点问题。青少年的自我同一性依赖于对之前各种危机的良好解决：信任对不信任矛盾的解决为个体如何更好地接触世界提供了保证；自主对羞怯或疑虑阶段则产生了成为自己的愿望；通过主动对内疚阶段的协调，学前儿童预期将来社会角色的经历反映了他们后期执行中的内疚程度；小学阶段儿童勤奋对自卑任务的解决则为个体以后发现和完成后期同一性任务的态度奠定了基础。因此，那些没有获得"信任感"、建立"自主性"、形成"主动性"、养成"勤奋"品质的儿童在青少年期是很难形成同一性的。此外，艾里克森认为，青少年期同一性任务的解决还依赖于青少年与他人的交往。通过重要他人的反应，青少年能够选择将来构建他们成年期同一性的因素，也就是说，在青少年的交往中，他人就如同一面镜子能够为青少年反馈关于他是谁或他应该是谁的信息（如"我是有能力的或笨拙的"等）。因此，同一性的形成既是一个心理过程，也是一个社会化过程，它是青少年自身与社会共同作用的结果——

青少年形成了同一性的同时，社会也认同了青少年 (Steinberg, 1999)。

青少年期自我同一性对同一性扩散任务的解决也为个体适应成年期的生活奠定了基础。同时，自我同一性在以后的发展阶段中也有着自己进一步的心理社会任务。在此时期，实现的自我同一性与同一性扩散之间的平衡，实际上为个体随后在成年期相继出现的亲密对孤独、繁衍对停滞、整合对绝望等心理社会阶段任务的解决提供了可能。在青少年后期建立起来的自我同一感决定了个体发展亲密关系的程度，而自我同一性任务完成中产生的障碍与成年期个体所经历的亲密方式障碍是相联系的。此外，个体解决同一性对同一性扩散任务的方式也与成年期做出的贡献相联系。最后，同一性问题在生命最后整合对绝望的心理社会任务中会重新露面。个体会在生命结束之前接受自己以及自己唯一的生活。艾里克森的人格或自我发展结构强调所有阶段的相互依赖，为理解自我同一性以及生命周期的不同阶段所必须解决的其他心理社会任务提供了一个颇有帮助的模型。

艾里克森还提出"心理延缓期"的概念。根据艾里克森的观点，在现代社会中，同一性发展本身所固有的复杂性使青少年需要一个心理延缓期，即在这一时期内，青少年可以合法地延缓在社会中所必须承担的责任和义务。也就是说，在承继儿童期之后的青少年，自觉没有能力持久地承担各种任务，因此，需要在做出某种决断的时候，先要进入一种"暂停"的时期，以尽可能地避免同一性提前完结的内心需要。通过心理延缓期的方式可以鼓励青少年延长在校学习的时间，从而使他们能够认真地考虑将来的计划，而不用做出一些无可挽回的决定。青少年可以利用这一时期，触及各种人生观、思想态度、价值观，尝试从中选择一些，再检验一下是否符合自己。经过多次反复循环，从而最终确立自我同一性。如果个体前几阶段的任务没有很好解决或其所生活的社会环境未给青少年提供合适的心理延缓期，青少年同一性的形成就可能出现问题，即导致青少年同一性的整合失调，使他们无法认识自己或确认自我，形成一种不连续的、混乱的和不完整的自我感觉，这也就是"同一性扩散"。

二、同一性状态

（一）同一性状态的分类

在关于同一性状态的研究中，马西亚关注了个体在职业、意识形态（价值和信仰）以及人际关系等三个领域所进行的同一性探索。在对个体进行访谈和问卷调查的基础上，马西亚根据青少年的危机（crisis）和自我投入（commitment）两个变量的程度对个体同一性的发展状态进行评定，分别把个体归入同一性的不同状态。危机是指个体对于各种与自我密切相关的问题（诸如社会角色、职业、理想、政治信念等）是否有过茫然或迷惑不解的时期，在这一时期内，个体需要在许多有意义的选择中做出抉择（需要注意的是，这里的危机并不等于危险）。自我投入是指为认识自我、实现自我并达到某一目标而倾注全力，表现为对将来要做的事情进行个体性的探索。

马西亚认为，在艾里克森的同一性发展理论中包含四种同一性状态（同一性地位，identity status），或者说个体解决同一性行为危机的方式（见表5-1）：同一性扩散、同一性早期完成、同一性延缓以及同一性形成（Marcia, 1966）。

- 同一性扩散是指个体既没有体验危机（也就是说，个体还没有探求有意义的选择），也没有自我投入。换句话说，他们不仅没有对职业和理想选择做出决定，而且对这些问题很少表现出兴趣。
- 同一性早期完成是指青少年做出了自我投入，但是没有体验危机。当父母以权威的方式把义务传递给青少年时，往往会产生这种状态。在这种情况下，青少年没有足够的机会去独立地探索不同的人生道路、意识形态以及自己的职业。
- 同一性延缓是指青少年正处于危机之中，但是没有给予他们责任或义务，或者对他们的责任只是进行了模糊规定。
- 同一性形成是指青少年已经体验了危机，并且也进行了积极投入。

表5-1对于同一性的这四种状态做了简要说明。需要注意的是，在同一性状态的每一个子类中也有一些细微差异。例如，同是处于同一性早期完成状态，有些个体的早期完成是暂时的，有些个体的早期完成则是稳固的（Kroger, 1995）。

表5-1 同一性状态

	同一性延缓	同一性早期完成	同一性扩散	同一性形成
危机	正处于体验之中	没有体验过	没有体验过	已经体验
投入	没有出现	出现	没有出现	积极地投入

（资料来源：Marcia, 1966）

（二）同一性状态的转换

艾里克森指出，青少年期的同一性是不断地丧失与获得的过程，同一性问题的解决不是一劳永逸的，它在人的一生中尤其是在青少年期和成年初期会反复出现，个体也会从某种同一性状态转向另一种状态。在马西亚看来，年少的青少年主要处在同一性扩散、同一性早期完成以及同一性延缓这三个时期。另外一些研究者认为，同一性的最重要变化发生在青年期而不是发生在青少年早期。沃特曼就发现，从高中以前一直到大学后期，达到同一性形成的个体数量是不断增加的，同时处于同一性扩散状态的人数不断减少。与大学一年级学生和中学生相比，大学高年级学生更容易达到同一性形成状态（Waterman, 1992）。一项对青少年的追踪研究表明，处于同一性扩散状态的学生，约有60%在一年以后发生了变化；处于同一性延缓期的学生有近50%发生了变化（Adams & Fitch, 1982）。在其他追踪研究中，也发现了类似的结论。这些变化实际上是可以理解的，因为扩散与延缓期本来就属于不稳定的类型。但是，在研究中人们也同时发现了约有1/3的同一性形成者和早期完成者在一年或四年内又发生了变化，也就是说，那些曾经解决了同一性危机的青少年实际上并没有真正解决——至少没有在最终意义上解决。在某些心理学家看来，这种对非成熟状态的同一性的回归是正常发展过程中的一个环节，通过这个环节个体稳定的自我同一性才最终得以形成（Kroger, 1996）。从自我投入的角度来说，最初的同一性并不应该是我们所期待的最终结果。

许多关注同一性状态的研究者认为，个体积极的同一性发展一般模式是经历了所谓的"MAMA"循环，即延缓（moratorium）——形成（achievement）——延缓（moratorium）——形成（achievement）（Archer, 1989）。这些循环可能在整个生命过程中都在重复（Francis, Fraser, & Marcia, 1989）。但是，迄今尚不清楚，为什么在同一性发展的过程中会发生从一种状态向另一种状态的变化以及这些变化是如何发生的。与此有关的少数研究也只能告诉我们这种变化更多的是由内部因素（如对生活的不满）引起，而非具体的生活事件或生活环境变化（Santrock, 2001）。

三、青少年期的同一性建构过程

同一性建构是指整合个人变化、社会要求和未来期待的一个过程。艾里克森指出，同一性建构包括创造一种同一感，即个人感觉到的人格的同一和他人所承认的在不同时间中的相似性。换句话说，青少年同一性建构的过程也就是形成和获得同一性的过程。青少年期的同一性建构对个体一生的同一性发展以及完整人格的形成具有尤为特殊的意义。这是因为在青少年期，个体的生理、认知机能和社会期望三者变化首次聚合，使得"青少年分化、整合儿童期的同一感以建构通往成年期的合理化道路成为了可能"（Marcia, 1980）。青少年期同一性的发展经历了早期"解构"、中期"重构"和后期"巩固"三个阶段。下面我们将分阶段加以介绍。

（一）青少年早期的同一性解构

青少年早期一般是指11～14岁这一阶段。在这一时期，青少年要体验人生中的许多新事件：青春期的生理变化、较复杂的思维方式、对自我的重新定义、发展与同伴的新型关系、适应由小学到中学系统的复杂要求等。这些急剧变化唤起了早期青少年对同一性问题的重要思考，他们开始重新考虑童年期的价值观和身份（Kroger, 2000）。因此，一些研究者常常把此时期描述为同一性建构的"毁灭性阶段"或"同一性的解构"。对于一些青少年来说，这一"毁灭性阶段"非常强烈，常常带来混乱、沮丧，当然也有兴奋；然而，对另外一些青少年来说，这些扰乱则相当少，他们在这一阶段显得"相对平静"。这种差异的出现主要取决于个体的生理成熟、心理发展以及社会环境的相互作用。在一定意义上说，理解这三者的相互作用是探讨青少年期同一性建构的根本。

在青少年早期，个体的生理发育由童年期的平稳变化进入突变期：第二性征开始出现，逐渐具有了成人的体重和体型，生殖能力逐渐成熟，即个体进入"青春期"。生理上的急剧变化对青少年早期同一性的发展形成冲击。这一时期，把新的身体形象融合到自己的同一感中是青少年的一个重要任务（Kroger, 2000）。研究发现，这一整合过程存在明显的性别差异。一般来说，男孩对于身体形象的感知比较积极，女孩对于身体形象的感知则较为消极（Dorn, Crockett & Petersen, 1988）。这是因为男孩看到了体型和身体力量增长的优势，而女孩则注意到她们体重的增加和脂肪的积累。同时，那些较容易被别人发现的生理变化（如女孩乳房的发育、月经的出现等）对个体同一性的影响也要高于那些不易被人发现的生理变化（如体毛的出现等）(Brooks-Gunn, & Ruble, 1982)。并且，青春期生理变化的时间对于早期青少年同一性的发展也具有重要意义：那些经历同一性危机的男性青春期出现的时间相对较晚，而经历同一性危机的女性青春期出现的时间则相对较早。总之，早期青少年需要发展一种更广意义上的同一性来包含青春期这些生理上的剧烈变化。

青少年早期生理上的这些变化必然会影响青少年的心理过程和社会反应，从而进一步影响他们的同一性发展。青少年在青少年早期有许多必要的心理任务：他们首先需要从父母以及重要他人处分化出自己的兴趣、需要、态度以及品质；然后需要把新发现的身体变化和性需求整合到个体的同一性之中（此刻建构的同一性区别于以前的同一性，但是又有相关）；最后运用文化中适宜的表达方式把这些新能量引导到社会所提供的合理化道路上，这是所有文化对青少年提出的进一步要求。艾里克森指出，个体需要一个延缓期把过去儿童期的同一性成分整合到现在的同一性中来。马西亚进一步讨论了青少年早期主要的同一性任务，其中包括开始从"内化的父母"(internalized parent)的命令中"解放"出来的需要。这一内化的父母是指来自父母的禁令和期望，在整个儿童期，这些禁令和期望已内化到个体的自我之中，它能使儿童在父母不在现场的时候表现得较为自主。但是，"内化父母"所提供的标准的连续性、无反思性以及僵化性对青少年期是不适应的。因此，早期的青少年开始寻求家庭以外的渠道来释放自己的能量 (Levine, Green, Millon, 1986)。事实上，整个青少年期同一性发展的一个明显特征，就是寻求自主需要与依靠需要之间的平衡。这样，社会的影响就在青少年早期的同一性建构中表现了其重要性。

拓展阅读

关于青少年早期心理发展任务的争论

艾里克森并未详细指出定位于青少年早期的具体任务，而是更为一般性地概括了青少年期与同一性相关的任务。凯根指出了艾里克森理论中的这一缺陷 (Kegan, 1982)。他在艾里克森的八阶段心理社会任务之外补充了归属感对遗弃感阶段（Affiliation versus abandonment stage），并且认为这一阶段的任务就是青少年早期的主要心理社会冲突，即是否被同伴群体所喜欢和接受成为许多早期青少年重要的同一性问题。许多关于青少年早期的研究都证实了与归属感对抛弃感相联系的同一性的存在。克罗格的研究发现（Kroger, 2000），有2/3的青少年对不是他们群体中的同伴表现出最小的容忍力，如"如果某人不是我们群体中的成员，他会对我们的秘密构成威胁"（11岁的女孩）。因此，归属感和抛弃感的主题，即被他人接受和孤立，看来是青少年早期最主要的同一性问题。这可能是因为，归属的需要和被认可、被支持的感觉（这些由家庭和后来的同伴群体提供）是青少年早期同一性形成的必要条件。

社会影响主要表现在社会对青少年角色的界定和此时期出现的特征所得到的社会反应两方面。当代社会并没有对儿童、青少年或成年人的地位做出清楚的描述。但是，社会和生活其中的青少年却对自己的角色有着某种期望。例如，在中国，个体必须要接受完九年义务教育才能离开学校，规定个体在18岁以后正式进入成人期，具有正式的身份证，享受选举权和被选举权，并且能够成为正式的劳动成员而参加工作；在美国，个体一般在15岁或16岁才能够获得驾驶证，同时，法律允许个体参加工作和离开学校，但是，只有到18岁才具有选举权。埃尔金德认为（Elkind, 1981），对青少年的发展水平提供明确的社会性标记是充分认识青少年特殊需要的根本。但是马西亚却认为（1983），缺乏明确的社会纲领能够促进青少年同一性的发展。因为在过渡阶段，暂时缺乏社会或文化所认可的一些仪式能够保证青少年探索的充分性。在这一过程中，如果青少年能够获得社会性支持，这就为他们的同一性发展提供了良好环境。皮亚杰也认为，儿童学习环境的某种程度上的无结构性、模糊性、冲突性等特征能够提供充分的探索性经验，这是激励儿童认知发展的必要条件。另外，青春期的变化所获得的社会反应也是早期青少年同一性发展的关键因素。佩克夫等人发现（Paikoff et al., 1990），青春期的变化与社会反应共同起作用。如果社会变化发生在青春期的某一点上，它所产生的影响更为强烈，因为这一时期个体的心理唤醒水平更高。在一定意义上，早期青少年的各方面变化所获得的社会反应对于回答"我是谁"、"我将到哪里去"这些问题起着重要的帮助作用。

（二）青少年中期的同一性重构

青少年中期一般是指15—17岁这一个阶段。在青少年早期急剧的生理和认知变化之后,青少年中期的主要任务是调节和巩固这些变化,以整合到不断完善的同一性中(Kroger, 2000)。个体如果在青少年早期经历了同一性的毁灭阶段,青少年中期则开始重建同一性(Marcia, 1991)。从一定意义上说,个体从青少年中期开始艾里克森所描述的同一性的形成过程,尽力寻求同一性对同一性扩散之间的最佳平衡。正如青少年早期一样,个体的生理、心理和社会环境以及三者的交互作用仍是制约青少年中期同一性重构的重要基础。

大多数个体从青少年中期开始把他们的生理变化看做是理所当然的事情。但是,青春期生理变化的巩固以及新获得的肌肉协调、力量和耐性的发展,对这一时期青少年同一性的发展具有重要意义。个体在青少年中期新得到的生理技能,包括力量和耐力,可能导致他们尤其是男性产生一些危险或不计后果的身体行动,这些行动有可能导致一些严重的后果。

从心理的发展来说,个体在青少年中期已经发展了较高水平的认知能力。一些青少年进入完全形式运算阶段,他们能够理解包含命题逻辑、假设推理、组合逻辑、控制变量以及或然推理的运算。这些能力是同一性形成过程中所包含的认知操作的关键。这些认知技巧在青少年早期开始出现,到青少年中期逐渐巩固下来。同一性的形成要求具有与完全形式运算相联系的灵活、抽象思维技能以及现实检验技能。并且,通过运用发展较好和组织性较强的形式运算逻辑,个体可能会想象未来的各种可能性选择,这是同一性形成的基础。研究表明,许多形式运算技巧和同一性达到的程度之间具有正相关(Marcia et al, 1993)。但是,应该清楚,形式运算推理能力的巩固仅仅为个体达到同一性提供了必要条件。

同一性是通过个体的生理和心理发展与社会文化的相互调节而形成的,社会文化本身能够支持和鼓励同一性的形成。一些社会机构为同一性的塑造提供了一般性构架并允许同一性的表现,这集中体现为一些社会或文化为青少年同一性的形成提供了某种延缓期。反过来,这些社会机构也要依靠他们年轻成员的同一性来保持与过去的联系并同时推动其将来的发展。

(三)青少年晚期的同一性巩固

青少年晚期是指18—22岁这一阶段。这一时期,个体要对童年期形成的重要认同进行筛选,并把它们整合到新的同一性结构和自我系统之中。与此同时,他们也在寻找有意义地表达自己以及被社会认可的方式。因此，青少年晚期是个体最有可能实现同一性定义的时期，因此又被称为同一性的巩固时期。这一时期的心理社会任务，包括寻找职业道路、发展与伴侣的亲密关系、形成与家庭联系的新方式、发展一系列有意义的价值观以带到成年期的生活中等方面。对青少年晚期同一性发展的理解，我们同样要考虑个体的生理、心理以及社会环境的相互作用。

在青少年晚期，个体生长的速度显著下降，生理发育已基本成熟，自我的生理感觉已经稳定。晚期的青少年已经意识到他们的生理特征以及能力的优势和限制，也意识到了哪些能够发生变化、哪些必须理所当然地接受。这些都是构成青少年同一感的重要因素。可以说，在青春期就已经形成的两性之间以及个体之间的许多生理差异，对于青少年晚期乃至以后个体的同一性发展都具有重要意义。

青少年晚期个体的认知能力持续发展，许多青少年已经进入到完全形式运算阶段，并且出现了辩证性思维。这样，他们有了日益增长的抽象推理能力，并且能够较为自主地考虑问题，这必然会影响到个体对有意义的价值观和社会角色的思考。他们认知能力的发展在一定程度上缓解了青少年晚期解决同一性问题的压力。但是，青少年个体的认知能力和同一性问题之间的具体关系及其机制，我们还需要进一步探讨。

社会对个体在青少年晚期同一性形成过程中也起到了关键作用，因为在这一时期，社会机构正准备把晚期的青少年接受和确定为大的集体秩序中的初级（没有实际经验）成员。鲍梅斯特等认为（Baumeister, Muraven, 1996），应该用"适应"一词来考虑同一性与广泛的社会秩序之间的关系："较为精确地说，个体的同一性是对社会环境的适应。"个体必须在一些环境中找到自己生理和心理需要的满意感，因此，鲍梅斯特认为，人们根据能够帮助他们在一个特定环境生活的信息来修正他们的同一性。对个体来说，不同的社会要求不同的适应形式。这样，在特定的社会背景中，个体的生理成熟、心理机能发展以及社会的要求使青少年晚期个体的同一性形成成为可能。同时，同一性的形成也为青少年晚期的个体在进入成年期以后更好地适应社会奠定了良好基础。

四、影响青少年同一性发展的背景

许多研究表明，家庭、同伴、学校以及工作环境等是影响青少年同一性形成的重要背景因素；这些因素所形成的微环境会相互制约，共同影响个体同一性的发展。

(一) 家庭

青春期的生理变化在影响青少年心理发展的同时，也带来了家庭关系的重新组织。许多关于亲子交往的研究发现，在向青春期过渡的过程中，直至青少年早期，亲子冲突增加，青春期过后一般会减弱(Steinberg & Hill, 1978)。用同一性的术语来说，当青少年表达自己的兴趣与思想、寻求在家庭中较为平等的地位时，常常会出现冲突，而亲子冲突进一步导致家庭关系的变化。

父母是青少年同一性发展过程中的重要角色。有关研究主要集中在父母的教养方式、家庭的交流方式、青少年与父母的情感质量等几个方面。一些关于父母教养方式与青少年同一性发展的相关研究发现，民主型的父母能促进同一性的形成；权威型的父母能导致同一性的早期完成；溺爱型的父母则导致青少年的同一性扩散。许多研究也考察了不同的家庭交流方式与同一性发展之间的关系。一般来说，家庭交流方式包括个性化(individuality)和沟通性(connectedness)两个方面。个性化包括两个维度：自我表现，即产生并交流观点的能力；分离感，即运用交流的模式来表达自己与他人的不同。沟通性也包括两个维度：一是相互性，即对他人观点的敏感性和尊重；二是渗透性，即对他人观点的接受。库珀(C. Cooper)等人的研究发现，既鼓励个性化(鼓励青少年发展他们自己的观点)又鼓励相互沟通的家庭氛围能够促进同一性的形成，因为它们为青少年探索广阔的社会环境提供了安全基地。但是，当沟通性强而个性化弱的时候，青少年常常处于同一性的早期完成状态；反之，则处于同一性扩散状态。在支持性的家庭背景中，青少年能与他人相互尊重地分享观点并善于迎接挑战，自我发展处于高水平(Hauser et al, 1984)。进一步的研究发现，青少年与父母的情感质量与家庭中的个性化和沟通性等家庭交流方式有着很强的相关。豪泽等人发现(Hauser & Bowlds, 1990)，那些运用"授予权利"行为(诸如解释、接受和给予同情)的父母能够促进青少年的同一性发展。换句话说，能够给予青少年问题解决权利的支持性家庭，其交互作用方式能够促进个体的同一性沿着健康模式发展(Harter, 1990)。青少年与父母之间的情感质量对于同一性的发展也具有重要意义。许多研究发现，与父母有着亲密关系的家庭环境最能够促使青少年寻求自主（Barber & Olsen, 1997）。还有研究发现，当母亲赞许青少年的行为，但是对他们之间关系的情感质量不满意时，青少年表现出最高水平的同一性探索或同一性危机；在母亲报告的母子冲突频率较高的家庭中，青少年表现出高水平的同一性危机；当父子对彼此的行为和相互关系的情感质量最不满意时，青少年也表现出了高水平的同一性危机；但是，青少年的同一性危机是与低水平的父子冲突相联系的（Paterson, Pryor, & Field, 1995）。

当然，我们从这些研究中并不能确定家庭因素与青少年同一性之间的因果方向，可能是处于不同同一性地位的青少年引发了不同的教养行为，影响了家庭的交流方式和亲子间的情感质量，也可能是不同的教养方式、交流方式和亲子情感质量促进或阻碍了青少年的同一性发展。

（二）同伴群体和友谊

许多研究表明，父母和同伴能够促进青少年同一性不同方面的发展。父母影响青少年对未来的态度以及对于社会现实的知觉，而同伴却能在分享新经验中为个体掌握新的社会技能和获得社会支持提供基础。青少年期的友谊能够使个体体验同一性的表达，包括感情和爱。同时，当青少年与"内化的父母"之间的联系松散时，朋友和同伴群体也能够填补青少年的内部心理空隙（Marcia, 1983）。

同伴群体和友谊是影响青少年同一性发展的重要背景因素。在向青少年期过渡的过程中，个体与同伴的关系会发生重要转变。进入青少年期以后，个体已经不再基于共同活动来选择朋友，而是根据共同的兴趣、价值观和信念来选择朋友。也就是说，青少年寻求的是支持性和理解性的朋友。当然，朋友和同伴群体也是青少年同一性发展的重要参照系，来自朋友和同伴群体的反馈可以成为自我的一面镜子。当青少年的心理内部发生混乱时，朋友和同伴群体能够为个体检测新的与同一性相关的技能提供参照，并且来自同伴的社会支持也是青少年总体价值感的重要预测因素（Harter, 1990）。在青少年中期，互相认同为好朋友的青少年在同一性状态以及与自我同一性相联系的目标上表现出一定的相似性。还有研究指出，青少年的问题行为与所参与的同伴团体密切相关（Barber, & Olsen, 1997）。

另外，在整个青少年期，朋友和同伴群体在青少年同一性形成过程中的作用会发生一定变化（Kroger, 1985）。青少年早期的同伴群体主要是由同性别的朋友构成，中期的青少年一般进入了与异性同伴的松散联系之中。这样，青少年中期的同伴群体就提供了体验与单一的伴侣建立联系的基础。青少年中期的同伴群体也促进了个体性意识与性角色的同一性。到了青少年晚期，在个体逐渐发展了成对关系的同时，同伴群体的重要性减弱。

(三) 社会环境

1. 学校

青少年的大部分时间是在学校中度过的，因此，学校是制约青少年同一性建构的重要背景因素之一。学校对青少年同一性的影响主要涉及教师、学校的结构特征以及课程设置等方面。拉斐尔等人考察了教师对同一性状态的知觉和反应(Raphael, Feinberg, & Bachor, 1987)。研究发现，延缓状态一般被教师评定为最为积极和健康的，而同一性扩散状态则是最为消极和不健康的。教师表现出对延缓期学生的最大注意，而对同一性扩散状态的学生给予的注意则最少。因此，不同的同一性状态引发了教师不同的反应，这反过来又影响到了整个班级的互动模式。在关于学校结构的研究中发现，一些学校的结构要比另外一些学校的结构更能促进青少年同一性的发展(Roker & Banks, 1993)。罗克等对公立学校和私立学校女青少年同一性状态的研究发现，私立学校的女生处于同一性早期完成状态的比例要显著高于公立学校，这在政治同一性方面表现得尤为突出。与私立学校的女生相比，公立学校的女生在政治同一性上更可能处于延缓期或扩散期，在职业同一性上更可能处于形成期和延缓期。此外，课程设置也在很大程度上影响青少年的同一性。德赖尔概括了课程结构化设置促进中学青少年同一性发展的方式(Dryer, 1994)：①能够提高同一性的课程应该促进学生的探索、有责任性的选择以及自我决定；②鼓励角色扮演以及不同代际之间的社会互动，并对过去与现在的关系做出合适的理解；③提高青少年的自我接受能力，教师和教练要为青少年提供积极的反馈；④课程设置要符合青少年的心理社会需要。

2. 工作环境

在青少年期，尤其是在青少年后期，已经有一部分青少年离开学校投入到工作之中。工作环境本身为探索、发展以及巩固青少年的能力和价值提供了重要基础。因此，考察不同的工作环境如何满足和支持青少年同一性发展的需要非常必要。但是，关于这方面的研究还比较少。莫拉斯等人的研究发现，在青少年后期，与大学中的青少年相比，参加工作的青少年其同一性形成主要受由工作环境所需进行生活决断的压力的影响（Morash, 1980）。但是，阿切尔和沃特曼（Archer & Waterman, 1988）发现，在控制了年龄、社会经济地位与地理环境影响的情况下，在大学中读书的青少年与那些参加工作或边读书边工作的青少年相比，前者同一性的发展要更快一些。

鉴于学校和工作环境对个体同一性发展的重要性，亚当斯和马歇尔讨论了社会环境对青少年同一性形成产生影响的理论模式（Adams & Marshall, 1996）。他们认为，所有的社会都为青少年提供了一些机构和环境，即提供了同一性形成过程的基础。在这些环境中，青少年能够学会仿效角色并产生对他人的认同。那些能够为自我的保持和发展提供基线价值的社会环境是良好同一性形成的条件。社会团体或机构的高凝聚性和一致性的期望可能促进认同和模仿，但是却会限制同一性的形成。同时，他们也认为，任何环境的影响都会受到个体的内部心理过程以及人际间交往的调节作用。但是，这些过程具体是怎样的、它们如何影响青少年同一性发展，还有待于进一步考察。

青少年期未来取向的发展

在发展过程中，尤其是在青少年期，个体经常会被问到这样一个问题："你长大了要干什么？"有的青少年会因这个问题产生担忧和迷惑，也有的青少年会通过对自己未来的设想回答这个问题。对于这个问题的回答，通常会包括个人感兴趣的事情、理想或目标以及实现理想或达到目标的途径等。如何看待自己的未来、目标、愿望或期望，就是青少年的"未来取向"。因此，所谓未来取向是个体关于未来的思考和规划，它是个体预期、规划和评价未来生活并赋予其个人意义的能力（Nurmi, 1991）。

一、关于未来取向发展的理论观点

芬兰心理学家诺米（Jari-Erik Nurmi）从认知－动机的角度提出了未来取向发展的过程观（张玲玲，2008）。未来取向被认为是一个多维度、多阶段的过程，包括动机、规划和评价三个心理过程（Nurmi, 1991），即个体首先通过比较自己的价值观、需要、有关毕生发展的知识，环境中可利用的资源和机会确立自己的目标；然后决定如何实现目标；在确定和实现目标的过程中不断评价实现目标的可能性（见图5-2）。

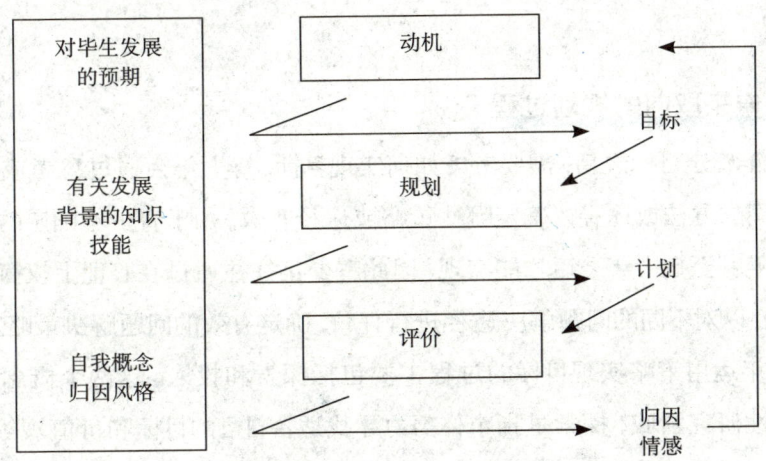

图 5-2 未来取向的心理过程模型（Nurmi, 1991）

（一）未来取向的动机过程

关于未来，个体会通过目标和担忧在大脑中进行表征，这些心理表征能够引导个体的日常行为指向自己的目标。目标和担忧是个体未来取向动机过程的表现。

青少年的发展总是处于特定的情境之中。这些情境为青少年提出了发展的具体要求。例如，青少年期的典型发展任务包括建立成熟的同伴关系、为婚姻和家庭生活做准备、从父母处获得情感独立、为未来的经济独立做准备（包括进行教育规划和职业规划）；成年早期的任务包括找到工作、选择伴侣、开始家庭生活、抚养子女、找到一个团结一致的职业团体等。可以说，青少年所处的环境为其发展确定了一个"机会空间"，它有助于个体考虑在不同的年龄阶段"什么是可能的"、"什么是可接受的"以及"什么是自己想要的"等（Dannefer, 1984），从而引导青少年未来取向的动机、想法和行为。当然，青少年并不是消极地接受环境的影响，他们会主动地选择个人的发展环境和未来的发展道路，会通过比较个人动机、相关的社会文化环境中所提供的机会空间主动建构个人目标，并以此作为动因，指导并构建个人的生活（Lerner, 1982）。

青少年在憧憬个人未来的同时，也会担忧自己的未来。在个体为未来做准备的过程中，担忧具有重要的作用。例如，所担忧的事情如果对自己未来的发展或愿望的实现造成一种威胁，那么担忧在个体建构和实现目标的过程中就会起到一种引导作用。

(二) 未来取向的规划过程

青少年确定目标之后，需要考虑如何实现目标。青少年会通过思考或实际行动来比较不同的方法或途径以确定哪些策略或途径有效。由于青少年确定的目标往往要等到数年甚至数十年之后才能实现，因此青少年往往通过在心理上权衡其目标实现的可能性以对不同的问题解决途径进行评价，确定有效的问题解决策略。

青少年运用策略实现目标的过程主要包括探索和投入。这两个概念主要来自自我同一性研究领域。探索是指个体努力寻找适合自己的目标和价值观等，在这一过程中，个体需要考虑多个选择，搜集多方面的信息，以便做出有意义的抉择；投入是指个体承诺并坚持实现自己的目标，在这一过程中，个体为实现目标不断地付出时间和精力。青少年期是个体在多个不同生活领域经历过渡的重要时期，他们在这一时期进行的探索活动比其他发展阶段更为集中(Kracke & Schmitt-Rodermund, 2001)。在自我的发展中，对未来的积极探索有利于个体在社会中的自我定向，以及做出满意的投入，而且在进入成人世界越困难的情况下，个体为此进行的准备性活动，尤其是搜集与未来工作有关的信息越重要(Kracke & Schmitt-Rodermund, 2001)。在快速变化和不可预知的社会中，探索环境和进行投入的能力是一种基本的生存技能，也是心理健康的前提条件。

(三) 未来取向的评价过程

个体在确立目标、实现目标的过程中，会不断地评价实现目标和完成计划的可能性。评价的过程主要涉及对影响目标实现因素的归因和与目标实现有关的情感体验，即影响目标实现的因素主要是内部的还是外部的、可控的还是不可控的、积极的期待还是持一种悲观的态度等。评价过程在青少年未来取向的发展过程中起着非常重要的作用，它直接影响个体是否坚持实现确定的目标以及通过怎样的方式去实现目标。在面临困难或障碍时，与对未来持消极态度的青少年相比，对未来持有积极乐观态度的青少年更可能去确立目标、规划目标，从而实现目标(Neblett & Cortina,

2006),而且对未来持有积极、乐观态度的青少年更可能通过问题解决等方式去实现目标(Csikzentmihalyi & Schneider, 2000)。诸多研究表明,对未来积极乐观的态度与有效的问题解决策略、学业和职业成功联系在一起,而对未来的消极悲观态度则与抑郁和失败等联系在一起(Chang & Sanna, 2003)。

(四)未来取向过程的系统性

未来取向的三个心理过程是一个系统。如图5-2所示,动机、规划、评价三个心理过程相互联系。个人确立的发展目标为评价行为结果提供了一个基础;目标的实现有助于个体形成积极的自我概念以及进行内部归因;个体建构的计划的有效性影响目标能否实现,从而影响自我评价;另外,个体对成功和失败的评价会反过来影响其今后的抱负、志向或所确立的目标,对未来事件的内部归因和积极情感会使个体倾向于确立高水平目标;个体对未来发展的评价也会影响个体对未来发展探索和投入的程度。

二、青少年未来取向发展的特点

(一)青少年的目标和担忧

青少年未来取向发展的动机过程主要体现在对未来的目标和担忧上。目前,探讨青少年指向未来的目标和担忧最常用的方法之一是分析个体未来目标和担忧的内容与结构(Nurmi, Poole, & Kalakoski, 1994)。这可以提供有关青少年未来目标和担忧的类别或领域方面的信息。例如,青少年的未来目标是定在教育、职业还是婚姻/家庭领域?青少年对哪个领域的目标最为担忧?

研究发现,青少年关于未来提及最多的是教育、职业和婚姻/家庭领域的目标(Nurmi, 1991; Lanz, Rosnati, Marta, & Scabini, 2001; 张文新,张玲玲,纪林芹,Nurmi, 2006)。研究未来取向的目标和担忧时通常采用的一个维度是==时间广度==(temporal extension 或 time extension),即个体对自己未来的思考(如目标或担忧)能够拓展到将来多久。青少年期是时间广度向未来拓展的重要时期(Greene, 1986)。随着抽象逻辑思维能力的发展和自主机会的增加,青少年思考和规划个人未来的能力逐渐增强,他们对自己未来的思考比儿童拓展得更远。研究发现,青少年期个体对未来的思考一般拓展至二三十岁(Nurmi, 1991),而且他们预期自己将经历的过渡具有一定的顺序性,如先完成正规教育、后参加工作、再结婚生子。研究也发现,青少年对这些事件发生时间的预期与有关一般个体经历这些过渡的年龄统计相一致（Crockett & Bingham, 2000）。这表明，关于个人的未来，青少年能够在头脑中形成较为客观的认知图式。

（二）青少年对未来发展的探索和投入

关于个体未来取向发展的规划过程，研究者多从探索和投入两个维度进行考察（Nurmi, 1991; Seginer, Vermulst, & Shoyer, 2004）。研究发现，青少年对未来不同发展领域的探索和投入遵循不同的发展模式（Kalakoski & Nurmi, 1998）。总体上，青少年对个人未来主要发展领域的探索和投入呈现随年龄增长而增加的趋势，但对于教育和职业问题，在面临教育过渡时这种趋势会发生变化，如正面临初中向高中过渡的青少年对未来教育和职业的探索和投入水平高于其他未面临过渡的年龄群体，关于个人未来的婚姻/家庭，青少年的探索和投入随年龄的增长逐渐增加（Kalakoski & Nurmi, 1998; 张玲玲，张文新，2008）。诺米等人发现，这种随年龄变化的趋势受到生活背景的影响。例如，澳大利亚城市中晚期青少年个体对未来教育和职业的探索与投入水平高于青少年早期个体，而农村青少年则表现出相反的年龄趋势（Nurmi, Poole, & Kalakoski, 1996）。

（三）青少年对未来发展的评价

评价的过程主要涉及个体对影响目标实现因素的归因和与目标实现有关的情感因素。研究发现，大多数青少年不仅对未来表现出了极大兴趣，而且对未来和个人控制信念也较为积极（Nurmi, 1989; Brown & Larson, 2002）。青少年会通过建构个人未来的美好前景来支持他们的乐观期待。他们确实会考虑一些消极的生活事件，如离婚（Blinn & Pike, 1989）、酒精成瘾和失业（Malmberg & Norrgard, 1999）。与问题青少年相比，普通青少年认为这些消极事件在未来生活中发生的可能性较小（Nurmi, 1991）。

三、青少年的职业生涯规划

根据当前关于青少年未来取向发展的研究可以发现，青少年已经具备了确定未来目标、对目标进行探索和投入以实现目标、对实现目标和完成计划的可能性进行评价的能力。在当今人才竞争日益激烈的社会背景下，充分利用这一能力进行合理的职业生涯规划，是青少年群体有效应对"就业难"问题的现实选择。

(一) 职业生涯规划的内涵

所谓职业生涯规划是指将个人发展与组织发展相结合，对决定职业生涯的主客观因素进行测定、分析和总结，确定事业发展目标，并选择实现这一事业目标的职业，制定相应的工作、教育和培训的行动计划，按照一定的时序和方向安排，采取必要措施实施职业生涯目标的过程。职业生涯规划的主体是组织和个人，主要内容包括：职业选择、职业生涯目标（可分为人生目标、长期目标、短期目标）的确立、职业生涯路径的设计。此外，还包括与长期目标相配套的职业生涯发展战略，与短期目标相配套的职业生涯发展策略。

我们也应该注意到，职业生涯规划是一个过程，并不是一蹴而就、一劳永逸的。职业生涯设计是一个动态的、逐步展开的过程。在职业生涯早期，个体一般会有一个职业目标和实现目标的手段的设想。随着年龄的增长和实际工作的逐步深入，个体的经历、职业体验、价值观和需要的变化都会导致个体对自我的重新认识，从而修正职业目标，进一步引起职业生涯规划的相应变动。即使在某一个年龄阶段，由于个人、组织环境、机遇发生变化，也会产生职业生涯志向转移。

> **拓展阅读**
>
> **良好职业生涯规划应具备的特征**
>
> **可行性。** 规划要有事实依据，并非是美好的幻想或不着边的梦想，否则将会延误生涯良机。
>
> **适时性。** 规划是预测未来的行动，确定将来的目标，因此各项主要活动何时实施、何时完成，都应有时间和时序上的妥善安排，以作为检查行动的依据。
>
> **适应性。** 规划未来的职业生涯目标，牵涉到多种可变因素，因此规划应有弹性，以增加其适应性。
>
> **持续性。** 职业生涯规划应贯穿于人生发展的每一个阶段，通过不断的调整和持续的活动安排，最终实现职业生涯目标。
>
> 资料来源：罗双平，2003

(二) 如何进行职业生涯规划

青少年的职业生涯规划有多种形式，从时间维度上来看，包括长期规划（10年左右）、中期规划（3~5年）、短期计划（年度计划、月计划和日计划）。前两种是长计划，后一种是短安排。青少年可以根据自身实际进行不同形式的规划。

1. 进行职业生涯规划的前提

青少年在进行职业生涯规划之前需要考虑以下五个"WHAT"问题：

- What are you?（你是谁）
- What do you want?（你想干什么）
- What can you do?（你能干什么）
- What can support you? （你能获得什么支持）
- What can you be in the end?（最终你能成为什么样的人）

第一个问题主要指要进行客观的自我认知；第二个问题涉及青少年对职业发展心理趋向的检查；第三个问题是对自己潜能的充分总结；第四个问题涉及支持的客观方面（如家庭、朋友和老师等）和主观方面（如同伴关系等）；第五个问题是基于前四个问题的基础上进行的回答，即自己的最终职业理想。找到这些问题的最高点，青少年个体的职业生涯规划就比较清晰了。成年人的作用就是尽可能地帮助青少年回答这些问题。

2. 进行职业生涯规划应遵循的原则

青少年在进行职业生涯规划时，除了要考虑以上要素，还要遵循职业生涯规划的十大原则（罗双平，2003）：

- 清晰性原则。考虑目标、措施是否清晰、明确？实现目标的步骤是否直截了当？
- 挑战性原则。目标或措施具有挑战性还是仅保持原来的状况？
- 变动性原则。目标或措施是否有弹性或缓冲性？是否能随着环境的变化而作调整？
- 一致性原则。主要目标与分目标是否一致？目标与措施是否一致？个人目标与组织发展目标是否一致？
- 激励性原则。目标是否符合自己的性格、兴趣和特长？是否能对自己产生内在的激励作用？

- 合作性原则。个人的目标与他人的目标是否具有合作性与协调性？
- 全程原则。拟定生涯规划时必须考虑到生涯发展的整个历程，做全程的考虑。
- 具体原则。生涯规划各阶段的路线划分与安排，必须具体可行。
- 实际原则。实现生涯目标的途径很多，在做规划时必须要考虑到自己的特质、社会环境、组织环境以及相关的因素，选择切实可行的途径。
- 可评量原则。规划的设计应有明确的时间限制或标准，以便评量、检查，使自己随时掌握执行状况，并为规划的修正提供参考依据。

3. 进行职业生涯规划的步骤

(1) 自我分析——准确的自我定位

青少年要成才首先要选择一条适合自己发展的职业道路，因为一个人不可能适合所有的职业岗位。因此，自我分析是进行职业生涯规划的第一步，是青少年选择职业的根本。一般来说，青少年要进行准确的自我分析可以通过两个途径：第一，通过相关测验来了解。青少年可以通过职业兴趣测验来知道自己喜欢干什么；通过职业技能测验来了解自己能够干什么；通过职业价值观测验来认识自己最看重什么；通过人格测验来定位自己适合干什么。第二，通过实践中进行自我分析。青少年可以通过一些社会实践活动获得一些真实的感受，在活动中发掘自身存在的优势资源，进一步认识自己。同时，在日常生活中了解周围的同学、老师以及父母对自己的评价也是进行自我分析的重要依据。

(2) 环境分析——清晰的职业定位

在自我分析的基础上，合理的环境分析是青少年实现自我与职业最佳拟合的基础。在进行环境分析时，青少年可以从以下方面着手：

- 职业前景分析。青少年可以通过社会调查、听讲座、参加招聘会、寻找社会兼职等途径，了解各种职业的现状和发展前景、职业环境、各行业竞争发展的机会等。这样就可以从中寻找自己的目标职业，并对最适合自己的行业进行合理化分析，进一步提炼出进入这一行业所需要的素质。
- 明确所学专业的特色和培养要求。青少年在进入大学以后，一般会选择一个专业，完成该专业的学习任务是个体顺利入职的基础。因此，了解自己所学专业的特色，根据专业培养要求来发展自己，并能够在专业之外选修相关课程，从而最大限度地提高自己的社会适应性。

- 家庭环境分析。家庭对青少年职业目标的支持能够在一定程度上帮助青少年认识自己的职业目标,更新观念,获取信息,最终实现职业目标。

(3) 及时行动——有效的行动措施

在合理的自我分析和环境分析之后,采取有效的行动措施是进行职业生涯规划的最近目的。一般来说,青少年职业生涯规划中的及时行动包括两个方面:第一,明确实现职业生涯规划目标所需要具备的知识、技能以及需要开发的潜能等;第二,寻找提高自己技能和潜能的渠道。

本章关键词

同一性   自尊   自我概念   同一性状态   自我投入   危机
同一性建构   未来取向   职业生涯规划

本章小结

本章首先简要描述了青少年自我发展的概况,指出同一性是青少年期心理发展的主题,勾勒了青少年自我概念和自尊的变化特点;随后,详细介绍了青少年同一性的发展,包括艾里克森的理论观点、同一性状态、青少年期同一性建构的过程以及影响青少年同一性发展的背景。个体未来取向的发展是当前青少年同一性研究领域中一个新的进展,本章在介绍相关理论观点的基础上,描述了青少年未来取向发展的特点,并具体介绍了青少年应该如何进行职业生涯规划。

问题和练习

1. 为什么说同一性是个体在青少年期心理发展的主题?
2. 青少年的自我概念发生了哪些变化?试举例说明。

3. 青少年的自尊发生了哪些变化?
4. 试述艾里克森关于自我发展的理论观点,并加以评价。
5. 一项对青少年的追踪研究表明,曾处于同一性扩散状态的学生中约有60%在一年以后发生了变化,曾处于同一性延缓期的学生中也有近50%的人发生了变化,约有1/3的同一性形成者和早期完成者在一年或四年内发生了变化。试用所学知识对该研究结果进行解释。
6. 试述青少年期的同一性建构过程。
7. 试述青少年的同一性发展与其发展背景之间的关系。
8. 简要论述并评价诺米关于未来取向发展的过程观。
9. 请根据所学知识和自己的实际情况设计一个职业生涯规划。

第 6 章

青少年的自主性

学习目标

通过学习本章，你应该能够：

- 了解青少年自主性的类型、含义及其关系
- 掌握关于青少年情感自主性发展的两种理论观点
- 掌握青少年的情感自主性、行为自主性和价值自主性的发展历程
- 了解有关青少年道德推理发展的理论
- 认识青少年的自主性和父母教养方式之间的关系
- 掌握帮助青少年发展自主性的技巧

在青少年期,个体的一个重要任务就是在情感上与父母分离,学会自我管理,承担新的责任,学会做出积极、健康的决策,这一过程被称为自主性的发展。所谓青少年的自主性,就是指青少年自己思考、感受、做出决策和独立行动的能力。与同一性发展相似,青少年期自主性任务的解决也不是一劳永逸的,如何确立和维持一种健康的自主感是贯穿个体一生的话题(Steinberg, 1999)。但是,由于青少年期生理的急剧变化、认知水平的提高以及社会角色和社会活动方面的变化,自主性的发展在该时期显得尤为突出。自主性的建立对于青少年期个体的发展具有重要意义,因为它是使青少年成为一名不依赖于父母和其他成年人的独特、独立和有能力个体的标志。并且,它与同一性的形成紧密关联,在一定程度上决定着青少年个体能否成功地实现向成年期的过渡。

青少年的自主性一般可以区分为三种类型:情感自主性、行为自主性和价值自主性。这三类自主性关注了青少年自主性的不同方面，并且在发展上相互联系。随着这三类自主性的发展，青少年逐渐能够依靠自己，而不过分依赖他人；能够经受住他人不同意见的压力，自己做出决定并将决定坚持到底；能够独立思考，发展起不妥协的明确原则和价值观。下面，我们将分别介绍这三种类型的自主性。

青少年期自主性的发展

一、青少年的情感自主性

回忆自己的青少年期，很多人可能会有这样的体验：以前认为是全知全能的父母，忽然在某一天发现他们只不过是普通人，也有解决不了的事情；以前认为父母说的话都是对的，忽然在某一天却意识到，父母的观点也有错误的时候；以前遇到事情就向父母求助，现在则自己放在心里或向同伴倾诉。作为青少年的父母，他们往往有比较强烈的体验：以前都是自己照顾孩子，在孩子进入青少年期之后，却发现在自己工作或生活中遇到麻烦的时候，可以与孩子交流，处于青少年期的孩子有时则会像成年人一样非常理解他们。这些变化都反映了青少年的情感自主性的发展。

所谓情感自主性，是指青少年在与他人关系中的情感独立性，尤其是在同父母关系中的情感独立性(Steinberg, 2005)。对于青少年来说，情感自主性的发展意味着他们能够逐渐意识到自己和父母是单独的个体，对父母的感知开始去除理想化色彩成分，对父母的依赖性降低，个体化增加(Steinberg, Silverberg, 1986)。换言之，情感自主性代表了一种感觉到与他人的情感分离能力。当遇到问题的时候，具有情感自主性的青少年更倾向于自己去寻找解决方案，而不是单纯依赖于外围的影响。青少年的情感自主性对于其健康发展，尤其是对于他们独立性的发展具有重要作用。

(一) 两种理论观点

对于情感自主性在青少年期的迅猛发展，当前主要有两种理论解释：情感解脱和个体化。

1. 情感解脱

精神分析理论把青少年在情感上与父母分离的过程称之为"情感解脱"，即青少年早期的个体试图切断在婴儿期建立起来的,并在儿童期加以强化的对父母的依恋。根据精神分析学派理论家的观点,年幼的儿童在无意识中受到父母异性一方的吸引,而对父母中同性的一方有一种矛盾的感受,这被称为"恋母情结"和"恋父情结",也被称为"俄狄普斯情结"。随后,儿童开始进入相对平静的潜伏期。但是,当个体进入青少年期以后,尤其是在青少年早期,这种相对平静的状态被打破,个体开始逐渐对异性感兴趣,并在无意识中产生了一种希望接近异性父母的倾向,即强烈的俄狄普斯情结再次出现。这样,在儿童早期被压抑的内心冲突被性冲动的复苏再次唤醒。这主要表现为家庭成员间紧张关系的加剧、家庭系统内部剧烈的冲突,以及个体在家里或者在家附近时会有一定程度的不适感。弗洛伊德认为,俄狄普斯情结的再次出现使青少年面临两项重要的发展任务:第一是与异性接触;第二要摆脱父母的权威、脱离父母的束缚,并获得独立。因此,青少年早期的个体在情感上逐渐与父母分离开来,并把他们的情感精力投入到与同龄人的关系之中,尤其是与异性同伴的关系之中。

2. 个体化

与精神分析理论家的解释不同,另外一些心理学理论家则认为,应该从青少年个体化发展的角度来理解青少年期情感自主性的发展。布洛斯(Blos, 1967)首先注意到青少年过渡中的个体化现象,它是指个体开始接受以前留给别人承担的一些责任。第一次个体化过程产生于生命的头三年,主要任务是自我与他人、客体分离,产生最初的自我独立感。第二次个体化过程出现在青少年期,并在青少年晚期取得重要进展,其过程为心理内部的重构,从而使青少年具有较高的独立评价、决断以及责任承担能力。通过个体化这一循序渐进的过程,青少年会逐渐觉得自己是一个有能力、具有自主性而且同父母及他人相分离的个体。成功地完成个体化的青少年能够为他们的选择和行为承担责任,而不是让父母为他们做这些事情(Josselson, 1980)。换言之,在个体化过程中,青少年摒弃了对父母的幼稚依赖,而代之以一种更为成熟、更为负责也更为独立的关系(Steinberg, 2005)。因此,青少年期的个体化会使自我产生更加自主的感觉。这种自主感的增强带来了个体看待和感受自身方式的变化,以及与他人的新型关系的发展,从而也促进了同一性的发展。

拓展阅读

拥有健康个体感的青少年与父母之间的交流

对于父母规定在晚上8点至9点之间必须读书的做法，拥有健康个体感的孩子在遇到相冲突的事情时，不是刻意在这一时间不读书，以反抗父母的做法。相反，他会抽时间把父母叫到一边，与他们商量，并对他们说："今晚有个同学聚会，正好与读书时间冲突。我今天先去参加聚会，等周末的时候，我会把这一个小时的读书时间补上。"

上述两种解释对青少年自主性发展所带来的亲子关系变化有不同的看法。在精神分析理论家来看，与情感解脱相伴随的是青少年与父母之间关系的高度紧张状态以及家庭系统内部的激烈冲突。相反，个体化过程却不会造成压力和骚动。当前关于亲子关系的研究表明 (Grotevant, 1997；王美萍，张文新，2006)，尽管与儿童期相比，在青少年期，父母和青少年之间会有更多的冲突，但是没有证据表明，这种冲突会显著地削弱父母同青少年之间的亲密关系。因此，许多研究者认为，随着青少年自主性的发展，青少年的家庭系统（包括青少年个体和青少年的父母）需要对内部的互动状况和成员之间的关系做出一种调整，但是青少年与其父母之间的情感纽带不会被切断。也就是说，青少年需要在其自主性发展和与父母之间的亲密联系之间保持一种平衡。这对于他们以后在恋爱关系中与恋人之间保持亲密与自主之间的平衡也是非常重要的。

（二）青少年情感自主性的发展历程

尽管青少年期是个体的情感自主性获得迅猛发展的时期，但是情感自主性的确立并非一蹴而就，而是需要一个长期的过程。毕竟，从对父母的完全依赖到不完全依赖，这对于个体来说并不是一件简单的事情。一般来说，情感自主性的确定是从青少年早期开始，一直要延续到成年早期阶段。

1986年，斯滕伯格和斯利弗伯格以布洛斯关于个体化的观点为理论依据，以10～15岁的个体为研究对象，考察了情感自主性的不同维度在青少年早期的发展：①把父母看做普通人（例如，我的父母同他们自己的朋友在一起时的表现，和同我在一起时的表现是不同的）；②父母的去理想化，即父母在青少年的心目中不再被理想化的程度（例如，我的父母有时也会犯错）；③不依赖父母，即青少年依赖自身，而不是依赖于父母提供帮助的程度（例如，当我做错事的时候，我并不总是依赖父母把事情摆平）；④个体化，即在同父母的关系中，青少年感受到的个体化程度（例如，有些关于我的事情，父母是不知道的）。从图6-1可以看出，这一研究发现，在情感自主性的四个维度中，除了"把父母作为普通人"这一维度以外，其他三个维度在10~15岁这一年龄阶段中都有所上升。还有一项有关青少年情感自主性发展的研究，考察了在夏令营时男性青少年想家的程度。结果发现，与前青少年期和青少年早期的个体相比，青少年中期的个体因想家而体验到的焦虑和抑郁程度会有所下降（Thurber, 1995）。

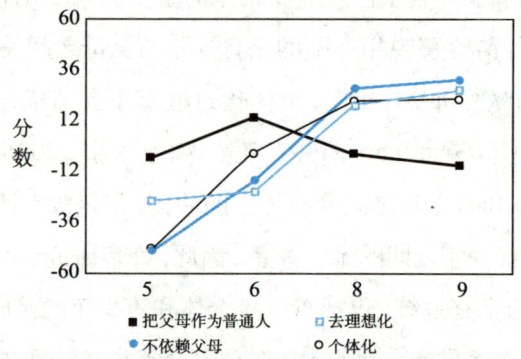

图6-1　情感自主性四个维度上的年龄差异
（资料来源：Steinberg & Silverberg, 1986）

从青少年情感自主性各维度的发展次序来看，许多研究者认为，去理想化是青少年情感自主性首先发展的一个方面（Steinberg, 2005）。因为在青少年对父母形成更加成熟的看法之前，首先要摆脱对父母的幼稚看法。正如在一项研究中，一名青少年对父亲的描述："以前，他的什么话我都听，我觉得他是对的。现在，我有了自己的看法，它们可能是错的，但它们是我的看法，而且我喜欢把它们表达出来（Smollar & Youniss, 1985）。"需要指出的是，去理想化只是形成对父母更为现实的看法过程中的起点，而非终点。情感自主性的另一个维度——把父母看做普通人——则可能在青少年晚期，甚至于成年早期才能得到发展。

（三）情感自主性对青少年心理发展的影响

情感自主性的确立对于青少年其他方面的发展存在怎样的影响？它能够促进青

少年其他方面的发展,还是阻碍其发展呢?许多研究者对于该问题进行了探讨。

根据斯滕伯格等人(1986)的观点,青少年的情感自主性与其良好的适应性存在关联。也就是说,青少年情感自主性的程度越高,他们的适应能力越好。然而,目前的实证研究却得出了与此不同的结论,研究发现,青少年的情感自主性,尤其是个体化维度,与一些适应不良的指标存在正向关联,包括与父母在一起时感到不安全和缺少被爱感(Ryan & Lynch, 1989)、抑郁水平和问题行为(Chou, 2002, 2003)、学业成绩的降低和偏差行为的增多(Chen & Dournbusch, 1998)。并且,这些研究发现在东西方文化中具有较高的一致性。

对于上述理论假设与研究结果之间的不一致,斯滕伯格(2005)指出,青少年情感自主性的发展,尤其是个体化的过程,对于不同青少年的心理所产生的效应可能存在不同,这取决于青少年同父母关系的密切程度。研究发现,获得了情感自主性又觉得同父母在情感上疏远的青少年,其心理适应能力较差;获得了情感自主性,同时又对父母存在健康依恋的青少年,则比同龄人在心理上更加健康(Mahoney, Schweder, & Stattin, 2002)。同时,情感自主性与青少年心理适应之间的关系还受到青少年父母特点的影响。研究发现(Garber & Little, 2001),如果青少年母亲的抑郁水平较高,那么青少年的情感自主性越高,其问题行为的水平越高;相反,如果青少年的母亲不存在抑郁症状,那么青少年的情感自主性越高,其问题行为水平则越低。

二、青少年的行为自主性

行为自主性是指青少年个体独立进行决策并贯彻这些决策的能力。它一般发生于青少年的早期和中期阶段,与青少年的决策和行为联系在一起。随着个体认知能力的成熟和社会性的发展,他们会逐渐学会独立做出决策。当然,这里所说的独立并非指青少年的选择和决策不受周围任何人的影响。青少年的父母以及他们所景仰的人基于丰富的人生经验和知识所给出的意见和建议,对于青少年的决策和行为显然具有极为重要的影响力。因此,有行为自主性的青少年在进行决策和行动时,会做出的表现是:能够在适当的情况下向别人征求意见,能够根据其自身的判断以及别人的建议,对不同的行为进行权衡,最终对于该如何做进行独立的决断(Hill & Holmbeck, 1986)。

拓展阅读

桀骜不驯与行为自主

许多青少年的父母有这样的体验，在孩子进入青少年期之后，逐渐开始反抗父母的意愿，变得有点桀骜不驯。有人认为，这是青少年表现其自主性的方式。实际上，这是对青少年自主性发展最为常见的误解之一。在许多情况下，青少年对抗父母或者其他权威人物，并非出于青少年行为自主性发展的需要，而是要与同龄人保持一致的缘故。在青少年早期，个体对于父母而言，会表现出更大的情感自主性，但是对于朋友的自主性却在降低。正如斯滕伯格等人在1986年的研究中所发现的，情感自主性水平高的青少年更容易受朋友的影响。因此，在这种情况下，青少年的所作所为并不是其自主性发展的表现。因为真正的行为自主性要求青少年自己做出决策并进行行动，而不是简单地跟随他人的做法，不论这个他人是青少年的父母还是朋友。从上述意义上说，桀骜不驯是同不成熟联系在一起的，并非是成熟的自主性发展的体现。

资料来源：Steinberg，2005

（一）青少年行为自主性的发展历程

基于行为自主性的内涵，研究者对青少年行为自主性发展历程的探讨一般关注两个方面：决策能力的发展和易受影响程度的变化。

1. 青少年的独立决策能力

独立决策能力的发展在青少年自主性发展的诸方面中颇受研究者关注，因为它与青少年的行为直接关联。在青少年期，个体独立决策能力的发展有其特定的认知基础。随着青少年的成长，进行多维度思考的能力开始发展起来。他们逐渐能够意识到，可以用多种方式来看待某一特定情境或特定事件。例如，在足球比赛中，当一名比较优秀的球员在踢进一球后，前青少年期的个体可能会基于这名球员的良好进球记录来做出预测：在下面比赛中，该球员会再次进球；然而，对于青少年期的个体，他们则会基于多种因素来做出预测（不仅会考虑该球员的良好进球记录，而且会考虑对手的强弱、该球员的状态等）。这种多维度思考能力的发展意味着青少年能够在头脑中同时表征多种观点，其推理过程也更为精密。该能力的发展是青少年权衡他人意见和建议的关键。同时，与儿童相比，青少年能够进行可能性思考，假设思维能力已经发展起来。因此,青少年可以对各种决策所产生的后果进行权衡和分析。此外,青少年期个体的角色扮演能力也在进一步提高,这使得青少年在采用他人建议之前会设身处地地深入考虑他人的观点。这会帮助青少年认识到:那些给出建议的人是否具有特定领域的专业知识、是否持有特殊偏见、是否会受到某些利益的影响等(Steinberg, 1999)。正是由于上述认知能力的提高,青少年的独立决策能力才逐渐发展起来,并逐渐拥有较强的独立行为的能力。

许多研究者对青少年独立决策的能力进行了研究。其中,刘易斯(Lewis)在1981年所做的研究是该领域中的经典研究。在该研究中,刘易斯给100多名12~18岁的青少年呈现了一系列问题,让他们帮助其他青少年解决。例如,其中的一个问题是一名青少年在是否要进行外科整容手术问题上犹豫不决。对于青少年的回答,刘易斯从以下五个维度进行了分析:是否意识到危险性,是否意识到将来可能的后果,是否建议他们向父母、同伴以及其他价值中立的专业人士征询意见,态度是否会因新信息的影响而转变,是否意识到提供建议者的既得利益并对此加以警觉。结果发现,年龄较大的青少年表现出了更为精细的决策能力:他们更可能意识到危险性,更可能考虑将来的后果,更可能向价值中立的专业人士咨询意见,当某人会受既得利益影响的时候,他们也更可能意识到这一点,并且会在接受可能抱有偏见的人的意见时保持警惕。

另外,还有研究者关注了青少年进行决策时的领域特殊性。在一项为期5年的追踪研究中(Smetana, Campione-Barr, & Daddis, 2004),研究者对76名非裔美国青少年早期个体与其母亲所感知的青少年在习俗事务(如是否使用礼貌用语)、安全事务(如是否抽烟、饮酒等)、常规事务(如选择收看什么电视节目、收听什么音乐等)和个人事务(如什么时间起床等)上的决策自主性进行了考察。结果发现,青少年在四种不同领域事务上的决策自主性随着年龄的增长而逐渐提高,只是在不同领域事务上提高的速率有所不同;青少年的母亲认为,安全事务和习俗事务由父母来决策,但是随着年龄的增长,青少年越来越认识到,在这些事务上,父母应该与自己合作进行决策;青少年越来越认识到常规事务和个人事务应该由自己决策(父母可以参与),但是母亲却认为在这些事务上青少年应该与她合作进行决策。总体来说,青少年认为自己在各领域的事务上比母亲的决策自主性更高。

此外,由于青少年个体对于行为自主合理性的认识或态度与他们生活于其中的社会文化环境有密切联系,因此行为自主性发展的时间可能存在文化差异。在那些尊重父母权威、强调家庭责任重于个体自主的家庭、社会或文化中，个体期望获得或被赋予自主的年龄一般较晚，而在崇尚个体独立与自主、主张个人实现的环境中，个体与家庭联系相对弱化，个体期望获得或被赋予自主的年龄一般较早（张文新，王美萍，Fuligni，2006）。费里格尼（Fuligni，1998）发现，与欧裔美籍青少年相比，亚裔美籍青少年更为尊重父母权威，重视对家庭的尊敬、帮助与支持，而期望获得行为自主的年龄较晚。弗里德曼和罗滕塔尔（Feldman & Rothenthal，1991）对中国香港、澳大利亚和美国青少年行为自主期望的跨文化研究发现，香港青少年期望获得行为自主的年龄显著晚于美国和澳大利亚青少年。我国研究者也对8—16岁青少年在不同领域事务的决策自主性进行了探讨（李志楠，邹晓艳，张卫星，2007），结果与西方研究者的研究结果一致，随着年龄的增长，青少年在个人事务上越来越认同自己的决策自主性；但是，与西方研究结果不同的是，随着年龄的增长，青少年在道德和社会常规事务上越来越认同父母权威的合理性。

2. 青少年易受影响的程度

随着青少年认知能力的发展及其交际范围的扩大，他们在进行行为决策时，会考虑周围人的意见或建议，包括父母、同伴、老师以及专家等。例如，在选择上哪所高中或大学时，青少年可能会征求父母或老师的意见；在如何穿着打扮上，青少年可能会征求同伴的意见……在成长的过程中，青少年的生活中会出现许多新的情境或问题，在面临这些情境或问题时，青少年可能会将这些问题与不同的人探讨，那么，哪些人的意见或建议对青少年的影响最大呢？在某种意义上说，青少年接受这些意见或建议的程度将直接决定他们行动的方向。

现有研究表明，哪些人的意见或建议对青少年的影响最大，取决于青少年所关注问题的领域。具体来说，当涉及日常事务以及人际交往的有关问题时（例如，衣着方式、喜欢的音乐以及课余活动等方面的选择），青少年更可能接受同龄人的意见。这在青少年早期尤为明显。但是，当涉及教育或职业规划以及价值观、信仰、伦理等有关问题时，父母则是青少年进行决策的主要影响源。国内学者陈会昌等人（1998）采用两难情境故事判断法比较了青少年对家庭影响的感受性和对同伴团体影响的感受性。该研究包括两个情境：关于青少年衣着的选择；青少年群体流行暗语的使用。结果显示，从初一到高二，对于选择服装的情境，青少年经历了从简单接受父母权威到接受父母影响，再到接受同伴影响，最后自主决定的过程，转折关键期在初一到初二之间。而在第二个情境中,选择自主决定的人较少,而更多的人经历了从接受父母影响到接受同伴影响的过程,转折关键期在初二到高一期间。通过该研究可以看出,中国青少年的自主发展大致经历了一个从单方面的父母权威发展到接受同伴影响,最终自主决定的过程。

此外,个体在整个青少年期,对于同龄人和父母意见的遵从程度表现出了特定模式。一般来说,在青少年早期和中期,他们对同龄人的遵从程度较高,大约在14岁时达到顶峰(Steinberg & Silverberg, 1986; Steinberg, 1999),随后就会下降。并且,这一年龄模式在青少年的反社会行为上最为常见,对于男生而言也更为明显(Erickson, Crosnoe, & Dornbusch, 2000)。对于出现这一年龄模式的原因,主要有以下两种解释:第一,青少年在此阶段之所以更容易受到同龄人的影响,是因为青少年在这一阶段非常希望得到同龄人群体的接纳。由于他们更为关心朋友们是如何看待他们的,为了避免被拒绝,需要与同伴团体保持一致(Brown et al., 1986);第二,青少年早期更易受同伴影响的举动,是其情感上处于"中转站"的标志。在这一时期,青少年从父母那里获得了情感自主性以后,还没有达到真正的情感自主,这就需要一个"中转站",在这个"中转站"中,需要同伴来填补情感依赖的空缺。

(二)青少年的行为自主性与其心理发展

行为自主性的获得对于个体在青少年期的心理发展具有重要意义,并在一定程度上影响着他们在成人阶段的发展。

近些年来,一些研究者探讨了青少年的行为自主与心理发展的关系。多恩布什等人(Dornbush, 1990)以14~18岁的学生为被试,考察了青少年独立决策(在没有父母参与的情况下,青少年独立决策)、父母单边决策(在没有青少年参与的情况下,由父母进行决策)以及联合决策(父母和青少年共同决策)这三种决策类型与学业成绩之间的关系。结果发现,青少年独立决策与较差的学业成绩相联系,而青少年与父母联合决策则与较好的学业成绩相联系。但是,决策类型与青少年学业成绩之间的关系受到了种族背景的调节。对于欧裔美籍青少年来说,二者之间的关系更强,但是在非裔美籍青少年群体中则较弱。兰伯恩等人(Lamborn, 1996)探讨了上述三种类型的决策与一系列更为广泛的适应变量之间的关系,包括心理社会发展(如自我依赖、自尊和工作取向)、偏差行为(如药物滥用、学校违规行为和反社会行为)以及学业能力（如GPA、在作业上花费的时间和学业期望）。结果发现，总体来说，对于不同种族的青少年来说，联合决策能够预测一年后青少年偏差行为的降低，而青少年的独立决策则与青少年消极的发展结果相联系。同样，这一结果也受到种族和社区背景的调节。与成长于种族混合社区的非裔美籍青少年相比，成长于白人社区的非裔美籍青少年的独立决策对其发展的消极影响更大。相反，对于其他种族的青少年来说，只有青少年和父母的联合决策能够预测其积极的发展结果。此外，斯美塔那等人（Smetana, 2004）的追踪研究发现，在控制背景变量和早期适应变量影响的基础上，青少年在个人事务和常规事务上日益增长的自主性能够预测他们在青少年晚期抑郁水平较低和自我价值感较高。

由此可以看出，尽管青少年的行为自主性与其心理发展之间的关系存在一定的种族差异或文化差异，但是不可否认，行为自主性对青少年心理发展的确存在重要影响。不过，青少年的行为自主性对其心理发展所产生的效应取决于青少年行为自主的领域。此外，在整个青少年期，父母与青少年的联合决策对于青少年积极发展具有重要意义。这似乎告诉我们，青少年的行为自主性不是一蹴而就的，而是一个逐渐发展的过程。在这一过程中，由父母的联合决策逐渐过渡到青少年的自主决策，这对于青少年的心理发展而言才是比较有利的。

三、青少年的价值自主性

价值自主性的发展是指青少年对于道德、政治和意识形态等问题的独立信仰和原则体系的发展。价值自主性的发展意味着青少年开始思考自己的价值观系统，并最终确立自己独立的价值观，不再简单地接受父母或朋友的价值观系统。例如，当许多朋友邀请某一从来没有吸过烟的青少年吸烟时，如果该青少年已经树立了"吸烟不利于健康，并且污染环境、伤害他人健康"的信念，并能坚持这一信念，那么他就不会迫于朋友都吸烟的压力而接受朋友的邀请。

青少年认知能力发展的逐渐成熟是其价值自主性发展的基础，如推理能力的增强、假设性思维的发展、思考可能性的能力以及元认知能力的发展等，都会促使青少年对自己的信仰和原则体系进行探索。从发展时间上来看，价值自主性的发展要迟于情感独立性和行为独立性。一般来说，情感自主性和行为自主性的发展出现在青少年早期和中期阶段，但是价值自主性的发展则发生在18~20岁之间，相当于青少年晚期（Steinberg, 2002）。青少年情感自主性和行为自主性的发展在一定程度上能够促进其价值自主性的发展。情感自主性的确立使青少年对父母、朋友或其他人的信念、价值观的依赖程度减弱，不再把父母或其他成年人看作是不会犯错的权威，而是较为客观地来看待他们的观点。这样，他们就会对儿童期不加质疑就接受的观念和价值观进行重新评价，从而逐渐形成自己的价值观体系。同时，随着行为自主性的发展，青少年在进行行为决策时不得不对父母、朋友和周围人的建议进行对比，或在多种选择中做出决策。这些认知上的冲突会促使青少年认真、深入地思考什么才是他们真正的看法。这样，行为自主性的实践就在一定程度上引导青少年去努力澄清自己的价值观，从而促进了其价值自主性的发展。

(一) 青少年价值自主性的发展趋势

在整个青少年期，价值自主性的发展表现出了以下趋势（Steinberg, 2005）：

第一，青少年思考道德、政治和意识形态等问题的方式变得越来越抽象。例如，对于一次在本市举行的可能会扰乱社会秩序的反对环境污染游行活动，一名18岁的青少年在决定是否参加时不仅会考虑游行时的具体环节，更可能会考虑是否违反法律以及违反法律所带来的一般后果等问题，涉及了法律和人的关系等抽象的主题。

第二，在青少年期，个体的信念开始更多地以具有某些意识形态基础的普遍原则为依据。例如，对于一个参与上述游行的18岁的青少年来说，他可能会认为：由于保护环境比按照法律要求的那样生活更为重要，因此，反对环境污染的游行是可以被接受的；如果现有的政策会导致环境恶化的话，那么因此而不遵守法律也是合理的。这样，青少年的信念和行为的普遍原则不再绝对地依赖于法律、道德等社会规则，而是逐渐形成个人的规则信念系统。

第三，信念逐渐开始以青少年自身的价值观为基础，而不仅仅依赖于父母或其他权威人物的价值观体系。这样一来，青少年对于各种问题都会持有自己的看法或信念。对于上述的环境保护问题，一名18岁的青少年会以自己逐渐形成的信念为依据，而不仅仅以父母或老师教给他的看法为依据。

(二) 青少年的道德发展

道德发展是青少年价值自主性发展研究中被最为广泛关注的主题，主要涉及青少年道德推理的发展及其与道德行为之间的关系。

1. 青少年的道德推理

(1) 皮亚杰的道德发展理论

在关于青少年道德推理发展的研究中，皮亚杰的认知发展理论一直在道德发展理论中长期占据主导地位，可以说，皮亚杰开创了道德认知发展研究的传统。

根据皮亚杰的认知发展理论，个体的认知发展主要是其思维结构或组织的转变，而不是其内容的变化。因此，皮亚杰认为(1932，1984)，一切道德的实质在于个体学会或形成一定的规则系统。也就是说，皮亚杰对于个体道德发展的研究主要在于揭示儿童是如何建构其道德规则知识的，关注于其道德决策背后的道德推理类型的转变，而不是其道德决策的内容或者道德行为。

利用临床访谈法和对偶故事法，基于对儿童的道德规则理解及公正、说谎等概念理解的研究，皮亚杰认为，儿童对道德规则的理解是从他律向自律发展的(1932，1984)。具体来说，可分为以下三个阶段：

- 第一阶段：前道德阶段。此阶段大约出现在5、6岁以前。这一阶段的规则还不具有强制性。规则对儿童的行为没有约束力，儿童还不能对个体的行为做出恰当的判断。
- 第二阶段：他律道德阶段。此阶段大约出现在5、6岁~10、11岁之间。在这一阶段，儿童认为规则是神圣而不可违背的，是由成人制定的，是永恒不变的。
- 第三阶段：自律道德阶段。始自11岁以后。在这一阶段，儿童认为规则是人们经过协商而制定的，具有一定的相对性。如果个体能使公共舆论赞同他的意见，他也可以改变这些规则。在这一阶段，儿童对行为的评价，除了看行为的结果，还要考虑当事人的动机，故而称之为道德相对主义。

由此可以看出，个体自律道德的发展与青少年价值自主性的获得具有较为紧密的联系。

拓展阅读

皮亚杰利用临床故事法研究儿童规则意识的实例

本恩，10岁，对于规则的意识仍处于第二阶段。
……

皮亚杰：发明一个规则。

本恩：我不能那样立刻发明一个规则。

皮亚杰：是的，你能够。我能看得出来，你比你看起来要聪明些。

本恩：好，让我们说，当你在四方形内时，你没有被抓住。

皮亚杰：好，别人也一样能成功吗？

本恩：哦，是的，他们喜欢那样做。

皮亚杰：那么，人们也能那样玩吗？

本恩：哦！不，因为那会有欺骗。

皮亚杰：但是，你所有的同伴都喜欢那样做，不是吗？

本恩：是的，他们都喜欢。

皮亚杰：那么为什么这是欺骗呢？

本恩：因为是我发明了它；它不是一个规则！它是一个错误规则，因为它是在这个规则之外的。一个公正的规则是在这个游戏之内的。

资料来源：皮亚杰，1984

拓展阅读

皮亚杰使用的对偶故事法

对儿童关于说谎的想法和公正概念的考察，皮亚杰采用的是对偶故事法（包含道德价值内容的对偶故事）。其中有一对故事是：

A. 一个叫约翰的小男孩，听到有人叫他吃饭，就去开餐厅的门。他不知道门外有一把椅子，椅子上放着一个盘子，盘内有15只茶杯，结果撞倒了盘子，打碎了15只杯子。

B. 有个男孩名叫亨利，一天，他妈妈外出，他想拿碗橱里的果酱吃，一只杯子掉在地上碎了。

哪个男孩犯了较重的过失？为什么？

皮亚杰发现：6岁以下的儿童大多认为第一个男孩的过失较重，因为他打破了较多的杯子；年龄较大的儿童则认为第一个男孩的过失较轻，因为他的过失是在无意间发生的。

资料来源：张文新，2002

(2) 柯尔伯格的道德发展理论

基于个体认知发展的观点,美国哈佛大学教授柯尔伯格对皮亚杰的理论进行了扩展,提出了一个更全面、更具发展性的道德发展理论。迄今为止,柯尔伯格提出的道德认知发展理论已经成为该领域最重要、最有影响的道德发展理论之一。并且,柯尔伯格的研究与青少年期个体的道德发展存在更为紧密的联系。

采用开放式道德两难故事法(这些故事涉及生命的价值与财产、人们相互间的责任与义务、法律与规则的意义等问题),通过考察个体对于道德两难问题的反应,柯尔伯格对个体的道德推理水平进行了评价。在柯尔伯格看来,无论个体对道德两难故事做何回答,都不如答案背后的推理过程重要。随着个体道德推理能力的发展,个体的推理过程会变得更为复杂。具体来说,个体道德推理的发展可以分为三个水平:前习俗水平的道德推理、习俗水平的道德推理和后习俗水平的道德推理。其中,每个水平的道德推理又可以分为两个阶段。

拓展阅读

柯尔伯格的道德两难问题之一

在欧洲,有一个妇女因患一种特殊的癌症快要死了。医生认为只有一种药可以救她,就是同一个城市的药剂师刚刚发明的一种镭。这种药的制作很贵,但是药剂师索价是药的成本的10倍。他花200元制造镭,却索价2000元。病人的丈夫海因兹向他认识的所有人借钱,但只借到约1000元,这只是药价的一半。他对药剂师说他的妻子快要死了,可否便宜些卖给他,或者让他晚些付钱。但是,药剂师说:"不行。我发明了这种药,就要用它来赚钱。"海因兹绝望了,他闯入药店,为妻子偷来了药。

问题:1. 海因兹应不应该这样做?
　　　2. 这样做是对还是错?为什么?

前习俗水平的道德推理在儿童期的个体中占据主导地位。在柯尔伯格看来,儿童的道德推理最初是服从权威和惩罚定向的或工具主义的。此时,所谓的道德就是遵从权威以避免惩罚,或者为自己的利益或需要考虑,具有朴素的平等主义或交换互惠定向。因此,前习俗水平的道德决策并不是以社会标准、规则或者习俗为基础(因而被称为前习俗水平),而是以外部或者客观的事件为参考。例如,对于海因兹偷药的故事，处于该水平的儿童可能会认为，海因兹不应该偷药，因为这样他会被抓住并坐牢；也有的儿童可能认为，海因兹有权去偷药，因为如果他就这样让妻子死去的话，别人会对他发怒的。由此可以看出，前习俗水平的个体关注的主要是故事中主角的选择给他带来的后果。

到了儿童期晚期和青少年早期，习俗水平的道德推理开始占据主导地位。在该水平的道德推理中，他人期望个体扮演的角色、社会准则、社会制度和社会风俗等都具有特殊的重要性。这时，个体已经能够认识到道德规则对行为的调节作用，但是他们认为道德规则是由外界给予的、既定不变的，而个体必须遵守这些规则，完全按照角色义务或规则要求行事，以获得他人对自己的积极评价或维持社会秩序。因此，评判某人的做法是否正确的依据是：他的做法能否得到别人的赞许，并且有助于维持社会的秩序。例如，对于海因兹偷药的故事，有的个体可能会认为，海因兹不应该偷药，因为偷盗是违法的；有的个体则可能认为，海因兹有权偷药，因为这是一个好丈夫应该做的。

后习俗水平的道德推理（也称为原则性道德推理）会在青少年期或者成年早期的某一时刻出现。这一水平的推理相对来说较为罕见，因为并非所有个体都能发展出进行后习俗水平的道德推理能力。这一时期，个体逐渐发展出关于道德问题的社会契约定向的认识，即认识到规则可能是武断的、非理性的，他们仍能接受和看重现存的规则系统，但是也认识到这些规则是基于共同一致而确定的，因此也可以基于一致的认识而改变现存规则系统。另外，有些个体可能发展到良心或普遍原则定向，运用良心或普遍的道德原则（如"生命高于一切"）来解释人们的行为。由此可以看出，处于该水平的个体把社会规范和习俗看成是相对的和主观的，而非绝对的和确定的。人们有道德责任去遵循社会的行为规范，但只有当这些规范有助于道德的目的时才会如此。例如，对于海因兹偷药的故事，有的个体可能认为海因兹不应该偷药，因为这种行为破坏了社会成员之间所确立的一种社会契约，这一契约赋予每个人追求自己生活方式的自由；但有的个体则认为海因兹有权偷药，因为维持人类的生命比维持个人的自由更为重要。如果说习俗水平的道德推理以社会规范为基础，后习俗水平的道德推理则以更为普遍的抽象原则为基础。

由此可以看出，在柯尔伯格的理论中，后习俗水平推理的发展和青少年价值自主性发展的探讨紧密关联。如果个体的道德推理水平达到了后习俗水平，那么就在一定程度上意味着个体在道德领域获得了价值自主性。

2. 青少年的道德推理与道德行为

当青少年的道德推理达到较高水平以后，他们是否就能够表现出相应的道德行为呢？对于这一问题，一般性的看法是：使用较为高级的方式对假想性的道德问题进行推理是一回事，根据自身的推理做出相应的举动却是另一回事。道德推理和道德行为并不总是相伴而生的。正如Rest (1983) 所指出的，我们不应期望道德行为能够完全与道德推理保持一致，因为个体的道德决策会受到其他因素的影响，因而使得问题变得比较复杂。一般来说，个体的道德决策是在一定的情境中、基于个体的道德推理所做出的。情境因素会影响道德选择，也会影响道德推理。例如，一个20岁的青少年可能在抽象层面上意识到遵守交通规则是非常重要的，这种规则能够有效预防交通事故。因此，在大多数情况下，他能够遵守交通规则。但是，当有一个重要会议要迟到时，这名青少年可能会认为，及时赶到会议现场要比遵守交通规则更重要。这样，他的决策可能就是通过违反限速规定或者闯红灯来加快自己的速度，从而以违背自己道德信念的方式来行事。因此，对于道德推理与道德行为之间的关系，我们可以这样来看：道德推理对于道德行为而言是一个重要的影响因素，但是不能脱离环境来考察这种影响。

尽管个体并非总是基于其道德推理所得到的结论来行事，但是总体而言，道德推理水平较高的个体，也会以更加符合社会道德的方式来行事。一般来说，道德推理水平较高的个体出现反社会行为的可能性较小，不太可能骗人，更为宽容，也更可能在他人需要帮助的时候伸出援手。相反，道德推理水平较低的个体则更为好斗，对于暴力活动更可能持接受态度，更能容忍他人的不轨行为 (Eisenberg & Morris, 2004)。

青少年的自主性与父母教养实践

一、青少年的自主性与家庭问题

自主性的发展为青少年在日常生活中的独立决策和独立生活（自己照顾自己）奠定了良好的基础。不过对于一些家庭而言，青少年对于自主性的追求往往是以与父母之间的冲突为代价的。因此，有些青少年的父母会感叹：家庭中的混乱与反抗总与孩子进入青少年期相伴而生。实际上，在青少年自主性发展的过程中，紧张的家庭关系、高水平的亲子冲突反映出的是问题，而不是积极的成长（Fuhrman & Holmbeck, 1995）。与心理成熟的青少年相比，心理不成熟的青少年更可能对父母桀骜不驯、态度消极、过度参与同伴的活动。紧张的家庭关系是与青少年缺少自主性，而非获得自主性相联系的（Bomar & Sabatelli, 1996）。

青少年自主性的发展并不必然会使家庭中的冲突增多。近期的一些研究发现，在孩子的青少年期，大多数家庭中各成员之间仍然保持着比较亲密的关系。其实，当进入青少年期的孩子逐渐发展起自主性以后，多数家庭会经历一种家庭关系的变化或转变。在这一时期，青少年不再把父母看作是权威，逐渐开始把父母作为普通人来看待，并且对于自己的选择和行为开始承担越来越多的责任，生活的独立性越来越强。如果父母不能及时根据孩子青少年期自主性的发展调整对他们的教养行为，仍然想保持对孩子在童年期时的"照顾"和"保护"，那么，亲子之间的争吵或冲突就会增多。在一般情况下，父母和青少年期孩子之间的争吵或冲突主要集中在日常生活的一些琐事上，如衣着、发型和生活起居等。并且，亲子间的争吵或冲突一般都是暂时性的，在多数情况不会造成持久性的问题。

二、积极的父母教养实践

（一）青少年的自主性与父母的教养行为

从青少年个体与家庭之间的关系来看，最为理想的状态莫过于——青少年获得了自主性，能够自己照顾自己，并且与父母保持亲密的关系，家庭环境和谐。要达到这一理想状态，父母的教养行为或教养方式在其中具有关键作用。

1. 父母的教养行为

父母与青少年之间的关系过分疏离或者父母对青少年过分干涉和保护都不利于青少年自主性的发展。自主感最强烈的青少年，即那些觉得父母给予他们足够自由的青少年，并非是与家人关系冷淡、切断联系的青少年。他们与父母有着密切的联系，和家人一起做事对他们来说是一种享受，同父母的冲突较少，觉得向父母征求意见是很普通的事情（Kandel & Lesser, 1972）。但是，如果父母与青少年的情感联系过分紧密，达到了父母对青少年过分干涉和过分保护的程度，那么青少年自主性的发展也会受到阻碍，从而导致青少年心理社会问题的增多（如抑郁和焦虑等）以及学习能力的下降等。对于那些自我评价降低的青少年来说，父母的过分干涉对于他们的发展的危害性更大，这些青少年会特别容易受到抑郁的侵扰(Pomerantz, 2001)。那么，什么样的教养行为才最有利于青少年自主性的发展及其健康成长呢？

豪斯和艾伦(Allen & McElhaney, 2000; Hauser & Safyer, 1994)等研究者对父母与青少年进行讨论时的录像进行了分析，考察了特定的亲子交往模式促进还是阻碍青少年健康成长的问题。研究者根据父母教养行为的两个维度（促进行为和限制行为）对录像内容进行了编码和分析。结果发现，大量采用促进行为的父母，在接纳他们处于青少年期的孩子的同时，也会帮助他们去发展自我，而且会通过提问或者解释的方式来表达自己作为家长的意见，并且能够容忍不同的意见。相反，采用限制行为的父母，则难以接受孩子的自主性，对于青少年表达出的独立思维，通常的反应是贬低它的价值、武断地加以评论，或者让这样的独立思维难以继续。例如，当发现处于青少年期的孩子的看法与自己不同时，使用促进行为的母亲会进一步问清楚孩子的观点，或者比较诚恳地了解孩子所持有的逻辑；相反，使用限制行为的母亲则会认为孩子是错误的或无知的，拒绝与孩子做进一步讨论。

由此可以看出，既鼓励青少年的自主性、又注重培育亲子之间亲密情感联系的环境最有利于青少年自主性的发展。当青少年与家人的关系能够在自主和联系之间保持一种合理的平衡时，他们的发展会最好(Hodges, Finnegan, & Perry, 1999)。相反，抑制自主性发展的家庭环境，则不利于青少年的发展。一项对16～25岁间的个体进行的跟踪研究发现，在青少年期，由于父母限制孩子的自主性而给他们带来的消极影响，甚至会持续到个体的成年早期。这表现为受到父母过分限制的青少年，在长大成人之后，相对而言会更好斗，而且脾气也更加暴躁(Allen, Hauser, O'Connor, & Bell, 2002)。

2. 四类教养方式

根据鲍林德(Baumrind, 1978)的观点，基于父母对孩子的反应性和要求性，可以把父母的教养行为分为四类：权威型父母（友善、公正、坚定）、专制型父母（过分粗暴）、放纵型父母（过分宽容）和冷漠型父母（疏远到完全不顾的程度）。不同的教养方式对青少年的自主性以及其他方面的发展会有不同的影响。但是，总体来说，相对于其他教养方式类型，权威型的父母更有助于培养青少年的自主性、独立性、责任感和自尊(Steinberg, 2005)。

(1) 权威型

权威型的父母所营造的家庭氛围是温暖并且坚定的。这种家庭为青少年的行为确定了指导原则和标准，这些原则和标准与青少年的发展需要和能力通常一致，并且能够得到贯彻。同时，这些原则和标准是灵活的，父母和青少年之间可以就这些原则和标准在一种充满关怀、亲密而且公正的氛围中进行阐释、探讨和执行。对于孩子的行为，虽然父母可能拥有最终的决定权，但是对于某一件事情的最终决定一般是在经过协商和探讨之后得出的，孩子会参与这种协商和探讨。例如，在讨论如何安排假期时间这个问题时，父母会和孩子坐在一起，让孩子说出自己的意见，父母也会提出自己的建议，并对孩子加以解释，在最终决定前认真考虑孩子的意见。

权威型家庭能够有效促进青少年自主性的发展。首先，从情感自主性的发展来看，权威型父母与青少年的交流方式非常有利于其情感自主性的发展。因为标准和指导原则是灵活的，并且得到了充分的阐释。因此，随着青少年情感和认知水平的逐渐成熟，权威型的家庭很容易对这些标准和指导原则做出调整，以适应青少年发展的需求。权威型家庭对于适应因青少年情感自主性发展而产生的家庭关系的逐渐变化会更为容易，会允许青少年发展更多的独立性，会鼓励他们承担更多的责任，但是却不威胁亲子之间的情感联结。其次，权威型家庭有助于青少年行为自主性的发展。在权威型家庭中，成员之间的互动方式有助于发展个体具有责任感的自主性。研究发现，来自权威型家庭的青少年，较不容易受到同伴压力的消极影响，却更容易受到同伴的积极影响。例如，与其他青少年相比，权威型家庭的青少年受到吸食毒品朋友影响的可能性较小，他们更可能受到在学校里表现良好的朋友的影响 (Mounts & Steinberg, 1995)。最后，权威型家庭与青少年价值自主性的发展紧密关联。对于在权威型家庭中成长的孩子，如果父母鼓励他们参与家庭讨论，如果家庭讨论中的冲突水平既不太高也不太低，如果父母让孩子接触到的道德推理中使用了超越他们水平道德推理，那么，青少年出现高级水平道德推理的可能性就更大 (Eisenberg & Morris, 2004)。

与权威性家庭相比，专制型家庭、放纵型家庭和冷漠型家庭则会在一定程度上阻碍青少年自主性发展的进程。

(2) 专制型

在专制型家庭中，规则是被严格执行的，而且父母很少给予孩子相关的解释。

因此，当青少年的情感自主性开始发展时，专制型的父母往往会把孩子表现出的越来越明显的情感独立性看作是反抗父母权威或对父母的不尊重，因此，他们会用武断的手段拒绝孩子对情感自主性的进一步要求。例如，当专制型父母发现自己儿子与同伴之间的社会活动过多时，他们会严格规定孩子晚上回家的时间，以限制他的社会交往。专制型父母的教养行为实际上在有意或无意间剥夺了孩子自己做决定、自己为自己的行为承担责任的实践机会，从而将孩子在儿童期对父母的依赖继续延伸了下去，在很大程度上阻碍了他们自主性的发展。当专制型的家庭不支持青少年的自主性、亲子之间还缺少亲密的情感联系时，青少年则可能会明确反抗父母制定的标准，并用一种相对极端的方式来表达他们的独立性。例如，在父母过分控制与极端冷漠或打骂成性共存的家庭环境中，如果父母拒绝青少年晚回家一小时的一个合理要求的话，青少年可能就会在外面长时间逗留，尽可能晚地回家，以挑战父母的专制行为。但是，正如前面所述，这种桀骜不驯并不是真正的情感自主性的标志，这更可能表现的是青少年由于父母的过度严厉和缺乏理解而出现的挫败感。

(3) 放纵型和冷漠型

放纵型和冷漠型的家庭则以另外一种方式阻碍青少年自主性的发展。这两类家庭的父母没有为孩子的行为提供足够的指导原则：前者给予孩子充分的自由，把自己看作是孩子的资源，对孩子的行为没有任何要求，听之任之；后者则很少把时间和精力放到孩子身上，生活总是围绕父母的需要和兴趣，忽视孩子的生活，因此也不会给孩子提任何要求。由于这两类家庭的孩子从小没有学会在生活中遵守规则，因此，在进入青少年期甚至在成年之后，就会在学习如何遵守规则方面遇到困难。同时，由于父母对孩子疏于指导，孩子必然会倾向于和同伴交往，比较容易受到同伴的影响，遇到问题时更依赖于同伴的意见或情感支持。当孩子的同伴比较年幼且经验不足，或者本身就是问题少年时，孩子就比较容易出现问题。实际上，这两类家庭的孩子在青少年期与父母在情感上的疏离并不是真正的自主性的体现。

在日常生活中，我们经常会看到这样的现象：许多父母对童年期的孩子比较纵容或忽视，很少用规则来约束孩子。这样，孩子在进入青少年期之后，必然会对同伴群体更感兴趣，因此更有可能参与一些父母所不赞成的活动。或者，孩子为了引起父母对自己的注意，故意出现问题或参与一些不良活动。这样，以前对孩子听之任之的父母，可能会由于孩子的不良表现，突然增强对已经失控的孩子的控制，用诸多在孩子看来"不合理"的规则来约束他们。例如,在孩子童年时一直没有过问过儿子课余时间做什么的父母,在孩子进入小学高年级或初中以后,突然对孩子的社会交往进行监督,并干涉孩子与朋友之间的交往。对于已经进入青少年期的孩子而言,父母的这种转变会让孩子难以接受,从而加剧亲子冲突,也很容易使得青少年变得桀骜不驯。

(二)帮助青少年发展自主性的具体技巧

1. 为青少年设定清晰和一致性的期望

当然,在设定这些期望或规则以后,父母与青少年一起对这些期望或规则进行开放性的讨论,甚至一起对其进行修改,也是非常重要的。如果父母在这方面比较灵活,而且能够作为一名好的听众,那么青少年在遇到问题时,会更倾向于向父母寻求建议或听从父母的指导。

2. 进行开放性的交流

孩子在成长的过程中会面对许多新的情境,做出新的决策,因此,父母要为孩子创造一些开放性的家庭讨论时间,对于家庭或学校的规则和价值观进行探讨。一些规则可能需要进行调整,以适应年轻人逐渐变化的需求。虽然年轻人希望或需要学会管理自己的生活,但是他们也必须要接受家庭和社会的引导和支持。父母要与青少年探讨一些有关价值观的问题,即使探讨这些主题非常艰难。

3. 不要取笑青少年的观点或者其朋友的观点

在自主性发展的过程中,青少年向同伴寻求支持和帮助是非常自然的。这时候,父母不要总是极力地去贬低或取笑孩子或者其朋友的观点。不要因为孩子听从朋友的建议而责备他。相反,可以通过开放式的家庭会议对这些问题进行探讨,询问在相同的情境中,他们的朋友会怎么做?为什么?然后,鼓励孩子去寻求朋友观点背后的原因,学会从不同的视角来看待相同的情境或问题。

4. 不鼓励叛逆或反抗

处于青少年期的孩子有时候会对父母或其他权威表现出叛逆或反抗。对于这种情况,最佳的做法是与孩子讨论他们正在经历的变化以及这些变化的含义。通过仔细倾听,父母会逐渐对孩子的观点或视角产生更好的理解,从而以孩子能够理解和接受的方式做出反应。另外,父母可以帮助孩子想象一下他们的行为结果,是好还是不好?一定要记住:父母和孩子对于同一个结果可能有着不同的理解和看法。例如，对于成年人来说，一个朋友对他的消极评价可能并不是太重要，但是对于青少年而言，一个朋友的消极评价可能是一件比较恐怖的事情。

5. 保持冷静

不要对青少年倾向于和其同伴交往表现出过多的忧虑。研究表明，青少年对于一些社会化的事件，如衣着、发型、饰品等，会征求其同伴的建议，但是对于价值观、信仰以及未来的计划等问题，则会征求老师、父母或其他成年人的建议。

6. 让青少年参与决策

对于父母来说，为孩子提供清晰的引导是非常重要的。同样，为孩子提供机会去尝试他们对生活所具有的支配性力量也非常重要。他们需要有机会为家庭和社会做贡献。在让孩子进行实践的过程中，应注意先从简单的任务做起，例如，让孩子参与一些信息采集的工作，或在成年人做出主要决定时提供帮助等。在合理的范围内，让孩子对自己的事情自己决定，如发型、自己卧室的卫生和安排、衣服的选择和购买等。对于一些比较重要的事情，父母可以与孩子一起做出决策，如晚上回家的时间、约会、课外的兼职或志愿者工作、花钱等。另外，孩子可以参与到诸如买车、家庭假期的计划和用餐设计等各种家庭决策之中。

本章关键词

自主性　　情感自主　　个体化　　行为自主　　价值自主　　道德
自律道德　他律道德　　前习俗水平　习俗水平　　后习俗水平　教养方式

本章小结

自主性的发展是青少年期重要的心理发展任务之一。本章在区分情感自主性、行为自主性和价值自主性这三种类型自主性的同时，介绍了三种类型的自主性在青少年期的发展历程、相关理论及其对青少年心理发展的影响。对于有些家庭而言，青少年自主性的发展会引发一系列的家庭问题，本章在简要叙述青少年的自主性与父母教养实践之间关系的基础上,具体介绍了父母帮助青少年发展自主性的技能技巧。

问题和练习

1. 简述青少年情感自主性、行为自主性和价值自主性的含义,并说明三者之间的关系。
2. 试评述关于青少年情感自主性发展的两种理论观点。
3. 青少年的桀骜不驯是其自主性的表现方式吗?为什么?
4. 试述青少年自主性的发展历程。
5. 青少年的行为自主性在14岁达到高峰,随后下降,如何理解这一发展模式?
6. 试述柯尔伯格关于青少年道德推理发展的理论,并加以评价。
7. 简述青少年的自主性发展与父母教养方式之间的关系。
8. 小明的父母在他小时候从来不管他,对小明的所作所为听之任之。小明上初中以后,有一次因为在学校参与打架斗殴而被学校处分。父母从此以后对小明要求非常严格:不让小明与他的朋友交往,放学之后不让小明在外逗留,立即回家等。小明因此与父母发生了强烈的冲突。对于这一案例,你是如何理解的?如果你是小明的父母,你应该怎样做?

第7章

青少年的亲子关系

学习目标

通过学习本章,你应该能够:

- 了解青少年亲子关系的含义与现状
- 理解青少年亲子冲突的特点、作用及影响因素
- 掌握青少年亲子沟通的原则与技巧

> 不管你立足是什么理论，在从婴儿期到儿童期、青春期的孩子的人格形成（其中特别是社会化）过程中，父母子女间的关系是一个极其重要的构成因素。
>
> ——诧摩武俊

亲子关系是个体一生中最早接触到的关系，是影响儿童未来同伴关系发展和身心健康成长的重要因素之一，其包含亲子之间的关爱、情感和沟通。对于处于叛逆期的青少年来说，亲子关系常常变得异常紧张，容易出现各种各样的亲子冲突，这些冲突能否顺利解决，关系到青少年的心理发展，也关系到其未来的人际交往和生活幸福。因此，本章将对青少年的亲子关系现状、青少年的亲子冲突以及青少年如何与父母进行有效的亲子沟通进行阐述。

青少年亲子关系概述

一、什么是亲子关系

(一) 亲子关系的含义

亲子关系 (parent-child relationship) 原是遗传学用语,指亲代和子代之间的生物血缘关系。

就亲子关系的形成来看,最重要的是血缘关系与法律关系两种。所谓血缘的亲子关系,就是指父母与自己亲生子女之间的关系。法律的亲子关系,除少数例外,一般是缺少血缘的关系,如领养子女。

台湾学者从生物条件(血缘关系)、社会条件(法律或制度关系,如入赘或婚姻)和心理条件(当事人双方以亲子互许,有亲子情感交流)这三个维度把亲子关系分成七种类型:

- A型 (通常的血缘之亲子关系);
- B型 (真实的亲子关系,却无心理沟通);
- C型 (有血缘关系,也有心理沟通,因某种理由未入籍者);
- D型 (收养的亲子关系);
- E型 (只有血缘关系,无社会、心理联系);
- F型 (名义上的亲子关系);
- G型 (因约诺而成的亲子关系)。

这种划分比较详细,通常所谓的亲子关系大多是指A型或B型。有人将其界定为"以血缘和共同生活为基础,以抚养、教养、赡养为基本内容的自然关系和社会关系的统一体"(转引自刘晓梅,李康,1996)。这一界定排除了非血缘关系的养父母、继父母的亲子关系,同时也排除了虽有血缘关系但未共同生活担负抚养、教养、赡养等义务的亲子关系。这种界定对于亲子关系的研究是十分必要的,但无法体现亲子关系中极为重要的双向活动和相互作用。因此,近年来,心理学上更倾向于将亲子关系界定为:以血缘和共同生活为基础,家庭中父母与子女互动所构成的人际关系。

(二)亲子关系的特点

国内学者郑希付将亲子关系的特点概括如下:

1. 不可替代性

亲子关系是以血缘关系为基础的关系,这种关系具有不可替代性,即是其他关系,如师生关系、朋友关系、同学关系、夫妻关系等不能替代的。国外学者研究发现,即使兄弟姐妹关系具有替代性,亲子关系仍是不可替代的,对人的社会化来说,亲子关系的作用是不可弥补的。

2. 持久性

亲子关系的持久性是最突出的,这种持久性是其他人际关系所不可比拟的。只要亲子双方存在,这种关系就永远存在。对于亲子关系而言,其他关系的持久性就低得多,如朋友关系等,即使是夫妻关系,其持久性也远不如亲子关系。

3. 强迫性

亲子关系具有典型的强迫性。实际上,这种关系在人们出生以前就确定了,而且一旦确定下来,就不可变更。任何一方都不能选择这种关系,不能因为自己不满意而更改。任何一个人无法选择自己的孩子,无法选择自己孩子的特征,包括身体特征、心理特征。同样,孩子也不能选择父母的特征,不能选择父母的长相、父母的心理特点,无论你是否同意,都必须接受这种关系。

4. 不平等性

亲子关系具有明显的不平等性。在亲子关系中,一方面,有一方处于主导地位,这一方永远是父母;另一方面,亲子关系的出现对父母的影响相对较小,因为父母对这种关系的出现是有准备、有计划的,而且父母的行为已经成熟,并有丰富的社会经历,因此,亲子关系的出现对父母的行为影响较小。但是,对孩子而言,亲子关系是最初接触到的关系,这个关系的特点、质量、程度等对孩子以后的个性、情感和人际关系有非常重要的影响。

5. 变化性

亲子关系是不断变化的。变化的依据是孩子的年龄,即亲子关系随着孩子年龄的变化而变化。婴儿时期的亲子关系与小学时期的亲子关系有很大区别;小学时期的亲子关系和中学、大学时期的亲子关系也大不相同。年龄阶段决定了亲子关系的特点，决定了亲子之间相互的态度和行为方式。如果亲子关系不存在这种变化性，这样的关系就会出现问题，或形成异常的亲子关系。

(三) 青少年亲子关系的特殊性

青少年的亲子关系具有一定的特殊性。对青少年来说，这个阶段是他们处于青春期生理、心理逐渐成熟的时期。对父母来说，人到中年，是工作压力、生活压力最大的时候。因此，青少年期和童年期的亲子关系有明显不同的特点，青少年出现强烈的逆反心理和矛盾性的情绪情感体验。他们渴望独立，渴望父母将自己看成大人而不是孩子，但还必须依赖父母的支持和帮助。因此，这个时期的亲子关系容易表现为紧张状态，与父母对立、冲突甚至感到有严重的"代沟"。相比儿童期和谐愉快的亲子关系，青春期的亲子关系往往让父母和青少年都备感头痛。

不过，到了高中阶段后，青少年的成长发育逐渐稳定，他们对自己以往特别是初中阶段和父母的对立开始感到不解，开始反省自己的行为，对父母的行为逐渐理解，行为趋向理性。情绪方面虽然存在不稳定和容易冲动的特点，但同初中生相比，高中生更倾向于努力控制自己的情绪和行为，因此，这个时期的亲子关系逐渐趋于稳定。

总之，青少年的亲子关系随着其在身体、心理等方面的变化而发生着重大变化，从原来以父母为主导，经过一个亲子冲突的阶段，逐渐向亲子双方地位平等、相互促进转变。

这个阶段，在物质上，父母仍然是青少年生活的保障者。在精神上，青少年越来越倾向于独立，思想越来越成熟，人生观、世界观、价值观逐渐形成，对周围的人和事有了自己的看法，在一些问题上和父母容易产生分歧。这个阶段，青少年不仅要求父母给予物质上的满足，更重要的是要求父母给出精神上的关心和支持，特别是帮助他们顺利度过高考，为成功的人生奠定基础。

二、青少年亲子关系的现状

(一) 总体状况良好

已有的调查研究显示，青少年与父母的亲子关系总体状况良好。1995年，孟育群等人对天津中学生学习、生活、交友、娱乐及其他情况进行的调查表明：对于学生上述的各个方面，多数父母都能以民主平等的态度和教养方式对待子女。例如，在对子女的学习和学习成绩方面,民主型的父母分别占68.1%和71.5%;在对待子女本人及子女生活方面,民主型的父母分别占74%和73.8%;在对待子女的交友方面,民主型的父母分别占74%和79%;在对待子女的娱乐活动方面,民主型的父母分别占75%和74.5%。

2007年,王恕成对浙江的一次调查也得出了类似的结论,表明当前初中生的亲子关系总体状况良好。2006年刘延平对高中阶段的青少年亲子关系的调查结果显示:"亲子关系非常好、好、一般、关系不太好、关系紧张"的比例分别为:21%、37.6%、24%、15.6%、1.8%,非常好和好两项占到58.6%,认为自己理想中的父母和现实中的父母完全一致的达到32%。绝大多数学生认为亲子关系融洽,父母对子女关爱、使子女感到家庭的温暖,父母能够理解子女,能够及时帮助和化解子女学习、生活中遇到的困难,学生对亲子关系基本满意。由此可见,青少年期的亲子关系总体来说是比较好的。

这些调查说明,随着经济的发展、社会的进步、家庭教育知识的宣传教育,父母们已注意与子女建立良好的关系,越来越多的父母能以民主平等的方式去教养子女。

(二) 主要问题

尽管目前青少年与父母的亲子关系总体上看还比较融洽,但调查中发现,在亲子关系融洽的前提下,也存在许多具体问题,引起了亲子关系紧张。比如,上述2006年的调查发现,有17.4%的学生认为自己与父母的关系不好或者处于紧张状态,虽有79%的学生承认亲子关系融洽,但认为亲子之间存在各种矛盾,主要是:父母对子女的期望值过高,对学习成绩过分强调,子女心理压力大;父母对子女干涉过多,对子女的长大没有心理准备,仍把子女当作小孩子,而子女认为自己已经长大,希望能够有更多独立的空间;同时,也有部分父母对子女过分放任,忽视子女的成长,使子女感到受冷落;亲子沟通不够或沟通困难,父母对子女在物质上关心较多,而精神上沟通、理解较少,对学生在学习和生活中遇到的困难指导不够等。

因此,归纳起来,目前青少年亲子关系主要存在三个问题:

1. 过分关注与溺爱

这种情况在独生子女家庭更为严重。1995年天津市中学生调查表明,这种教育方式表现为父母对子女生活、学习、娱乐、交友各个方面的过分监护和关注,对孩子的任何要求都予以满足。例如,对于子女的家庭生活,完全由父亲或母亲包办的分别占9.9%和18.8%。学生在回答"哪些事情经常不是由你自己来完成的"这个选择题目时,有69.3%的初中生自己经常不洗衣服;20%的学生自己不叠被子、不收拾房间;甚至还有个别学生自己不洗脚,由母亲给他洗脚。另一项调查表明,父母每月给子女零用钱30元以上的占独生子女家庭总数的32.4%,比严厉型和民主型的教育分别高出25.3%和23.2%。由此,我们可以看到父母对独生子女的溺爱。

最近,有研究者对湖北武汉等五市镇的调查资料进行分析,发现独生子女家庭亲子互动频繁;父母对孩子的学业、职业期望过高;父母对孩子过分关注、关心、保护,一切以孩子为中心,一切为了孩子。这种亲子关系对孩子有积极的影响,但其消极作用也十分突出,如影响个性的发展、影响社交能力的发展等(郝玉章,风笑天,2002)。

2. 过分严厉与专制

这种类型的父母由于受中国传统思想的束缚,往往把子女当成私有财产,同时对子女又寄予厚望,把自己的理想、抱负和生活经验投射到子女身上,以强迫命令的方式监督子女,忽视子女的能力与性格特征。其结果往往使子女产生逆反心理,更为有害的是使孩子产生自卑感,缺乏对事物的兴趣与求知欲,丧失自尊心与自信心,最终会使孩子陷入无所作为的盲目境地。比如,1995年的一项调查显示,有19.4%的父母认为孩子"不打长不大","棍棒底下出孝子";有19.4%的孩子认为在家不如在学校愉快;孩子考试成绩不理想时,父母非打即骂的占17.8%;有19.1%的学生自暴自弃。

有研究者把亲子关系分成专制服从型、满足保护型、理解信任型、矛盾冲突型和互不相干型五种类型。通过调查发现,不论在城区、郊区还是在农村,中小学生家庭的亲子之间均有专制服从、满足保护、理解信任、矛盾冲突、互不相干等情况存在,其中专制服从型占了较大的比例(符明弘,李鹏,2002)。

3. 放任与拒绝

这种类型的父母对教育子女持消极态度,认为"树大自然直"、"人大必自通",或以"工作忙"为借口,对孩子放任不管,任其自由发展。这种家庭的子女大多有异常的性格倾向,或盲目自大,或严重缺乏安全感与归属感,甚至会有犯罪行为,危害社会安全。例如，天津的调查发现，当孩子学校组织一项很有意义的活动时，父母经常不予过问的分别占12.7%和13.9%。2007年王恕成的调查也发现，尽管当前初中生的亲子关系总体状况良好，但依然存在"消极拒绝"、"积极拒绝"和"不一致型"等较普遍的不良类型。

因此，总体来看，目前青少年的亲子关系总体状况良好，但其中也存在不少问题，这些问题如不及时解决，将影响良好亲子关系的形成，引发较多的亲子冲突。但也有人认为，尽管青少年在青春期会经历比其他时期更多的亲子冲突，但真正由于青少年行为不良等大过失造成的激烈冲突在亲子冲突中只占很小一部分。尽管如此，考虑到我国青少年庞大的数量，这仍是一个值得全社会关注的问题。

青少年亲子冲突

青少年期是亲子冲突的高发期，人们普遍认为，孩子进入青少年期给家庭系统及家庭成员带来了很多变化，这对亲子关系产生了分裂性的影响。上述调查研究也支持了这一观点。因此，本节将对青少年的亲子冲突进行分析和阐释。

一、青少年亲子冲突的特点

亲子冲突（conflict）是指亲子间由于认知、情感、行为、态度等不相容而产生的心理或外显行为的对抗状态。青少年亲子冲突是指青少年与父母之间公开的行为对抗或对立。它表现为争吵、分歧、争论甚至身体冲突等。亲子冲突不管是以隐性形式还是以显性形式存在，都已成为"最令家长困扰"的影响亲子关系的因素。

概括有关研究的结果，青少年亲子冲突的特点主要表现为：

（一）青少年亲子冲突的内容以学业、日常生活安排和家务为主

一些研究发现，初中生与父母的冲突涉及8个方面，它们是学业、做家务事、朋友、花钱、日常生活安排、外表、家庭关系和隐私。与母亲的冲突顺序依次为：日常生活安排、学业、家务、外表、家庭关系、朋友和隐私；与父亲冲突的顺序依次为：日常生活安排、学业、家务、花钱、家庭关系、外表、朋友和隐私。可见青少年亲子冲突

较多的是日常生活安排、学业和家务，较少的是朋友和隐私。大致而言，青少年与父母冲突最多、最激烈的三个方面依次为学业、日常生活安排和做家务，而发生冲突最少、最弱的是隐私。我国文化比较强调"学而优则仕"，而高考更是成为评价每个学生成功与否的唯一标准。这些使得学习成为中国父母与孩子交往最重要和最多的内容，因此产生冲突的可能性也就最大。

(二) 青少年亲子冲突的频率和强度呈倒U型曲线发展

Montemayor（1983）在一份总结性研究中曾经提到："在青少年早期个体的亲子冲突水平将呈上升状态，然后在青少年中期相对持平，直到青少年离家之后冲突水平才会下降"（转引自刁静，2007）。即，青少年亲子冲突的频率和强度呈倒U型发展。国内学者方晓义等人在2003年对初中生和高中生亲子冲突的研究支持了这一结论，他们发现，青少年亲子冲突在各方面均有不同程度的存在，但都处在一个相对较低的水平。随年级升高，青少年亲子冲突的频度和强度呈倒U型曲线发展，初二年级处于顶峰，升入高中后逐渐缓和。从青少年的身心发展规律来看，初二阶段正处于青少年身心迅速发展的时期，他们的自我意识高涨，想获得更多的独立、自主和自我管理的权力。然而，他们对独立自主的要求又得不到父母的许可，因此极易与父母发生冲突。所以，初二是父母值得注意的一个时期，应该给予孩子适当的自由和自主的权力，促使孩子更好地度过这一时期。

(三) 母亲常常是青少年期亲子冲突的发起者

家庭中女性成员比男性成员在沟通中更积极主动。母亲更多是交谈的发起者，也往往是亲子冲突的发起者。青少年与母亲的冲突往往多于与父亲的冲突，尤其是言语和情绪方面的冲突。这可能是因为：①母亲参与子女学习和日常生活管理要多于父亲，因此母亲就更有可能是冲突的发起者；②在教养方式上，母亲更多地采用"唠叨"的方式，容易引起子女的反感；③在家庭地位上，母亲的地位相对较低，权威更容易引起子女的挑战，因此，在亲子冲突中母亲有可能是冲突的主动发起者；④与母亲冲突的后果弱于与父亲冲突的后果，与父亲冲突更可能带来不好的后果，因此，青少年会减少与父亲的冲突；⑤与母亲冲突更可能使母亲改变已有的决定；⑥母亲与子女的情感联结多于父亲，因此，青少年更容易在母亲面前表现与母亲的不一致。

(四)青少年与父母冲突的主要形式是言语和情绪冲突

方晓义等人(2003)的研究发现,近50%和超过50%的青少年与父母存在言语和情绪方面的冲突,而与父母发生的身体冲突最少。虽然与父母发生身体冲突的青少年最少,但也占到10%以上。身体冲突在三种冲突形式中属于最激烈的一种方式,对青少年身心的发展也可能最不利。在冲突不可避免的时候,改变冲突方式,是改变冲突对青少年不良影响的一种较为有用的方法。

(五)青少年解决亲子冲突的策略

青少年在解决亲子冲突时使用最多的是回避策略,使用最少的是第三方干预策略。青少年使用回避策略可能是因为:觉得自己无法说服父母改变他们已经决定的事情;不想因为与父母的冲突而伤害自己与父母的感情。无论是因为哪种原因而使用回避策略,虽然会暂时平息亲子冲突,但问题依然存在。久而久之,这种情况可能造成亲子关系的疏离,也可能造成亲子矛盾的总爆发。无论是哪种情形,亲子关系都会进一步地受到伤害。因此,应该教给青少年积极主动解决与父母冲突的方法,使亲子冲突不至于对亲子关系产生更大的影响。

二、亲子冲突对青少年的影响

亲子冲突对青少年心理发展的影响,既有消极的一面,也有积极的一面。

(一)亲子冲突对青少年心理发展的消极影响

研究表明,亲子冲突是构成青少年心理压力的重要来源,与青少年心理健康的各个层面(包括一般心理适应、生活满意度、生活目标、无助感、自尊等)都有显著的相关。亲子冲突还会导致青少年各种行为问题,如离家出走、犯罪、辍学、早孕早婚、药物滥用等。长期、激烈的亲子冲突会导致自杀行为的增多,这一影响是通过降低青少年的自尊、形成自我诋毁而实现的。有研究者进一步提出,亲子冲突是否会对青少年产生不利影响在一定程度上取决于冲突发生的频率。长期频繁的亲子冲突对青少年和他们的父母都有可能造成伤害。但是,在某些情况下,即使亲子冲突发生的次数不多,它也有可能产生消极影响,比如说,父母和青少年都不试图去解决他们之间的分歧,或者始终以否定一方的需求和兴趣为解决办法。

(二) 亲子冲突对青少年心理发展的积极影响

对于大多数青少年来说,低水平的亲子冲突并不会影响到正常的亲子关系,反而是他们在个体化进程中的正常表现。事实上,亲子冲突的解决质量与青少年个性的形成、社会认知和社会技能的发展、自我的发展等密切相关。一般而言,低水平的亲子冲突有利于青少年同一性和社会性的发展,并且同样会提供一个如何处理同他人关系的模式,提高青少年处理问题的能力以及控制情绪的能力。

> **拓展阅读**
>
> #### 斯滕伯格的亲子冲突新旧模型
>
> 斯滕伯格提出了有关亲子冲突的新旧模型(见表7-1),强调当青少年开始面对更加宽广的社会时,尽管亲子之间的冲突增多,但父母还是他们重要的依恋对象和支持系统,他们与父母仍旧保持亲密的感情联结。
>
> **表7-1 亲子冲突的新旧模型**
>
> | 旧模型 | | 新模型 | |
> |---|---|---|---|
> | 自主,同父母的疏离;父母与同伴世界是分离的。 | 整个青少年期紧张剧烈冲突;亲子关系充满疾风骤雨,这尤其表现在日常事务中。 | 依恋与自主;父母是重要的支持系统和依恋对象;青少年-父母世界与青少年-伙伴世界有很多重要联系。 | 适度的亲子冲突是正常的,而且对青少年的发展起积极作用;在青少年早期,尤其是处于青春期发育高峰时,冲突相对较多。 |
>
> 资料来源:Steinberg,1999,转引自张文新,2002

青少年早期亲子冲突的增长也是青少年逐渐获得与父母同等交往地位的一种手段。斯滕伯格(Steinberg,1981)曾对此进行过专门研究。在一项实验中,斯滕伯格要求父母和他们处于青少年期的儿子在如何解决一些虚构的问题(比如,去什么地方度假等)上达成一致。结果发现,当儿子身体成熟时,亲子之间的行为方式有所改变。与早期的孩子相比,处在青少年中期的孩子在讨论中较少顺从他们的母亲。他们经常干涉母亲的决定,反过来母亲也经常干涉孩子。与青少年前期相比,男孩和母亲对各自的观点和陈述较少提供解释和理由,结果他们之间充满了争吵,并且很少理会对方所表达的不同观点。在青少年后期，亲子交往方式从总体上来说更具灵活性和反应性，母亲不经常干涉儿子，并且儿子也提供更多的解释支持他们的观点。与此同时，儿子对家庭决策的影响也相对增大，青少年前期，父母双方的观点占统治地位，而在青少年后期，儿子与母亲具备等同的影响力。由此可见，冲突对青少年和父母之间关系的协调、双方各自特征和需要的改变起很大的作用。许多学者认为，冲突能刺激父母和青少年去重新构想或更改他们对彼此行为的期望。合理处理这些冲突可能是青少年逐渐获得他们成人关系中需要的社会和认知技能的一种有效途径。同时，父母在这一过程中会逐渐给予青少年更大的自主性和尊重。

三、青少年期亲子冲突的原因

青少年与父母发生亲子冲突的原因，或者说影响青少年亲子冲突的因素，大致可归纳为以下三个方面：

(一) 个体因素

青少年自身的个体特征变化是影响他们与父母冲突的因素之一。这些变化包括青少年的生理变化、心理变化等。

1. 生理变化的影响

生理-心理-社会因素模式认为，青春期的生理成熟对亲子冲突带来的重要影响是通过这种变化所引起的社会心理效应来实现的。其中，性成熟与亲子之间日益加大的情感距离是相联系的，而这种情感距离增大具有一定的进化意义。比如，可以促使青少年更多地与同伴交往，从而与家庭内部成员以外的个体发生交配。有关人类的研究证明，在第二性征发生变化的时期，父母与儿童之间的积极情感表达和亲密感均有所降低，而消极情感表达有所增加。青春期性激素的分泌也对青少年的行为和情感产生影响。比如，雄性激素分泌频率高且量多的男性青少年有较多的攻击性行为和高频率的性行为，而雌性激素分泌频率高且量多者则具有较高的抑郁水平 (Booth, Johoson, Granger, 2003)。然而，目前还很难断定，青少年早期亲子关系的变化到底是由于性成熟因素导致的，还是由于生理成熟和与年龄相关的一些变化联合起作用的结果。

2. 心理变化的影响

认知心理学家认为，亲子关系的变化是青少年认知发展成熟或其与父母认知冲突的结果。到底是何种认知变化以及如何导致青少年期亲子关系的改变，心理学家从各种角度得出了不同的解释。比如，心理学家塞尔曼认为，在青少年期，青少年理解自身与重要他人之间关系的能力发生迅猛变化，亲子关系转变的原因是青少年理解亲子关系实质的能力的发展。年幼的孩子经常认为父母是满足自己需要的无所不知、无所不能者。青少年逐渐认识到这是不现实的，他们不再把父母的观点看做是唯一正确的，而看做是一种可能。

青少年在情绪发展上也表现出一定的特殊之处。有报告显示，从儿童期到青春期是一个情绪"滑坡"的阶段，以"非常高兴"为要素的指标降低了50%，"成就感"、"自豪感"和"平静"等情感体验也出现了类似的变化。不仅如此，他们愉快情绪出现的次数与强度一般也不如不愉快情绪出现的次数多、强度大，因此青少年常被看作是处于典型的烦恼增殖期。总体来说，青少年的情绪表现会呈现两大特点：一是内隐文饰性，他们的内心体验和外部表现不总是一致的，不一定愿意将引发自己情绪的原因表达出来；二是两极波动性，他们相对于儿童或者成人来说，情绪的稳定性较低，容易表现出冲动和自我控制能力下降，更容易体验到一些极端的情绪，也更可能出现极端情绪间的两极波动。这些情绪特征都可能对他们与父母的互动产生影响，进而导致亲子间的冲突产生。

此外，亲子间的性格兼容程度、问题行为的发生、社会性变化、自主期望等都对亲子冲突的发生有影响。比如，青少年的个性不良会激化亲子冲突，并使他们与行为不良伙伴的关系更为密切。

(二) 家庭因素

亲子关系受到的最为直接的影响无疑来自于家庭。这些家庭因素又包括父母教养方式、家庭环境、家庭结构等。

1. 父母教养方式

父母教养方式是父母教养态度、行为和非言语表达的集合，它反映了亲子互动的性质，具有跨情境的稳定性。

研究表明，亲子关系会因父母教养方式的不同而存在差异。权威性教养方式下的亲子冲突较少，冲突强度也较弱，而专制型教养方式会导致较频繁与激烈的亲子冲突。达林和斯滕伯格（Darling & Steinberg, 1993）就教养方式对儿童发展的影响提出了一个整合模型，认为父母的教养方式至少会以两种方式影响儿童的发展：一是改变亲子互动性质，调节特定的养育行为对儿童发展的影响；二是调节儿童对父母影响的认知开放程度。也就是说，在正确的教养方式下，父母提供积极的情感表达，同青少年开诚布公地交流、对其制定明确的行为规则，这些互动方式既影响青少年与父母持续积极的关系，又能进一步促使青少年在良好的家庭气氛中获得健康的心理能力模式。具体来讲：

- 采用良好抚养方法的父母向他们的孩子示范了关心他人和对社会负责的模式。比如，权威型的父母为他们的孩子提供了关心他人和更具社会责任的行为模式，而孩子能够通过模仿获得这种行为模式。专制型和放任型的父母对孩子的行为要么过于干涉，要么缺少关心，因而这些家庭中的青少年不可能具有负责任的、稳定牢固的行为模式。
- 良好的家庭氛围为青少年发展成熟的社会技能提供了更多的支持。研究表明，在权威型家庭环境中成长起来的青少年比来自其他家庭类型的青少年的行为更积极、更具反应性。
- 权威型的家庭所提供的信任感有助于青少年认知和情感的成熟。

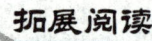

拓展阅读

父母教养方式的四种类型

权威型父母（authoritative parents） 他们对儿童温暖而严厉。他们对儿童的行为有明确的规定和要求，并能严格执行，同时他们对儿童的期望与儿童的需要和能力相一致。他们既高度重视儿童自主性的发展和自我管理，鼓励亲子间的双向交流，能听取与接受儿童的意见，同时又承担管教儿童的根本责任。权威型父母以一种合理的、问题导向的方式来对待儿童，在有关纪律的问题上常与儿童进行讨论并详细做出解释。

专制型父母（authoritarian parents） 他们高度重视儿童的服从和遵从，常爱使用惩罚的、专断的和强硬的纪律措施，很少进行言语讨论。他们深信儿童应该无条件接受父母所制定的规则和标准。他们不鼓励儿童的独立行为。相反，总是限制儿童的自主性。

溺爱型父母（indulgent parents） 他们在纪律问题上以一种接受、和蔼甚至有些顺从的方式对待儿童。他们较少对儿童的行为做出要求，赋予儿童高度的按照自己意愿行动的自由。溺爱型父母更可能认为控制是对儿童自由的侵犯，它会妨碍儿童的健康发展。他们不是积极地塑造儿童的行为，而尽可能把自己看作是儿童利用或不利用的资源。

忽视型父母（neglectful parents） 他们总是尽可能减少与孩子一起活动的时间和精力。在极端的情况下，忽视型父母对儿童可能置之不理。他们对儿童的活动和去向知道得很少，对儿童在学校或与朋友一起时的经历也不感兴趣，很少与儿童谈心，在做决策时很少考虑儿童的意见。忽视型父母"以父母为中心"，而不是按照有利于儿童发展的信念来抚养儿童，他们主要围绕自己的需要和兴趣来建设家庭生活。

资料来源：张文新，2002

2. 家庭环境

家庭环境尤其是家庭氛围对青少年与父母间的亲子冲突有重要影响。各种类型的冲突往往发生在专制型的家庭中，而不是民主型的家庭。在专制或独裁的家庭中，在花钱、社会生活、户外活动以及家务活方面都会有更多的亲子冲突。因此，父母与青少年之间的冲突水平，部分取决于家庭环境。研究显示，在温暖、支持的家庭氛围中，亲子间的分歧较少；在充满敌意、强制的家庭氛围中，亲子之间经常互相抱怨、对相互之间的分歧采取回避态度，冲突较多。也有研究证实，青少年亲子冲突对个体的影响，可能会因家庭氛围的不同而呈现出不同的结果。在支持性亲子关系的环境中，青少年会借由冲突学会谈判的技能，并学习如何解决冲突，这样亲子冲突的结果就是适应性的；如果家庭环境是敌意的、非支持性的，那么青少年就很容易出现不良行为、反社会行为和问题行为，继而加剧亲子冲突。

家庭的社会经济地位也是影响亲子冲突的一个因素。社会经济地位低的家庭往往更加关注服从、礼貌和尊重，而中等收入的家庭则关注青少年独立性和创造性的发展。社会经济地位低的家庭也可能更关心孩子在学校不要惹麻烦，而中等收入的家庭却会更关心学习成绩。因此，不同社会经济地位的家庭因其对孩子的关注点不同，亲子冲突的内容和焦点也不同。

父母的工作负担与工作压力也是影响亲子冲突的一个重要因素。在父母工作负担比较重，普遍感到有压力时，他们与子女的冲突往往是最多的，也是最大的。在父母两人都必须外出工作以养家糊口时，父母对青少年的注意和监督就相应地减少了。

这种注意和监督的减少往往是某些家庭出现问题的主要原因。

(三) 社会文化因素

社会文化作为影响人类发展的宏观系统，必然会在个体的家庭生活中留下烙印。虽然人类学的研究已经说明青少年时期的亲子冲突是广泛存在的，即使在非常传统或者是集体主义文化下也是一样，但文化所提供的宏观背景的差异，还是决定了青少年时期亲子冲突的内容、反应方式及冲突的表达方式，冲突的解决策略会有所不同（俞国良，周雪梅，2003）。霍夫曼（Hofflllan, 1988）及列文（Levine, 1977）等研究者认为，"代际之间的冲突可能反映了存在于家庭中更广泛的交互作用模式，而这种模式是受与文化相关的具体的哲学、价值观和行为的影响。"

例如，研究表明，青少年的亲子冲突状况与其自主性要求的逐渐增强有关，而自主性有着重要的文化基础。相比来说，西方文化下父母更愿意子女拥有独立性和自主性，而中国传统文化则注重子女对父母权威的尊重、服从、维护家庭的和睦、不提倡个性和自主性，个体的这种自主性信念会影响父母与青少年的关系，自主性期望年龄的延后会导致较少的亲子冲突。

社会文化因素也会影响青少年与父母在亲子冲突中的表现以及对冲突的解决策略。比如，朗（Lung, 1999）的研究发现，美国的华裔家庭所体验到的亲子冲突更多，主要集中在家庭尊重、家庭作业、休闲时间安排方面，而白人的亲子冲突则在吸毒和性方面体现得更多。在冲突的解决策略方面，华裔家庭更多地表现出回避、内疚以及严重的身体攻击，而白人家庭则表现出更多的言语冲突和强制性策略。两类家庭都表现出一种共同的趋势：亲子冲突越多，家庭中的攻击性应对就越多。其研究还发现，在华裔家庭中，当父母使用体罚时双方所体验的亲子冲突压力最大；在白人家庭中，使用回避、内疚策略时双方所体验到的亲子冲突压力最大。此外，华裔青少年认为，他们的家庭气氛比起白人家庭来更加敌意，并表现出较高的抑郁水平和对家庭的不满意。

社会文化因素的影响既可以是直接的，也可以是间接的，比如通过影响父母的教养方式、教师的教学风格进而影响青少年与父母的亲子冲突状况。可以说，社会文化在人类中的影响无处不在、无时不在。

拓展阅读

解决亲子冲突的策略

当亲子冲突水平过高时，家长要降低冲突水平。降低冲突水平，根据托马斯的冲突管理理论，生活中一般会采取强迫、合作、回避、迁就、妥协几种对策。

1. 强迫策略。部分家长认为自己的子女作为未成熟的个体，知识上是无知的，心理上是不成熟的，缺乏学习、生活方面的自制力，因此采取强迫策略。但是，家长在应用强迫策略时应该注意，不能用简单的命令代替对青少年的引导，不能用严厉的训斥代替和青少年的交流，也不能用外在的强制代替青少年的自我教育，否则，运用不当则会加大亲子冲突，影响亲子关系，加大家庭教育的难度。

2. 合作策略。即尽量考虑亲子双方的立场、利益，寻求双赢局面。合作策略是一种最优策略。这种策略的实现需要具备下列条件：亲子双方都有解决问题的态度，对事不对人；尊重彼此，愿意分享对方的观点；将亲子冲突作为亲子关系发展的机遇；亲子双方能够坐下来耐心地沟通与对话。

3. 回避策略。当冲突的破坏性将超过潜在成效时，当某一问题可能成为其他问题的导火索时，当冲突之外的人能够帮助有效地解决问题时，可以考虑回避策略。回避就是无为。家长可以偶尔采取这种策略逃避激烈冲突，忽略不同的意见或保持中立。

4. 迁就策略。即尽可能地去满足对方的利益而牺牲自身的利益，或者屈从于对方的意愿。当家庭的融洽与稳定至关重要时，当家长允许青少年从错误中总结教训而成长时，应该考虑运用迁就策略。采取迁就策略，家长的态度往往会让孩子以为冲突即将排除。家长采取这种策略往往是为了息事宁人。

5. 妥协策略。在传统的观念中，妥协就是投降、失败。家长与子女的妥协意味着家长在放弃尊严，但有时妥协就是民主的表现。当亲子双方各有道理而目标相互排斥时，当过分坚持可能会造成更大的损失时，可以采用妥协策略。妥协要抓住成熟的时机，否则，会阻碍亲子双方对真正问题进行充分的分析或诊断。因此，妥协策略有时不是最好的决定，进一步的讨论也许更有助于亲子双方加深了解，找到解决冲突的办法。

资料来源：段巧灵，2007

青少年亲子沟通

家庭中的亲子沟通是指家庭中父母－子女之间交换资料、信息、观点、意见、情感和态度，以达到共同的了解、信任与互相合作的目的。青少年期的亲子关系对于青少年的健康成长与发展有重要作用，而青少年期又是一个容易发生亲子冲突的特殊时期，那么，青少年和父母之间应该如何进行有效的沟通以建立、保持和谐愉快的亲子关系呢？本节将为你讲述青少年期亲子沟通的一些有效策略和技巧。

一、亲子沟通的问题

亲子沟通是建立良好亲子关系的前提。但是，研究发现，很多父母与青少年的亲子沟通经常会出现一些问题，导致沟通不畅，亲子冲突不断，亲子关系质量由此受到影响。所谓亲子沟通问题(communication problem)是指父母－青少年在相互沟通的过程中或缺乏沟通时产生的问题。有关这方面的研究大多集中在亲子沟通的内容、频率、满意度以及方式方面。

（一）沟通的内容

亲子沟通内容指父母与青少年之间在沟通中交流的话题范围。有研究发现，大多数青少年会与父母讨论很多方面的话题，包括家庭、学校、未来的打算以及与朋友的相处等。但也有研究发现，青少年在很多话题上与父母的沟通很少，只偶尔与母亲讨论一下学校里的情况、闲暇时间是如何度过的、喜欢的朋友等，却很少与父母谈论一些敏感的话题，比如"性"、"饮酒"和"吸毒"等。由此可见，青少年与父母的沟通更多限于日常生活方面的内容，对于比较敏感的话题很少沟通。

（二）沟通的频率和满意度

在沟通频率上，青少年与父母沟通的频率较低，青少年认为在很多话题上与父母的沟通很少，甚至几乎没有沟通。

在对亲子沟通满意度的研究上，研究者发现了代际差异。青少年对亲子沟通的满意度较低，认为与父母的沟通缺乏开放性和存在更多的沟通问题。与青少年相比，父母则认为与青少年有较为开放的沟通,沟通存在的问题也较少。由于这种认识上的差异,在青少年时期,亲子沟通往往会变得紧张,很多青少年认为与父母之间在很多问题上都缺乏沟通。

据2007年山西大同市的一则报道,该市绝大多数家长对自己的孩子了解不足六成,而且家长与孩子之间的看法存在较大差异。显然这是现在亲子沟通存在困难的原因之一。

(三) 沟通方式

一些消极的沟通方式,如模棱两可、双关语、批评抱怨等,都会降低家庭成员分享感情和信息的能力。凡吉利斯蒂(Vangelisti)在1992年的研究中运用开放式问卷,要求青少年描述与父母沟通时出现困难的情境,并写下当时与父亲/母亲之间的对话,然后对青少年的回答进行编码。结果发现,青少年与父母的沟通问题主要表现在沟通方式方面,如分歧、误解、行为约束、盘问、批评和缺乏沟通等。涉及沟通问题的话题主要有课外活动、异性交往、职业与教育、花钱、行为问题等。在所有的沟通问题中,父母对青少年过多的行为约束是出现亲子沟通问题的重要原因(占所有沟通问题的20%);在沟通话题方面,出现问题最多的是课外活动(约占48%)和异性交往(约占14%)。

拓展阅读

几种错误的沟通方式

- 不尊重孩子,不给孩子台阶下,多责骂、羞辱("畜生、废物、人渣、没用")
- 威胁孩子,说狠话("再说就打断你的腿"、"你死在外面,不要再回来")
- 单向沟通而非双向沟通。一味要求孩子绝对服从且不听孩子说出自身感受及困难
- 对孩子怀有成见或敌意("又在骗我了,又在找借口了")
- 父母欠缺同理心或拙于/懒于向孩子表达同理/感受
- 父母管教不一致,家庭关系、沟通品质不良
- 拒绝("你的事我不管")
- 疏离(不关心)
- 严苛(打骂,相信外加力量,不信自主的能力)

- 专制（上对下，"我说了算"）
- 矛盾（买电动玩具，孩子玩却骂他）

资料来源：http://www.fydf.com

鉴于以上亲子沟通中常见的一些问题，专家学者也给出了很多建议和忠告，从大的原则到具体的技巧，不仅青少年本人要注意，父母家长更要掌握。

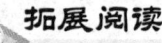

亲子沟通问题不少　　多数家长不了解子女心思

朔　英

"你了解自己的孩子吗？"近日，我市某小学的一项问卷调查显示，绝大多数家长对孩子的了解不足六成。

他/她最要好的朋友是谁、他/她对自己最（不）满意的是什么、他/她最大的心愿是什么……问卷中的20个问题全是关于孩子的。学校在六年级随机发放了40份问卷，家长们作答后，再交给学生评判。结果，没有一个家长全部答对，有的家长甚至连一道题也没答对。

"亲子沟通障碍不小，应该引起关注了。"该校校长和记者谈及调查的初衷，说到这样一件事：老师在教育一个顽劣的男孩时，谈到其家庭教育，男孩脱口而出："我没有爸爸妈妈，我是从石头缝里蹦出来的！"老师愕然。在平时，家长时常向老师抱怨孩子难管。"我们的家长对孩子的了解不足60%。"该校校长如是说。问卷调查中，如熟悉孩子的生活习惯，孩子爱看的电视、喜欢的动物；如孩子的心愿、最难堪的事；如家长最不满意的行为，家长无法正确作答。

一位教师说，在一些问题上，家长喜欢将自己的想法强加给孩子。比如，孩子的理想，家长多填金融强人、公务员、教师……而在答案后，不少孩子都画上了大大的叉，"这明明就是家长的愿望。"一个学生撅着嘴巴说。

问卷上，学生和家长都写下了自己的感言。彭同学感叹道："父母对我的了解太一般般了。"刘同学的家长直言不讳："现在的孩子自主意识强，太不好管。"一位母亲坦言："我以为很了解孩子，但我错了。"

一些教师分析说，现在的家长更关注孩子的教育，但效果似乎大不如前，原因是多方面的。一是现在的孩子想法多,老式的教育方式对他们不起作用,代沟、冲突明显;二是现在的年轻家长缺乏耐心,教育书籍看了不少,但无法付诸实践。

资料来源:大同日报,2007

二、亲子沟通的原则

在亲子沟通中,家长占据主导地位,因此,良好的亲子沟通需要为人父母者把握如下几个基本原则:

(一) 平等的原则

民主与平等是建立良好亲子关系的重要原则。这种关系的重要标志是家庭权力结构的变化和角色模式的重新调整。如果家庭权力高度集中,家长任意使用权力,为所欲为,不受家庭成员的监督与干涉,子女没有一点发言权和决定权,就不可能有民主平等的亲子关系。例如,如果孩子不想考大学,那么父母是大发雷霆、苦口婆心还是不闻不问呢?其实,只要家长能够做做心理换位和角色转换,回想一下自己在孩子的年龄段时,是否也有和孩子类似的想法,就可以避免采取武断和粗暴的言行,然后坐下来平心静气地与子女进行沟通交流,与孩子共同分析具体情况,帮助他们明确其优点与不足,选择符合他们自身实际的发展道路。

(二) 真诚的原则

这是家庭成员之间互相沟通的基本规则之一。父母与孩子在发生重大问题时一定要及时沟通,全家人坐在一起谈谈自己的想法,或者规定一个固定时间用于家庭内部的沟通,在这段时间内分享各自的快乐与痛苦。例如,爸爸可以说:"我今天心情不太好,忙了一整天,老板还批评我们做事的效率太低,所以我心情有些糟糕。"接近成人的青少年子女在这时大概非常愿意帮助父母出主意,他觉得父母当他是朋友,这就会使他有很多话在家里和爸爸妈妈谈。当这种良好的沟通关系建立起来之后,如果孩子遇到问题了,他也会主动跟家长沟通,他会觉得自己与父母是朋友,是可以互相信任的。

(三) 积极的原则

积极的原则要求家长在与孩子沟通的过程中，尽量少批评、少告诫，而要对孩子多表示关心、支持、鼓励和肯定。当孩子的优势得到充分肯定并发挥到最佳状态时，其劣势也会相应减少。但是，积极的原则并不是对孩子的缺点和毛病视而不见，而是对事不对人。例如，孩子写作业拖沓，讲究积极原则的父母也会做出批评，他／她会说"你的作业写得很慢"，而不是说"你真是个懒虫"。家长要纠正青少年的错误行为，只需多加描述，让他们自己去体会和了解，并帮助他们逐步调整，毋须给予主观的批评与论断。

(四) 发展的原则

发展的原则要求父母在与孩子的沟通中要以发展、成长的眼光来看待他们。青少年期是一个快速发展与成长的时期，出现的有些问题可能是发展中的问题，父母不必大惊小怪，那样反而使亲子关系紧张起来。比如，青少年有打架斗殴现象，父母应该结合孩子的成长过程来看待这一问题。如果这个现象是从童年期持续过来的，父母应当引起注意，或许这个孩子有一定的攻击性。但是，如果孩子只是在青少年期出现攻击性则不必大惊小怪，因为青少年期的迅速发育和快速成长使青少年有充足甚至过剩的精力需要发泄，自我意识的高涨使得他们喜欢以某种出格的方式来表明自己的成长和独立性。父母管得越严，青少年的叛逆心越强。父母应该以发展的眼光平和地看待这一发展性问题，和子女进行朋友式的平等交流，这些发展中的问题会自然消失。

(五) 一致的原则

一致的原则包括三个方面：①父母管教孩子的原则或做出的决定必须前后一致，切勿随时改变自己的意思。如果你尚未拿定主意，可直接告诉孩子，或者也可以借此训练孩子自己做决定，让他学习如何进行选择，并学习对自己的选择负责。②父母的行为必须与对孩子的要求一致。如果要求孩子诚实而当父母的却撒谎，显然会引起孩子的不满。③家庭成员的态度要一致。父母双方对待孩子的要求应该一致，否则容易使孩子对不同的家长有不同的沟通方式，并产生不必要的冲突。比如，母亲认为好好学习是第一位的，而父亲则认为培养个性是第一位的，那么父母在与子女沟通学习问题时就会产生冲突，继而引发青少年自身无所谓的"旁观者"态度。

三、亲子沟通的技巧

在掌握和遵循以上亲子沟通的几个原则基础之上，良好的亲子沟通还需要一些更为具体的技巧。下面分别针对父母和青少年本身提供一些可参考的沟通技巧：

(一) 给父母的建议

良好的亲子沟通首先需要家长掌握一些基本技巧。很多专家学者曾对此提出了自己的看法，下面这些技巧是简单易行而且行之有效的：

1. 倾听

当子女想要表达自己的看法或吐露自己的感受时，父母应该让孩子感觉到他们正在全神贯注地倾听。此时，父母就算身边有事情也应该放下。眼神的接触是沟通不可或缺的要件之一，适时地给予回应或支持，会让彼此的关系更为接近。

2. 关注

纵使父母本身很忙，关心的话语与眼神还是不可或缺的，在和孩子说话时，父母一定要用关心的眼神注视着孩子，随时注意孩子的表情、行为，以适时给予辅导与协助，这也能让孩子有更多被重视的感觉，或是偶尔身体动作的接纳（如拥抱、拍拍肩膀等），以拉近彼此之间的距离。

3. 换位思考

父母不要一味地从自己的角度来思考孩子的问题，应该多站在孩子的立场去考虑事情，这样会让彼此的感觉更为接近，也才能进入孩子的内心世界，体会到孩子的喜怒哀乐。

4. 鼓励与肯定

不要因为孩子做错事而开口骂他，应该主动发现孩子的优点，多给孩子鼓励。研究显示，奖励比惩罚来的有效，而且可以使亲子关系更为融洽。就算孩子做错事，也应该赞赏孩子做事的努力，再就事论事，这样比较像是在给孩子意见或建议。

5. 注意语气与声调

不要老是用责备的口吻说："不要这样……""你是怎么做的？""怎么会……"多

使用和善、建议的语气说:"你能说说看……""你的想法是……"这样有助于沟通的气氛,也让沟通变得更能令人接受。台湾学者吴澄波指出,与青少年沟通有三句箴言:

- "关于……我想听听你的看法。"
- "你的意思是说……是不是?"
- "关于这点,你要不要听听我的意见?"

6. 语言简洁,内容具体

父母与子女沟通时应尽量使用直接的表达和简洁的说法,不要绕来绕去,弄得子女很烦,或者不理解。说话的内容要具体,而且是说现在的事,否则孩子提不起足够的兴趣来交流。

7. 别算旧账

中国的父母喜欢在批评孩子的错误时将陈芝麻烂谷子的旧账一股脑儿都搬出来数落孩子,这样不利于良性沟通的建立。父母应该就事论事,而且就当前事论当前事,最好别牵三连四,引起子女的反感,甚至导致其自卑心理。

8. 冲突的解决

亲子难免会发生冲突,这时候不要拿出父母的权威,要求孩子听自己的,让孩子说出自己的理由,并且用与孩子商量、解决事情的态度,针对问题,与孩子一起想出一个两全其美的办法,这样不仅可以和平地解决问题,更可以培养亲子间的良好关系。如果父母本身有过错,应该向孩子表达自己的歉意,以化解误会,促进家庭和谐。

总而言之一句话,父母要做孩子的朋友。青少年已经有了自己独立的想法和需要,父母一定要尊重其作为一个准大人的心理需求,平等、民主、朋友式地与其沟通,否则,子女要么不对父母敞开心扉,要么沟通不畅、冲突不断。

(二)给青少年的建议

亲子沟通是父母和青少年双方的沟通,而不是单方的沟通。尽管父母在亲子沟通中占主导地位,也是更关键的一方,但对青少年本人来说,学会如何有效地与父母进行沟通也很重要。下面这些技巧不妨一试:

1. 讨论问题,达成协议

青少年应该学会遇事多与父母讨论,并就如何行动达成协议。例如,父母会担心子女沉迷计算机而荒废学业,如果双方能就玩计算机和搞好学业进行讨论并达成协议，那么问题和分歧便能解决了。

2. 主动交流

每天找一点时间，比如饭前或饭后，和爸爸妈妈主动谈谈自己的学校、老师和朋友，谈谈高兴的事或不高兴的事，与家人一起分享你的喜怒哀乐。

3. 创造机会

每周至少跟爸妈一起做一件事，比如做饭、田里劳动、打球、逛街、看电视。边做事情、边交流。

4. 认真倾听

当被父母批评或责骂时，不要着急反驳，试着平心静气地先听完父母的想法，说不定你会了解父母大发雷霆背后的理由。

5. 主动道歉

如果你做得不对，不要逃避，不要沉默不理，主动道歉，往往会得到父母的理解。

6. 善于体谅

可能错不在你，你有很大的委屈，但是先不去争辩。也许父母过于劳累或工作、生活中遇到了麻烦。换个时间和地点，再与父母沟通，会有意想不到的效果。

7. 控制情绪

与父母沟通不良时，不随意发脾气、顶嘴，避免不小心说出或做出伤害别人的事。想要动怒时，可以深呼吸、离开一会，或用凉水先洗把脸。

8. 承担责任

在做好自己事情的同时，主动分担家庭的一些责任，比如洗碗、倒垃圾、擦窗、干些农活等。趁机还可以跟老爸老妈聊聊天。

总之，青少年毕竟不再是懵懂的孩子，他们正在走向成熟，应与父母共同努力，构建良好的亲子沟通和亲子关系。父母要学会倾听和赞美，青少年子女要学会体谅和理解。只有这样，青少年与父母才能拥有和谐愉快的亲子关系，轻松自信地走向未来。

拓展阅读

我们怎样与父母沟通——给同龄人的建议

比起我们父母那个年代，我们周围的环境早已是另一个模样。我们不再担心衣食问题，可是我们更渴望精神上的富裕。你是否觉得与父母之间烦恼多多呢？其实你是否了解父母？

不要再抱怨他们对我们的不了解，我们应试着敞开心扉与他们交流。不要嫌他们啰嗦，因为你是他们的孩子，你和你的父母，家庭的每一个成员，都有义务把家庭氛围营造得更好，在这样的环境中生活才是一件很愉快的事。不管你认为父母的思想有多落后。不可否认，在很多事情上，他们有远比你丰富的经验。想想吧，上大学后你将要远离父母，与其将来思念他们，不如现在与他们好好沟通，尽情享受亲情的温暖。

有一少部分同学与父母的交流实在很少。原因可能是有的家长的言行举止没有把握好尺度，但仍然有一定的问题是出在同学自己本身。我们现在都处在青春期，不可避免有些抵触情绪，而我们应该尽力去克服自身的烦躁与不安，与家长多沟通，因为只有沟通，家长才能更好地配合你。我们现阶段的学习是很紧张的，琐碎的小事都可能使你分神，这就需要向别人倾诉，而家长则是比较好的了，因为他们是自己最亲的人，而且他们的阅历比自己丰富，我们应向他们多多学习，以免多走弯路。同时，这也可以在一定程度上改善家长与学生的关系。

家长和学生的沟通是必不可少的，只有让家长和你相互了解，才能更好地促进关系的融洽，所以，希望同学们正确地认识到，和家长的沟通并不是一件难事，反而是一件高兴的事，如果家长对你的事毫不过问，我想你一定不会开心的，那么，只有加强和家长的沟通，才会过得更轻松。

相信很多同学和我一样感触良多：父母真的不易，要好好理解他们，孝敬他们。相信在这样的思想基础上，会让我们与家长的沟通变得更容易！家长都认为与学生沟通很重要！

资料来源：中小学教育资源站

本章关键词

亲子关系   亲子冲突   父母教养方式   亲子沟通

本章小结

　　青少年期亲子关系的质量将影响青少年的各方面发展。本章首先介绍了青少年亲子关系的类型、特点以及目前的亲子关系状况，使读者对青少年期的亲子关系有个大致的了解。由于青少年期是亲子冲突的高发期，因此，第二节重点阐述了青少年期亲子冲突的特点、作用及其影响因素，以期引起青少年及其家长的注意和重视，并寻求解决的途径和办法。在此基础之上，第三节从实用的角度讨论了青少年与父母之间亲子沟通存在的问题、亲子沟通的原则和具体技巧，希望对广大的青少年朋友及其家长有所帮助。

问题和练习

1. 什么是亲子关系？亲子关系有何特点？
2. 结合实际谈谈当前青少年亲子关系存在的主要问题。
3. 青少年亲子冲突有哪些特点？
4. 亲子冲突对青少年的发展有何影响？
5. 亲子冲突产生的原因有哪些？
6. 青少年亲子交往易出现的问题是什么？请结合实际谈谈如何建立和保持良好的亲子沟通。

第 8 章

青少年的同伴关系

学习目标

通过学习本章,你应该能够:

- ◆ 理解青少年同伴关系的类型、功能及影响因素
- ◆ 了解青少年同伴群体的特点与作用
- ◆ 掌握青少年同伴交往的技巧
- ◆ 了解青少年同伴交往的社会技能训练的方法

旅行中有良伴,会使路程缩短。

——非洲格言

家庭、学校、同伴,你认为哪一个因素对青少年的影响更为重要而长久呢?也许有的人会说,那当然是家庭了,看看那些不幸家庭中的孩子就会知道家庭对青少年的成长有多重要。肯定有人立刻反驳:不对,学校才是影响青少年成长的最重要环境,因为青少年的大部分时间是在学校度过的,而且一直接受正规的学校教育……其实,研究表明,对于儿童青少年来说,对他们有重要而深远影响的环境因素恰恰是他们的同伴群体。群体社会化发展理论的代表人物之一、美国心理学家哈瑞斯(Harris)通过大量研究明确指出了这一点。

20世纪60年代,心理学家哈洛(Harlow)曾考察过在完全隔离、有同伴而无母亲、有母亲而无同伴这三种抚养条件下幼猴社会行为的发展情况。结果发现：在完全隔离条件下抚养起来的幼猴发展失常最为明显，只与母亲接触但被剥夺了同伴的幼猴也在后来表现出社会适应困难，如对同伴表现出极度警戒或攻击性。可见同伴关系对幼猴（以及对儿童）发展的重要性。

此外，随着儿童年龄的增长，儿童与父母的接触逐渐减少，与同伴的交往日益增多，同伴的影响日益突出。到青少年期，同伴关系更是成为儿童主要的人际关系。甚至有学者指出，青少年期的同伴关系对其以后的人际关系将起到定型和预告的作用。可见，青少年的同伴关系对于其心理发展和个人成长有着非同寻常的意义。本章将首先介绍青少年同伴关系的特点、功能及其影响因素，然后阐述青少年同伴关系中具有特别意义的同伴群体对青少年发展的影响，最后分析青少年同伴交往中易出现的问题并介绍有关的解决技巧和技能训练方法。

青少年同伴关系概述

一、青少年同伴关系的类型

同伴关系（peer relationships）是指年龄相同或相近的儿童之间的一种共同活动并相互协作的关系，或者主要指同龄人之间或心理发展水平相当的个体间在交往过程中建立和发展起来的一种人际关系。

同伴关系是个体同伴经历的重要内容。Hinde（1987）根据不同程度的社会复杂性划分出三类不同水平的同伴经历：互动的同伴经历、二元关系的同伴经历和群体的同伴经历。相应地，同伴关系可以大致划分为三类：互动的同伴关系、二元关系的同伴关系和群体的同伴关系。

互动是指成对的行为，即一方行为是对方行为的刺激或反应。通俗地说，互动就是同伴间的言行是相互影响、相互引发的。比如，同伴之间的交谈、打架斗殴都是一种互动关系。因此，互动的同伴关系是一种比较浅层的、情景性和暂时性都较强的同伴关系。

二元关系水平的同伴经历包括彼此熟识的两个个体间的一系列互动，其核心在于关系双方均认为这一关系"能够长久维持，并能够适时调整自己的行为从而使关系得以更好的维系,甚至更深刻、亲密"(转引自张文新,2002)。因此,二元关系水平的同伴关系,简单地说,主要是一种友谊关系。

群体是互动着的、彼此有着某种程度交互影响的个体的集合,具有内聚性、等级结构性、异质性、规范性等特征。群体的同伴关系其主要表现形式就是同伴群体。

按照青少年同伴关系的性质也可以把青少年的同伴关系划分为同伴接纳和同伴拒斥。同伴接纳和同伴拒斥都是一种群体水平的同伴关系模式,前者是指青少年被某一或某几个同伴群体所喜欢和接纳,后者则不为同伴群体所欢迎,处于孤立地位。比如,同一宿舍有六名女生,其中五名女生常常结伴而行、共同行动、一起讨论、聚会等,唯独对另一名女生不理不睬,那么这五名女生就形成了一个相互接纳的同伴群体,而另一名女生则被拒斥在同伴群体之外。通过观察法和社会测量技术可以确定青少年同伴接纳水平。根据同伴接纳水平还可以把青少年进一步分为五类:受欢迎青少年、被拒斥青少年、被忽视青少年、矛盾青少年、一般青少年。近年来,有人增加了同伴侵害(peer victimization)这一新的关系模式,同伴侵害的结构既不像友谊那样处于二元的双向互选水平,也不像同伴接纳那样处于同伴群体水平,而是包含同伴群体的最小必要单位——侵害者和受侵害者,它以长期忍耐这一唯一的交往模式为标志。

布朗等人(Brown, 1994)对青少年同伴关系的研究有重要贡献。在此之前,大多数研究者将规模大小或亲疏程度不同作为关键特征,把同伴关系划分为三个方面:一是个人友谊(relationship);二是小帮派(cliques);三是团伙(crowds)。Brown则进一步指出,这三者在结构和功能上彼此不同的。其中,团伙出现于青少年早期,并且聚集的同伴很多,在青少年中期最为普遍。团伙的主要功能是促进两性间的交往,有利于学习和实践男女间的交往行为。它常由2~4个小帮派凑在一起形成。小帮派是基于友谊和共同活动形成的小规模同伴群体,其成员在年龄、种族、社会经济地位、行为及态度上常常是相似的。

拓展阅读

同伴侵害案例一则

2005年9月1日,福建南安市石井镇年仅13岁的女学生小旋突然觉得头疼,被送往医院抢救,没想到竟永远地离开了疼爱她的家人。小旋的父母亲在整理女儿遗物时,意外地发现一本上锁的日记本，里面记录着小旋从五年级下半学期开始，长期遭两名同班男同学殴打、生活在恐惧中的经历……

资料来源：http://www.xayg.cn

总之，青少年同伴关系按照不同标准可以有多种分类，但不外乎二元水平和群体水平两种基本类型。鉴于近年来研究发现青少年同伴群体对青少年的心理发展和个人成长影响越来越突出，本章将单辟一节对青少年的同伴群体进行介绍。

二、青少年同伴关系的功能

同伴关系是青少年社会化的主要动因。很多研究表明，青少年的社会行为、价值观以及态度等在很大程度上并不是由父母传递的，而是由同伴传递的。同伴关系在青少年的发展中具有不可代替的作用。具体而言，青少年的同伴关系具有如下功能：

(一) 文化传递、行为发展功能

群体社会化理论认为，人类文化的传递模式是一个群体过程，是从父母群体传递到同伴群体继而经由同伴群体传至个体 (Harris, 1995)。儿童、青少年在扬弃成人文化和创造自己新文化的同时，会形成他们自己的群体文化，并逐代传递。此外，青少年同伴群体还往往是青少年亚文化的直接传递者。比如，青少年喜欢"模仿秀"、喜欢追星，这些都是亚文化迅速传递的结果。根据班杜拉的观察学习理论，同伴是青少年模仿、观察学习的重要榜样源。如果哪个同伴留起了新发型，青少年会很快群起效仿。所以，每个时代、每个环境中都会有青少年亚文化的存在和显现。所谓流行的"80后"、"90后"，其实就是对青少年亚文化及青少年亚文化群体的高度浓缩和拓展。在这种文化传递和行为发展的过程中，青少年同伴关系功不可没。

正是由于与家长、老师相比，青少年的行为更容易接受同伴的影响，所以，目前很多机构巧妙利用青少年同伴的示范作用来教育、引导青少年更好地发展，并且收到了父母教育、教师教育所不能达到的效果。

> **拓展阅读**
>
> ### 同伴教育
>
> 流行于英美等国的"同伴教育",是先对有影响力的个体进行有目的的培训,通过他们与自己年龄相仿、知识背景和兴趣爱好相近的人分享信息、观念或者行为技能,以实现某种教育目标。这种教育方式广泛应用于生殖健康、艾滋病的宣传教育和吸毒、自杀、酗酒、性别歧视和妇女问题等社会领域。
>
> 资料来源:南方网

(二)认知发展功能

前苏联心理学家维果斯基(1978)用"最近发展区"来解释社会互动的意义,指出认知发展在很大程度上是人际交流的结果。最典型的例子是"狼孩"、"熊孩"的发现。"狼孩"虽然在生物学意义上是人,但由于缺乏社会人作为同伴,其认知发展受到了极大的阻碍和局限。相反,另一个极端的例子是,二战期间,曾有六个婴儿因父母被纳粹分子杀害,他们先后在集中营、寄宿托儿所中生活,而且基本上都是自己照顾自己。即使缺乏足够的成人关怀和支持,他们仍以正常的速度获得了新语言,最终成长为正常的成年人。可见,同伴关系对于儿童青少年的认知发展具有重要作用。同伴关系对于个体社会认知的发展同样具有重要功能。著名发展心理学家皮亚杰(1932)认为,同伴关系的意义在于传达合作道德的基础——互惠的概念。个体只有在平等互惠的同伴关系中,才能得以检验自己的思想,并体验冲突及协商不同的社会观点,他们的社会认知能力由此得以发展。另一种类似的观点认为,没有与同伴平等交往的机会,个体就不能学习有效的交往技能,不能获得控制攻击行为所需的能力,也不利于道德价值观念的形成。正是产生于同伴关系中的合作和感情共鸣,使个体获得了关于社会的更广阔的认知视野。

(三)情绪性功能

同伴关系对青少年情绪情感的健康发展尤为重要,是满足其社交需要,获得社会支持、安全感、亲密感和归属感的重要源泉。精神分析导向的理论家布洛斯(Blos,1967)指出,青少年在青少年期最重要的任务是"个体化",在这一过程中,个体会重新建构与父母的关系，走向自主，由此必然产生焦虑、恐惧、自卑等消极情感体验。青少年就是依赖支持性的同伴关系来寻求慰藉。由于个体青少年期的特殊心理特征，他们很容易对父母封闭内心，甚至有逆反情绪。除了日记本，青少年一个重要的倾诉对象和支持来源就是其同伴。友谊可以为青少年提供重要的情绪情感支持，是青少年获得社会支持和亲密感的重要来源；同伴群体可以为青少年提供重要的归属感和包容感。

(四) 人格发展功能

青少年的同伴交往经验还可以帮助其发展自我概念和人格。这种观点可以上溯到19世纪末。詹姆斯（1890）在关于成人的自我的论述中，特别强调了社会关系的重要性。他相信，我们具有被我们自己所关注、被我们的同类所赞赏的本能倾向。当自己没有受到或没有太多受到他人关注时，个体可能会对自己的价值产生疑问。根据库利（Cooley）的"镜中我"理论，青少年的自我概念和人格发展在很大程度上来源于他人尤其是同伴的认识和评价。比如，一个青少年在发展"我是否勇敢"这样的自我概念和人格观念时，如果同伴们，尤其是自己的好朋友或者所归属的同伴群体认为他/她经常顶撞老师、欺负同学非常勇敢，那么这个青少年就很可能认为自己是"勇敢"的，从而误读了"勇敢"的真正含义。同样，如果他/她在自己同伴的眼里是"胆小鬼"，即使自己曾经有过很多勇敢的表现，比如主动回答问题、勇于承认错误等，他/她也很可能认为自己是不勇敢的。因为自己表现出来的真正勇敢的行为并未得到同伴的认可和积极关注，发展中的青少年就会怀疑自己行为的价值，而逐渐认同同伴所认可和鼓励的行为。

可见，青少年的同伴关系对于青少年的心理发展和健康成长具有不可低估、不可代替的作用。从整体来看，同伴关系的这四大功能对于各年龄阶段的个体都是同样适用的，但对于同伴关系逐渐成为其主要人际关系、身心发展又处于高峰期的青少年而言，显然更为明显和突出。

三、青少年同伴关系的影响因素

既然同伴关系对青少年发展具有如此重要的功能，那么青少年同伴关系本身的发展受哪些因素的影响呢？概括来说，青少年同伴关系的影响因素主要有以下几点：

(一)个人因素

研究表明,青少年本身的个人特点是影响其同伴关系的主要因素。这些个人因素主要包括青少年的社会行为、社会认知、社交技能、情绪反应等,甚至青少年的身体特点、姓名、性别、出生顺序等都会成为青少年同伴关系的影响源。

有的学者总结了受欢迎和不受欢迎儿童的特征后指出,学习成绩优良、外表漂亮、体形有吸引力、行为举止平静、出色、合作、助人、热情、外向的儿童更容易受到欢迎,而学习成绩差、成就感低、外表没有吸引力、待人不友好、经常喜怒无常、爱吹牛、小气、攻击性强和对人持批评态度的儿童则不受欢迎。一般而言,这些结论也同样适用于青少年。不过,对于青少年来说,由于其特有的叛逆性,有时行为怪异、学习成绩差、个性独特、攻击性强等偏离行为或特点反而易于被某些特定群体所接受,但这些同伴群体本身往往也偏离正常。因此,我们会在日常生活中经常看到,合作、热情、外向、学习成绩优异的同学会受到同伴们的普遍欢迎,从而拥有良好的同伴关系,甚至成为同伴群体中的核心成员。我们也会看到,一些青少年三五成群,经常打架斗殴、吃喝玩乐甚至结盟、拜把子、搞江湖义气、宣扬为朋友两肋插刀等,似乎也拥有良好的同伴关系。显然后一种同伴关系危险因素较多,需要特别注意和引导。

(二)家庭因素

如果说父母是孩子的第一任老师,那么家庭就是孩子的第一所学校。家庭对青少年同伴关系的影响可追溯到其婴幼儿时代。在婴儿期就形成安全依恋的青少年,同时也相应地形成了对他人的信任感和安全感,可以自主探索环境并和同伴和谐相处,而形成不安全依恋的儿童到了青少年期可能依然惧怕和别人交往,从而出现社交退缩甚至社交恐惧的症状。

青少年与父母的关系也是影响其同伴关系的一个重要因素。和睦、彼此信任和理解的亲子关系会给青少年的同伴关系带来有益的影响,和睦的家庭关系本身也是青少年建立良好同伴关系的一个榜样。一系列研究发现,具有信任、沟通、高情感反应性特征的家庭中的青少年,在社会技能、生活满意度和与他人相处方面都有较好的表现。相反,如果家庭关系不良,比如离异家庭、父母长期不和的家庭等,往往会把青少年推向不良同伴关系甚至是不良同伴群体。关于离异家庭子女的同伴关系研究表明，在青少年同伴关系的自我评价中，完整家庭青少年被接纳程度明显高于离异家庭青少年；在教师对青少年同伴关系的评定中，完整家庭青少年被接纳程度高出离异家庭青少年近一半。更值得注意的是，研究发现，父母离异对青少年同伴关系的消极影响随着时间的流逝不仅没有减弱和消失，而且还会逐步出现明显的时间积累效应，从而引起更加严重的交往困难，甚至交往障碍。

(三) 学校因素

青少年白天的大部分时间都在学校度过，同学关系是青少年同伴关系的主要形式，而学校则是青少年同伴关系建立和维持的主要场所。一些学校因素如师生关系、校风、班风等都会影响到青少年的同伴关系。

师生关系良好对青少年的同伴关系可起到指导与支持的作用，相反，师生关系不良则可能导致青少年偏离正常的同伴关系。但是，由于青少年特有的逆反心理，有时候过分亲密的师生关系反而有碍青少年同伴关系的建立和维持。反之，青少年为了维持某种同伴关系也可能会使师生关系表现出不和谐的一面。比如，当老师上课前发现黑板没擦时，有的学生可能想上去帮老师擦掉，但又担心会因此招致同学们的误解和反感，为了和同学们保持一致，这个学生选择不擦黑板。

校风、班风是影响青少年同伴关系质量和发展方向的重要因素之一。一个在学习氛围浓厚、合作互助蔚然成风的学校或班级中学习的青少年，其同伴关系一般而言会相对健康，而一个在学习氛围淡薄、学习风气不正、甚至打架斗殴、偷窃抢劫现象时有发生的学校或班级中学习的青少年，其自然会深受其害，并建立起同样不健康的同伴关系。

(四) 社会因素

虽然青少年大部分时间是在学校和家庭中度过的，但学校和家庭之外的社会环境却也时刻在影响着他们。青少年的同伴关系同样受到各种社会因素，比如社会风气、社会环境、大众传媒等的影响。

辛自强在其《社会变迁中的青少年》一书中提到，校园周边环境是青少年经常光顾并深受影响的社会微环境之一。如果校园周边环境是一个布满书店、科技市场、艺术画廊等品位高雅的微环境，和一个布满网吧、娱乐城、电玩市场等低俗的微环境相比，青少年交往的同伴关系肯定大不一样。

除了微环境，社会风气、大众传媒、社会上流行的价值观念等宏观环境对青少年同伴关系的影响也是不言而喻的。比如，研究发现，暴力影视的泛滥导致青少年攻击行为的增多，同样，青少年团伙犯罪也在增多。

总之，影响青少年同伴关系的因素很多。为了确保青少年有一个健康发展、积极向上的同伴关系，青少年本人和社会各方面应该共同努力。

青少年同伴群体

如前所述，青少年的同伴关系有多种层面，其中群体层面的青少年同伴关系表现为青少年的同伴群体。为什么在青少年中容易形成小群体呢？这是因为：其一，同龄青少年在同一社会历史条件中成长，有着共同的感受和倾向，彼此相互理解，容易沟通思想、交流情感；其二，青少年情感丰富，彼此容易产生情绪共鸣；其三，青少年具有合群、怕孤独的特点；其四，青少年的人生观尚未定型，道路也未最后选定，急切需要探索人生之路，寻求朋友的支持和情感交流。

青少年的同伴群体有正式群体与非正式群体之分，后者又有小帮派和团伙之分。下面我们分别加以介绍。

一、青少年正式群体

(一) 什么是正式群体

正式群体也称官方群体，它是根据确定的目的、按照一定的原则和方法组织起来的社会群体。它既包括青少年学习、工作的基本组织（如班级、团支部等），又包括社会中最基本的细胞——家庭。正式群体的特点是：成员间有大体一致的目标和行为规范，有正式而确定的组织形式和领导人员，有实现所属功能所必需的物质、经济、技术条件。在工作中，大家彼此配合、互相支持，往往带有规范化的成分，对于青少年学生来说，最重要的正式群体除了家庭外就是学校和班级。

(二) 青少年正式群体的特点

1. 明确的目的性

青少年正式群体的目的是和青少年的社会需要紧密相连的,大部分青少年是根据自己的需要、兴趣与爱好,有选择地参加某个正式群体。例如,某个青少年热爱文学,他就可能加入文学社、笔友会等;另一青少年对乒乓球有浓厚的兴趣,便成为乒乓球俱乐部的成员。

2. 较强的计划性

青少年热情奔放,乐于尝试,有着巨大的潜力与社会积极性。因此,他常常是完成某种特定任务的生力军。例如,青少年参加志愿团、突击队等,他们的行为大多是针对集体中的某个重大困难,并期望在短期内经过努力获得成功。因此,这种群体有着较强的计划性,会有步骤地攻关。例如,2004年夏天,云南怒江州洪涝灾害严重,怒江州共青团组织把团员、青年组织起来投身抗洪抢险第一线,就体现了较强的计划性。他们迅速成立了领导机构,及时安排部署工作;制定和完善了值班制度,保证工作持续有序进行;积极组织成员抗洪抢险,发挥团员模范带头作用以及党的助手和后备军的作用。

3. 一定的灵活性

青少年社会需要的不断发展,时尚现象层出不穷,活动内容时刻更新,这些决定了青少年正式群体的目的、任务要作相应的变化,特别是要求达到目的的方式方法具有更大的主动性和灵活性。当某个正式群体已不适应青少年新的需要时,他们就有可能退出该群体。例如,工厂或公司经常发生的青年人"跳槽"现象就是这种情况。

4. 不同的可控性

所谓可控性,指的是对群体的引导、控制和监督。青少年正式群体的可控性虽然比非正式群体要高,但比一般正式群体要低,这是因为随着青少年思维的独立性与批判性的发展,他们把同伴群体的规范看得比成人世界的规范更重要,甚至为了遵守同伴群体的规范而故意破坏成人规范,以为这样做才算"英雄"。因此,善于引导、控制与教育青少年正式群体是领导者的领导机智所在。

5. 成分的相近性

在青少年正式群体的成员构成中,性别、年龄、学历、职业、兴趣爱好、文化修养等成分都很相近甚至相同,因为相似导致情感的愉悦和目标的一致。因此,青少年非正式群体与正式群体的相互转化比较容易,也使正式群体具有更大的稳定性和发展前途,成为青少年向往的群体形式。

(三)正式群体的作用

青少年正式群体有多种形式,除家庭外,他们参与的第一个正式群体就是学校,几乎所有的青少年都在学校里度过了最宝贵的青春期,而青少年的学校生活又是在具体的班级中得以体现的。班级是青少年经常在一起学习和生活的整体,是最常见、最重要、时间也最长的青少年正式群体,对青少年的成长具有深刻的影响。因此,此处将重点介绍班级对青少年的积极作用。

班级除了是对青少年进行知识传授和政治思想教育的主要场所外,作为青少年的社会群体,从心理学角度看,它具有三个作用:

1. 青少年社会化的重要机构

班级不仅是社会影响青少年个体与全体进入社会的通道之一,而且在班级内同学们互相影响、情感分享、传输社会信息,从而为青少年提供了社会化的渠道和机会,加快了青少年社会成熟的速度。

2. 青少年人格发展的重要场所

青少年的人格是在各种社会群体活动中得以形成和发展的,健全的群体能在心理上满足青少年的需要,并使其才能和人格得以充分的发展。

3. 对青少年进行社会控制的重要环节

一个健康的班级是有严密组织纪律和遵守社会公认的行为规范的整体,有以正确的舆论为导向的班风。正确的舆论是学生自我教育的重要手段,从各方面影响和熏陶着青少年,使青少年常常不知不觉地产生对集体、对社会的"归属感",感受到群体的压力和社会的要求,在思想和行为上表现出与社会大多数成员的一致性,从而达到社会控制的目的。

可见,通常情况下,青少年的正式群体对青少年的发展一般是起良性作用的,但是一旦这个正式群体本身发展不良,如一个学风不正、歪风邪气盛行的班级,对青少年学生的不良影响也是不言而喻的。

二、小帮派

青少年非正式群体是青少年由于兴趣、爱好和生活等方面的趋同性而结合成的一种群体,是青少年在相互交往过程中形成的。其最主要的特征是、群体的组成没有明文规定和不经过正式审批,没有严格的组织形态,也没有固定的人数,而由青少年根据各自需要,在相互认同的基础上自发自愿组成的。维持非正式群体的最重要的纽带是情感因素。一旦群体成员因某种原因产生情感矛盾,这种非正式群体就会自然解体。小帮派和团伙是青少年期常见的两种非正式群体。

(一) 什么是小帮派

青少年非正式群体有多种形式,其中多以小帮派的形式出现。小帮派也称"朋党"、"小圈子"或"友伴群",一般有三个或更多的成员,他们有相近的信仰(或相同的民族)、年龄相仿、性别相同、社会地位接近,有共同的环境和一些不成文的规则。小帮派常常以友谊为基础,是自愿组成的,而且不受成人及环境的指使与限制。

在一般情况下,青少年小帮派是单一性别的,这种情况在各个国家都基本相同。到青少年中期,小帮派内部也会发生结构性的变化:从以前的同性别小群体发展为接纳异性的群体。因此不能以是否排斥异性加入作为辨别小帮派的标准。在青少年中期的时候,小帮派在任何学校背景中都很突出。这些小群体有明显的特征,包括受欢迎性、穿衣打扮、行为和言语的风格等。

(二) 小帮派的特征

青少年小帮派一般具有以下一些特征:

1. 心理倾向的一致性

在小帮派内部,其成员具有相近的心理结构,包括相近的个性心理特征等。

2. 结构的变化性与功能特征的稳定性

由于青少年自身是一个处于成长发展中的群体,小帮派的结构只有中等程度的稳定性,随时有成员的加入或退出;但其主要的功能特征以及彼此的亲密情感联系没有大的变化。

3. 行为的从众性

在以情感、友谊为基础的小帮派中，其成员一般具有较强的群体意识，承受较强的群体压力，自然也会受到群体规范的约束。因此，群体内成员的从众行为更为明显。

4. 核心人物的权威性

小帮派通常有一定的组织层次，有自然形成的"领袖"人物，他们虽然不是由选举产生的，却有较高的威信和影响力。青少年小帮派的同龄现象在很大程度上源于当前的学校制度，学校中的年级、班级划分将他们的交往范围局限在同龄人之中。

（三）小帮派的作用

同龄青少年在相同的社会历史条件下成长，有着共同的心理感受和倾向，他们彼此理解，容易沟通思想、交流情感；青少年具有合群性，强烈渴望归属特定的群体，而且他们情感丰富，彼此容易产生情绪共鸣；面对发展中的矛盾、困惑和压力，他们需要彼此交流解释，确定自我。所以，青少年中普遍存在着各种小帮派。这一特定的群体结构作为青少年的生活背景，对青少年心理的发展产生着重要影响，主要体现在：

1. 发展社会能力和培养亲密感

青少年小帮派通过小范围内个体间的亲密交往，可以积累丰富的人际交往经验，学会并实践许多社会技能，而这些社会技能在成人期的发展中极为重要。朋友间亲密的情感经历还能够为二元的友谊关系、男女间恋爱关系的发展提供一个基础模式。因此，发展社会能力和培养亲密感是小帮派对青少年产生的最重要的心理作用。

拓展阅读

从众行为

从众（conformity）是指个体在群体的压力下改变个人意见而与多数人取得一致认识的行为倾向。从众行为是人类社会普遍存在的一种现象。

根据外显行为是否从众及行为与内在的自我判断是否一致，可以将从众行为分为以下三类。

1. 真从众

这种从众不仅在外显行为上与群体保持一致，内心的看法也认同于群体。日常生活中一部分个性高度依赖、缺乏做决定能力的人对于群体的跟随，就属于内外一致的从众。

与群体相符及真从众，是个人与群体最理想的关系。它不引起个人心理上的任何冲突。

2. 权宜从众

在有些情况下，个人虽然在行为上保持了与群体的一致，但内心却怀疑群体的选择是错误的，真理在自己心中，只是迫于群体的压力，暂时在行为上保持与群体的一致。这种从众，就是权宜从众。在实际生活中，由于种种利害关系，个人在许多情况下，不管内心看法如何，必须保持行为与群体的一致，否则将由于群体制裁而使个人付出太大的代价。

这类从众由于外显行为同内心观点不相一致，个人处于认知不协调的状态。如果群体压力始终存在，而个人既无法脱离群体又必须从众时，个人心理上的调整会趋向于改变自身的态度，与群体取得意见上的一致，或者是将自己的行为合理化，找出新的理由，来弥补观点与行为之间的距离，使认识系统实现协调状态。之所以一个人在一个群体内时间长了，最终观点与群体取得一致，原因正是如此。

3. 不从众

不从众的情况有两类：一类是内心倾向虽与群体一致，但由于某种特殊需要，行动上不能表现出与群体的一致。例如，在群体中，由于某种原因而群情激愤时，作为群体的领导者，情感上虽认同于群体，但行动上却需要保持理智，不能用自己的行动鼓励群体的破坏性行动而逞一时之快。这是表内不一致的假不从众情况。另一类不从众是内心观点与群体不一致，行动上也不从众，这是表里一致的真不从众情况。通常情况下，只有在群体对个人缺乏吸引力，因而个人在行动时不需要考虑与群体的一致性时才出现。

2. 满足青少年的多种心理需要

小帮派作为一种同伴群体，可以同时满足青少年的许多心理需要——归属感、安全感、自我同一性、自尊等。比如，很多在家庭中得不到幸福的青少年往往更喜欢加入小帮派，以求得情感上的补偿和慰藉；加入小帮派的青少年也比没有加入任何小帮派的青少年在遇到问题和解决问题的过程中更有自信和安全感。

3. 有助于青少年形成开朗的性格和乐观的生活态度

小帮派内部存在较强的情感联系，青少年在遇到问题时可以获得情感上的支持,有时是直接的帮助。群体成员之间可以相互交流,疏导不良情绪,克服暂时的困难,并通过各种各样的群体活动(比如一起打球、爬山、跳舞等),使得群体内的青少年更容易形成开朗的性格和乐观的生活态度。

拓展阅读

青少年群体与个体的互动效应

从社会群体的角度而言,青少年的社会群体与个体互相促动,这种群体与个体之间的互动效应主要有以下几种:

1. 认同效应。认同的基本意义是群体(或个体)把自己和对象(另外的群体或个体)"视为等同"、"完全一样",进而形成心理上和行为上的无差异。

2. 促进效应。青少年在群体中的行为反应会因他人在场而受到显著影响,在群体中,他会努力去塑造一个自我形象,以便给别人留下深刻的印象。由于青少年的人格、自我、行为方式都还没有最后定型,他又希望得到别人的赞扬和重视,因此他常常接受群体的影响,去做群体希望做的事。另外,青少年尽管喜欢创新,却不愿给人以多变不常的印象。因此,群体中他人的在场,往往会使青少年积极按照群体的行为准则行事。

3. 从众效应。青少年在群体中还常常因为受到群体的压力而在知觉、判断、信仰或行为上与群体中的多数人趋于一致,产生从众效应。这是因为青少年尽管喜欢独立自主,但抗拒群体压力的心理承受力较小,经验也还不足,因此常常向群体压力妥协,产生从众行为。从众行为还可使青少年获得一种安全感,与众人保持一致可减少与众人的对立和矛盾,还可以减少内心的苦恼和避免尴尬;与众人的差异则意味着自己必须面对一些困难,独立承担责任,这是许多青少年所不希望的。

资料来源:刘慧晏,1998

三、团伙

在青少年期,除了小帮派之外,还有一种更为松散的非正式同伴群体组织,即所谓的团伙。

(一) 什么是团伙

团伙比小帮派要大,其组成仅以名声为基础。在小团伙中,成员不一定经历共同的环境,甚至不一定待在一起,甚至有些团伙成员之间互不相识。团伙并不是基于友谊关系或共同的活动建立的,是由于外界对某些个体具有相似的看法(认为他们有某些共同的态度或活动)而形成的。青少年的亲密朋友大多来自同一小帮派,却可能隶属于不同的团伙。由于团伙的规模更大、成员更分散,因此,团伙往往有更大范围的社会交往和社会活动。

(二) 团伙的作用

团伙并非小帮派的简单集合,二者有着全然不同的发展功能:

1. 更为广泛的社会化交往使青少年得以利用一个新的巨大的信息来源

这些信息包括人生观、价值观、可供考虑的选择、性别角色、学业潜能等;青少年还可以很方便地利用一个无需依从的支持网,由此获得工具性支持,满足归属等心理需要。

2. 团伙是青少年自我同一性发展的源泉

这是团伙这一群体结构最为重要的作用。团伙构建的基础是成员共同的声誉。早期青少年尚未形成有关自我的完整统一认识,团伙是其认识自己的重要背景。隶属特定群体,青少年最初对自己的认识就是来自他人的看法,他人眼中的自己就是"自己"。同时,青少年个体还以团伙共同的规范、标准来要求自己,久而久之,这些内容就内化为自我概念的一部分。团伙还可能影响到成员对自己的感受,假如所认同的团伙在某一特定社会环境中具有相对较高的地位,成员的自尊水平也相应较高。青少年将团伙视为一个参照系统,积极主动地建构自我;团伙压力在一定程度上也强制他们"塑造""自我"。

青少年同伴交往

前面我们已经知道了青少年同伴关系的特点、功能及其影响因素，并且重点了解了青少年的同伴群体情况。青少年的同伴关系对于青少年的社会适应有重要影响，如何建立良好的同伴关系，也即如何进行适当而有效的同伴交往，就成为青少年阶段一个重要的发展课题。本节将从青少年同伴交往中的障碍开始谈起，重点介绍一些行之有效的同伴交往技巧和社会技能训练方法，以帮助青少年更好地建立同伴关系。

一、同伴交往障碍

同伴交往障碍是人际交往障碍的一种，顾名思义，就是指个体在同伴之间，由于各种因素的影响而造成的交往困难或交往不顺利。

（一）青少年同伴交往障碍的现状调查

2001年2月，魏宏聚对郑州市6所初中18个教学班1000余名初中生进行了同伴交往状况调查。收回的1082份有效问卷中，男生占48.6%，女生占51.4%。结果发现，在所有被调查的初一学生中，74.8%的学生交往良好，有25.2%的学生人际交往一般或困难；初二人际交往良好的学生为67.2%，有32.8%的学生同伴交往一般或困难；初三人际交往良好的学生为79.4%，有20.6%的学生同伴交往一般或困难。初中三个年级约1/4的学生交往一般或存在问题，说明初中生同伴交往的现状不容乐观。

广州市教育局于2004年公布的《广州市学生体质健康监测结果报告》显示，广州市2003年对5810例城乡中小学生同步进行心理健康调查，结果发现，中小学生中心理健康不良检出率为3.80%；其中比较突出的心理健康问题表现为人际交往障碍、自责及恐怖倾向等。

也有一些研究者针对特殊群体的青少年同伴交往障碍现状做过调查，比如独生子女、农村留守儿童和青少年等。其中，一项对农村留守初中生的研究发现，留守初中生同伴交往障碍的现状比较严峻，主要表现在：同伴数量少、同伴交往圈子小、同伴结构单一、对同伴交往很困惑、缺乏交往技巧（如与同伴不能和谐相处、不能处理与同伴之间的矛盾等)、爱独处、不能发展正常的同伴关系(如结交社会团伙、异性交往障碍)等。

尽管对青少年同伴交往障碍的现状还缺乏系统的调查,但已有研究提示,青少年的同伴交往确实存在着较多问题。

(二)青少年同伴交往障碍的特点

魏宏聚(2001)以郑州市初中生为例,对青少年的同伴交往障碍进行了统计分析,归纳出的初中生同伴交往障碍主要有如下几个特点:

1. 青少年异性同伴交往障碍问题突出

该调查表明,在回答"你是否不知道与异性同学相处如何适可而止"这一问题时,54.3%的初中生作了肯定回答。其中,有13.9%的初中生存在严重困扰。

而且,初中生异性交往障碍还表现出两个极端:一是异性关系中的"缺氧"状态——过分独处,不与异性同伴来往;一是异性关系中的"醉氧"状态——频繁与异性同伴交往,影响了学业。

2. 初中生同伴交往障碍存在着年级和性别差异

该调查发现,初一年级中有同伴交往障碍的学生为6.8%,初二年级中有同伴交往障碍的学生为12.1%,初三年级中有同伴交往障碍的学生为5.4%。初一学生同伴交往障碍发生率较低,初二为最高峰,初三发生率下降到最低。初中阶段同伴交往障碍的发展总趋势为一个倒"U"型。

而且初中三个年级女生同伴交往障碍发生率均高于男生。以上结果可参见图8-1。

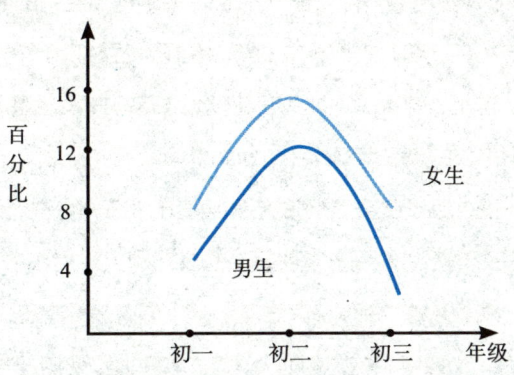

图8-1 初中生同伴交往障碍的年级与性别差异

3. 初中生同伴交往障碍与学习成绩呈正相关

该调查发现，有同伴交往障碍的学生，学业成绩一般不良，成绩中下等的占80%。他们要么性格孤僻，谁见谁躲，没人愿意与其交往；要么惹是生非，同学们谁见谁怕，属于"双差生"，即成绩差、纪律差。正如有研究者所指出的："同伴关系与学业成绩之间具有依从关系，学业成绩的好坏与同伴关系好坏是相互影响的。"

4. 发生同伴交往障碍的初中生自我认知存在严重偏差

同伴交往的认知是指对自己与同伴关系的认识和判断。它包括认识自己在同学关系结构中的地位、判断自己同伴关系的好坏等。建立和发展良好的同伴关系，首先必须依赖于对自我同伴关系的正确认知，而同伴关系的认知错误，将会导致同伴关系的进一步恶化。在检出有交往障碍的学生中，有一半以上的学生不认为自己与同伴的交往有困难。

5. 发生同伴交往障碍的初中生具有较强的交友动机，但交往比较被动

在这次调查中有一道题为："你渴望交朋友吗？"被检出有同伴交往障碍的初中生中，78.1%的学生回答"渴望"或"非常渴望"。但是，这些有较强同伴交往动机的学生在与同伴交往时却显得比较被动。他们往往因种种原因而不敢与同伴交往，不能在同伴交往中占主动地位。比如，这些学生中有81.3%的人回答"和生人见面感觉不自然"，93.1%的人"担心别人对自己有什么印象"等。

拓展阅读

中学调查显示：三分之二的学生人际交往有问题

"我们不是那童年了，不再拥有那平静的午后，不再有那空闲的时间。我们只剩下作业的正确率、考试的分数，还有大人世界中的勾心斗角、互相攻击……"正在批改学生随笔的一位语文老师读到这里，惊呆了。她实在难以想象这样一段话竟然出自一个初二学生的手笔，更难以想象十来岁的孩子与同伴在"勾心斗角"。

这位老师随后在班里进行了调查，得到的结果再度出人意料。说起随笔的作者小城（化名），许多同学有一肚子牢骚："谁会攻击他呀，他攻击别人还差不多。""他气量可小了，看到别人分数比他高，就假装想看标准答案去借试卷，实际上是想在别人试卷上找错误。"……老师终于恍然大悟，小城所说的"勾心斗角"，实际上是他自己不够有气度，难以与同伴正常交往造成的，而他误将一切的原因推到同学身上。

昨天，记者从杭州朝晖中学心理辅导站了解到，该辅导室在今年共接待来访学生66人次，其中有46人次反映的是人际交往的困惑，尤其是同伴交往方面的问题，俨然已成为中学生成长过程中的障碍之一。

"现在存在同伴交往问题的学生不止小城一个。"该校心理辅导老师告诉记者，"上学期，曾有班主任建议一个非常爱哭的男孩来辅导站，据说他在班里动不动就哭鼻子，有时一天能哭七八回。不知道的人还以为他被欺负了，我和他聊了几回才发现，他常为了芝麻绿豆的小事和同学闹矛盾，不管谁对谁错，只要别人不顺着他，他就哭。"原来是人际交往问题，心理辅导老师对症下药，让爱哭的男生将哭的原因都记录下来，每周都回顾一遍。这让男生有了重新审视自己的机会，终于发现了问题所在，开始在心理辅导老师的建议下尝试与同伴重新建立友谊，哭鼻子的次数自然而然地下降了。

虽然止住了那个男生的哭声，可是，如今的学生在与同伴交往方面越来越困惑，却是不容回避的问题。该校3位心理辅导老师认为，首先，这是现在的孩子在各种文化冲击下，提前社会化而产生的一种现象，他们在人际交往方面出现成熟化趋向；其次，在当前独生子女占多数的学生中，自私是较为普遍的一种心理，使得他们在与同学交往过程中，往往不顾他人利益和需求，引起同学的不满和反感，而课业负担与激烈的学习竞争也使部分学生无暇顾及他人，有好的学习经验或者复习资料都不愿与人分享，甚至在参加劳动时与同伴斤斤计较。

想要扭转这种趋势，显然要多管齐下。以该校为例，自2007学年起，就在七、八年级开设了心理健康教育课，注重人际交往技巧的辅导，以便帮助学生提高同伴交往的技巧；同时举办感恩教育月等一系列的活动，潜移默化地让学生学会感恩，培养宽广的胸怀，学会宽容待人。

资料来源：浙江在线

(三) 青少年同伴交往障碍的主要原因

归纳起来，青少年的同伴交往障碍主要源于一些不良心理，这些不良心理主要体现为：

1. 认知障碍

由于社会阅历有限，青少年不能够全面接触社会，认知上容易片面。同时，他们常以理想的自我来确定择友标准，一旦与理想不符，就容易造成同伴交往障碍。

2. 情感障碍

人与人之间的交往常由感情而萌发，情感成分是人际交往的重要部分，青少年由于感情丰富、变化快，有时对人对事过于敏感和不够客观，重一时而不重全面，因而使得同伴交往缺乏稳定性，容易导致各种障碍。

3. 人格障碍

一般而言，性格内向的青少年不大容易交到朋友，活泼外向的青少年总是三五成群地结伴而行。有些青少年人格不健全，动不动发火、生气、脾气暴躁、态度生硬，对人充满敌意，或者自我陶醉、自我中心。另外，有些青少年表现为自私自利、苛求于人、为人不正派、不尊重他人等，这些都较易引发人际冲突。嫉妒、自卑、自傲、猜疑、孤僻等是引发同伴交往障碍的重要原因。

4. 能力障碍

现实中，不少青少年缺乏交往的经验，尤其是成功的经验，他们想关心人，但又不知从何做起；想赞美人，可怎么也开不了口或词不达意；交友的愿望强烈，却总感到没有机会。如此等等，阻碍了中学生交往的顺利进行。

当然，这些障碍或问题并不是彼此孤立的，而往往是相互交错、相互影响的。这些障碍在不同的交往过程中，会对青少年的同伴交往产生重大的不良影响。

二、同伴交往技巧

青少年处于迅速发展时期，他们渴望友谊，渴望建立良好的同伴关系，也渴望被同伴群体接纳和欢迎。但是，如上所述，青少年由于缺乏交往技巧，有时难免会出现这样那样的同伴交往问题或者障碍。因此，教给他们一些必要的同伴交往技巧，指导他们建立正常、健康的同伴关系非常重要。那么，青少年应该怎样与同伴进行恰当的交往呢？

(一) 青少年同伴交往的原则

1. 平等尊重的原则

平等相待、尊重他人是同伴交往的第一要素。每个人都是一个独立的个体，都有自己的长处和短处，都有自己独特的兴趣和爱好，青少年要想建立良好的同伴关系，必须学会尊重同伴，求同存异，否则很难被同伴接受，更不会受同伴欢迎。比如，见到比较胖的同伴就直呼"胖子",这是对同伴的极大不尊重,势必遭到同伴的排斥。

2. 真实诚恳的原则

青少年基本都是在校学生,同伴交往更多发生在同学之间,在校园里,每天都和同学进行大量的交流,有学习上的相互切磋,有生活中的相互帮助,更有心灵的相互沟通,这都需要用真诚去维系。缺乏真诚的友谊不会长久,缺乏真诚的心灵不会受到同伴的欢迎。

3. 理解宽容的原则

同伴之间的交往需要相互理解、宽容待人,因为金无足赤、人无完人,每个人都会犯错误,每个人都有失败、沮丧和失望的时候。青少年如果学会理解同伴的处境,能够设身处地地为同伴着想,学会换位思考并怀有一颗宽容的心,就一定会建立起良好的同伴关系。

4. 互惠互利的原则

同伴交往是一种双向行为,只有单方获得好处的同伴交往是不能长久的。对于青少年来说,这种互惠互利更多是情感上的和精神上的,不能单方面付出和奉献,而应该双方受益、共同收获、共同成长。这样的同伴关系才能持久、健康地发展。

5. 诚实守信的原则

同伴交往离不开信用。信用是指一个人诚实、不欺、信守诺言。古人有"一言既出、驷马难追"的格言,现在有以诚实为本的原则,不要轻易许诺,一旦许诺,就要设法实现,以免失信于人。同伴、朋友之间,应该诚实守信,言必信、行必果,才能取得别人的信赖。

(二) 青少年同伴交往的技巧

除了上述一些必备的交往原则外,还有一些比较具体的同伴交往技巧需要青少年注意:

1. 不要自我中心

青少年的自我意识都比较强,尤其是现在的青少年,独生子女比较多,在家受到父母的宠爱,个人意识比较强。如果把这种模式带到学校,带到同伴交往中,事事以自我为中心,不考虑对方的需要和感受,这样的青少年往往是不会受到同伴欢迎的。学习成绩比较优秀的学生也要注意有意识地避免和克服自我中心。

2. 学会倾听和分享

"患难见真情"这句话并不一定要你付出怎样的努力才能见证，有时候你只要耐下心来倾听就可以了。当同学、朋友遇到挫折或苦闷、压抑时，他需要一个发泄情感的对象，如果你能够真诚、耐心地倾听他的诉说，就是对他莫大的理解和支持。在倾听过程中，不时插上一两句真诚的安慰，引导他走出烦恼与不快的泥淖，他会觉得你这样的朋友才是真正的朋友。同样，如果同学、朋友之间有高兴的事，也要学会相互分享，一起高兴、一起祝贺。

3. 多参加集体活动，主动与同伴交往

很多同伴关系是在集体活动中建立起来的，尤其是同伴群体的接纳。青少年要想得到更多同伴的欢迎，得到更多同伴群体的接纳，需要积极主动地参与一些集体活动，比如宿舍的同学周末相约去爬山，你因为怕累而拒绝同行，这样不利于同伴关系的和谐。还有，在正式群体如班级中多参与一些活动，这样会提升你的地位和影响力，对于青少年同伴关系尤其是同伴群体的建立是很有帮助的。

4. 注意调整交往方式

有些青少年会根据自己的喜好进行同伴交往，比如兴趣不一致的同伴不交往、不喜欢的或者看不惯的同伴也不交往。这种交往方式很不成熟，势必导致交往圈子狭小，而且不容易得到更多同伴群体的接受。青少年应该注意调整自己的交往方式，本着相互尊重、求同存异的原则与更多的同伴交往，建立起广泛的同伴关系。

5. 理智把握交往的度

我国有句极富哲理的古话："物极必反。"生活中，任何过了头的东西都会走向它的反面。同伴间的交往也如此。长时间不交往，亲密的同伴关系可能会疏远，但交往过密，也容易出现裂痕，比如吵架、闹矛盾，甚至好朋友分手、同伴群体解体等。因此，同伴交往还要把握适当的"度"，才能使同伴关系健康发展。

6. 学会拒绝，大胆说"不"

要好的同伴之间，尤其是朋友之间，常有事相托，这是正常的。但是，有时同伴相托相求的事超出你的原则范围和客观现实，比如有的同学想抄你的作业或试卷，甚至有的同伴鼓动你去做一些违法乱纪的事（如请你去帮他"教训"某人），面对这种情况，要学会拒绝，果断地说"不"；当同伴对你做错误引导，比如邀你抽烟、喝酒时，也要学会拒绝。此外，青少年还可以反过来劝说同伴，引导同伴的健康发展。如

果劝说无效,甚至发现所属的同伴群体出现异常,还要果断脱离不良的同伴关系。

三、社会技能训练

对于大多数青少年,以上关于同伴交往的原则与技巧无疑具有重要的指导意义,然而,对于那些缺乏社会技能从而导致不良同伴关系的青少年而言,社会技能训练也是必要的。

(一) 社会技能训练的背景与含义

大量研究已经发现,同伴关系不良将导致儿童、青少年短期或长期的社会适应问题。随之而来的问题是:为什么有些儿童、青少年受到同伴普遍欢迎并拥有很多朋友,而有些儿童、青少年却被同伴普遍拒绝,甚至没有朋友?同伴关系障碍产生的原因是什么?为什么同样是同伴关系不良的儿童,有些后来表现出社会适应困难,而有些则没有受到明显的影响?不同类型的同伴关系障碍与不同类型的社会适应问题间有何联系?怎样对同伴关系不良的儿童实施干预,以利于他们的发展?研究者围绕这些问题展开的研究,加深了人们对同伴关系实质的理解,也促进了又一新兴领域——社会技能训练研究的蓬勃发展。

社会技能训练旨在通过干预方案的实施,帮助同伴关系不良的儿童、青少年掌握与同伴交往所必需的知识和技能,从而改进其同伴关系。显然,社会技能训练的对象是同伴关系不良的儿童、青少年。这一领域的早期研究可以追溯到上个世纪三四十年代,然而,在二战和战后的一段时间内研究几乎中断。20世纪60年代末,随着人们对同伴关系的重视,社会技能训练方面的研究也逐渐增多。

现在,社会技能训练理论的基本假设是"技能缺失假设"。这一假设的要点是:

- 许多儿童、青少年因为缺乏人际交往的基本技能而体验到同伴关系困难;
- 社会技能是能够习得的,儿童、青少年可以从干预中学习社会技能;
- 儿童、青少年从训练中获得的社会技能可以推广到同伴群体中,并指导其解决同伴关系问题。

由于同伴关系障碍出现的原因主要在于儿童、青少年的认知、情感和行为存在偏差或障碍,关于社会技能训练的研究和实践大多也是从这三个方面着手。这里需要指出的是,尽管社会技能训练的研究和实践最初主要针对儿童,但它对于因缺乏社会技能而导致同伴关系不良的青少年同样适用。

(二) 社会技能训练的方法

针对同伴关系不良的青少年认知、情感和行为上的偏差，我们可以借鉴如下几种社会技能训练的具体方法：

1. 行为塑造法

这种方法就是当缺乏社会技能的青少年偶尔表现出令人满意的社会行为时，教育者及时地给予物质或精神的强化（对于青少年来说，精神上的鼓励和肯定更重要）。例如，当缺乏社交技能的青少年偶尔主动和别人交往或主动参加某一群体活动时，我们就用微笑、鼓励和赞赏等积极方式来肯定这种行为，青少年可以由此树立同伴交往的信心，逐渐巩固这种行为。

2. 榜样引导法

这种方法就是鼓励青少年观察成人或同伴展示的某种社会行为让他们学习。青少年观察的榜样可以是现实中的成人或同伴，也可以是文学作品、影视剧中的成功人士，青少年还可以通过观摩有关社会技能训练讲座和视频等，逐渐学会一些社会技能并将其运用到现实生活中去。

3. 角色扮演法

这种方法就是让青少年在特定的情境中扮演某种社会角色，从而学习并履行该角色。这种方法可以使青少年认清角色的理想模型，了解社会对角色的期望和自己应尽的角色义务，从而有助于他们改变态度和行为，最终达到改善同伴关系的目的。

4. 系统训练法

这种方法就是将社会技能训练分为若干步骤，并依次实施。主要包括如下步骤：

- 让青少年学习有关同伴交往的新的原则和概念（如合作、参与等）。
- 帮助青少年将原则和概念转化为可操作的特殊的行为技能（如某种亲社会行为）。
- 在同伴交往活动中树立新的目标（如交到新朋友）。
- 促使已获得的行为保持或在新情境中应用。
- 增强儿童、青少年与同伴交往的自信心。

总之，鉴于青少年的同伴关系对于青少年的未来成长和发展具有重要意义，本节希望通过上述同伴交往技巧的指导和社会技能的训练，帮助每一个青少年建立起健康、和谐的同伴关系。

本章关键词

同伴关系　　同伴群体　　正式群体　　小帮派　　团伙
同伴交往　　同伴交往障碍　　社交技能训练

本章小结

了解青少年的同伴关系可以预测其未来的社会适应状况。本章首先介绍了青少年的同伴关系概况，包括青少年同伴关系的类型、功能和影响因素等；在此基础之上，分析阐述了青少年在群体水平上的同伴关系——同伴群体，包括正式群体和非正式群体的特点和作用；最后，鉴于青少年同伴关系的重要性和同伴关系障碍的现状，本章从实用的角度介绍了一些同伴交往的原则、技巧以及社会技能训练的具体方法，希望对青少年建立同伴关系有所指导和帮助。

问题和练习

1. 青少年同伴关系有哪些类型？它们对青少年的发展有何作用？
2. 影响青少年同伴关系的因素有哪些？
3. 青少年的同伴群体有哪几类？青少年小帮派有何特征及作用？
4. 青少年同伴交往易出现的障碍是什么？青少年应如何更好地与同伴交往？
5. 结合自身实际谈谈本章的学习对你有何启发。

第 9 章

青少年性意识与性别角色的发展

学习目标

通过学习本章,你应该能够:

- 掌握青少年性别角色发展的理论观点
- 掌握青少年心理发展的性别差异
- 理解青少年期个体异性交往的作用及交往中常见的心理和行为问题
- 了解青春期个体的性心理与性行为问题
- 掌握青春期教育的原则与内容

人类性心理发展最主要的特征就是性意识的发展。性意识是关于性的心理因素的总称，一般是指对性的认识、理解、体验与态度，包括对性知识的好奇心、对异性及与异性交往的看法、获得异性的爱情以及对满足性要求的强烈愿望等。关于性意识的发展，许多心理学家做过大量研究，已经揭示出了性意识发展的一些基本模式。

青少年性别角色的发展和性别差异

性别角色是指社会大众视为能够代表男性或女性的典型行为与态度,是文化根据性别为其成员规划的行为蓝本,即男性应扮演哪些角色、女性应扮演哪些角色的一些成文或不成文的规定,它们包括与性别有关的行为和性别刻板印象。人类行为的性别差异和性别角色发展受到生物学因素和社会因素交互作用的影响。

一、青少年性别角色发展的理论观点

性别角色发展是儿童青少年社会化发展中的一个重要方面。长期以来,关于个体性别角色的发展及其成因这一问题,倍受发展心理学家、社会心理学家等的关注。不同研究者从各自角度对个体性别角色的形成和发展进行了研究,并提出了不同的理论解释。

(一)精神分析理论

弗洛伊德对性别角色及其差异进行了研究,认为性别角色的获得与发展在于潜意识中恋母情结及恋父情结所产生的防卫性认同的结果。男性及女性的认同过程是不同的,男孩认同的发生是恋母情结的结果。男孩对母亲有强烈的占有欲,但害怕父亲的强大,进而产生阉割恐惧。于是,男孩开始认同自己的父亲以解决和消除恋母情结,并获得自己的性别角色,发展出男性化特点。在认同的过程中,男孩继承了作为父亲所具有的特征和品质,而女孩对于母亲的认同则是恋父情结的结果。女孩为了获得父亲的爱,不得不去模仿母亲的角色,因而获得了女性性别角色,并发展出女性化特点。加德纳(Gardner, 1978)指出这种同性父母认同的结果是:儿童青少年不仅采纳了认同对象的行为,同时也接受了认同对象的价值、态度、意见及标签;在以后的生活中,他们将选择自己在此时期所接纳的性别角色(转引自夏小燕,2007)。

新弗洛伊德学派的学者进一步修正了早期的精神分析理论,他们一般认为,在人格的发展过程中,社会比本能的、生物的力量更重要。比如,乔德鲁(Chodorow, 1978)认为,男女不平等的原因在于孩子和母亲关系的早期经验。婴儿对自己的性别并没有初始的认知,而母亲却清楚地知道孩子的性别,并区别对待男孩和女孩。当孩

子开始发展自我感觉的时候,女孩认同了母亲获得女子气,此时男孩用了更多的时间拒绝母亲的女子气而发展了男子气(转引自张文新,2002)。

总之,精神分析理论重视生物学因素在性别角色获得过程中所起的作用,但其忽略了社会文化、环境因素的影响,同时也并未涉及儿童自我认知的过程,使之对性别角色的解释偏向"天生的",致使对于性别角色发展的解释明显不足。

(二)生物进化论

生物论者认为,基因及生物的程序对性别角色的发展有所影响。莱恩(Lynn,1974)认为,基因在性别差异上起着重要的作用,表现在如下方面:一是基因在其他任何环境因素尚未发生任何影响时,就已开始展现影响力;二是基因的影响力普遍存在于各文化团体中;三是基因的影响可以在类人猿中获得证实;四是基因与男、女所分泌的荷尔蒙有关(转引自夏小燕,2007)。此外,进化论者认为每一种物种的成员与生俱来有一些"生物决定"的特质与行为,这些特质与行为来自于进化及生物适应的结果。1993年,弗里登(Freedan)依此提出性别角色的认同与发展是两性间行为差异的遗传结果。由于两性间存在明显的生物上的性差别,一些学者据此提出一种假设,即行为是由天生的程序所引导的,如女性养育子女,男性倾向于探索与攻击,这些行为是为了能让物种生存,以确保个体基因的传递。

生物进化论强调个体早期生理发展的关键性及对儿童性别角色发展的重要影响,但明显忽略了后天因素的影响力,也未能说明性别分化的社会化过程,因而招致诸多批评。

(三)认知发展理论

认知发展理论主要包括柯尔伯格的观点和性别图式理论。

1. 柯尔伯格的理论

柯尔伯格的基本观点源于皮亚杰的认知发展理论,他是最早把皮亚杰的认知发展理论用于性别角色研究的。他强调性别认知在性别角色发展中的作用,认为儿童只有首先形成关于其性别的认知结构之后,才会表现出性别化行为。柯尔伯格相信所有儿童性别角色的发展经过三个阶段。第一阶段为基本性别认同:大约在3岁左右,儿童能进行性别的自我分类而正确标示他/她的性别。第二阶段为性别稳定性:

在此时期的儿童能够认识到男孩长大后成为男人,而女孩长大后会成为女人,性别是固定的特质。第三阶段为性别恒常性:在6~7岁时,儿童能够明白个人的性别不会随着时间的改变而改变,也不会因为衣着、动作的变化而变化。性别恒常性的获得是性别角色发展过程中的一个里程碑,当儿童发展到这一阶段时,就能够依据性别范畴自发地对有关性别的信息进行分类。与此同时,儿童积极寻找适合自己性别的特征,模仿并主动表现出与自己性别角色相联系的行为、态度和价值观念。

青少年的认知发展水平达到了形式运算阶段,形式运算思维的抽象性和逻辑性等特征使青少年能够对自我进行分析,反思自己的行为方式所具有的性别色彩。青春期的个体也开始关注生活方式和职业的选择,他们能够意识到不同的职业和生活方式背后所隐藏的性别本质,对自己曾经及要承担的性别角色进行反思,重新确定自己的性别态度。

总之,柯尔伯格认为,儿童是先有性别认同,而后才获得性别角色的。但是,柯尔伯格的性别角色认知发展理论与生活中儿童的实际发展年龄有所差异,产生不能解释之处。柯尔伯格的理论解释了3~7岁儿童性别角色的发展,但一些研究显示,儿童选择适合性别的玩具或活动早在两岁时就出现了。

2. 性别图式理论

图式理论的基本单元是图式,其假设是儿童和成人都有关于性别的图式,这些图式直接影响个体的行为和思维。研究者指出性别图式是一种后天获得的认知图式,它是发展中的儿童、青少年在学习他/她所处的社会文化定义的那种男性/女性的过程中形成的。性别图式理论认为,儿童在早期即开始发展男孩或女孩的图式时,这些图式来自两个因素:第一,儿童具有天生对来自环境中的信息进行组织分类的倾向;第二,社会文化提供了区分性别的线索,如服饰、名字、职业等,使得性别区分得到确认。当儿童采用属于男孩或女孩的图式后,这些图式就逐渐影响他们的性别角色。

具体说来,图式发生影响的机制可能是:第一,性别图式引导行为,性别图式影响儿童评价输入的信息是否适宜自己的性别而调整自我行为,如男孩踢足球,女孩玩芭比娃娃;第二,性别图式组织信息,促使儿童更加注意某类信息,如女孩可能更注意广告中芭比娃娃的最新动态,男孩可能更注意足球的赛况;第三,性别图式的推论功能,性别图式可能会引导儿童做某些推论,如牙医应该是男孩,而在家里照顾孩子的应该是女孩。

有很多研究支持性别图式理论，但它们也同样遭受到一些批评。批评者认为，性别图式理论未能将情境因素考虑进去，同时性别认同是多维度的，很难只用单一的方法来了解它。

(四) 社会学习论

社会学习理论的基础是行为主义。早期的行为主义者米歇尔认为，性别角色只是行为上的性别差异，其行为学习的机制同其他的社会行为一样，即直接强化学习，男孩女孩的行为由强化或惩罚而形成。该理论认为，在儿童早期的某些行为中，可能共有男性和女性的特点，但是只有符合自身性别的角色才会得到正强化，而那些从社会眼光看不符合儿童自身性别的行为会不断减弱或消灭。例如，女孩子帮助母亲做家务被看成是懂事的行为得到他人的表扬，而男孩子则可能因此被看成是没出息，这样就强化了女性应该做家务这样的性别角色。班杜拉的认知社会学习理论则承认内部心理过程的重要性，认为强化和惩罚不会自动生效，其效果是通过期待的建立而发生的。他非常强调间接学习，即对他人行为的观察和模仿，并且认为个体的注意、记忆、动机变量等因素影响观察和模仿的结果。儿童青少年可以通过观察同性楷模，如父母、手足、教师或是同伴而习得适当的性别行为。在两性角色的学习过程中，个体往往模仿与自己同性别的成人，很少模仿异性成人。班杜拉认为，儿童、青少年特别注意同性的楷模有两个主要原因：第一，模仿与自己同性的父母或手足时常得到强化；第二，能知觉到同性楷模与自己的相似性，因而使自己更注意同性楷模的行为。同时，青少年对生活以及电视、电影中榜样人物的观察学习和模仿也是其获得性别角色的重要机制。

社会学习理论强调行为受情境制约，同一个体在不同情境中会有很不同的行为表现，如一个儿童可能在家很有攻击性，而在幼儿园攻击行为则很少，这也是学习的结果。总之，行为主义和社会学习理论家把性别角色当作一套行为反应，男性和女性的行为由强化和惩罚形成，性别角色的基础是社会环境而非遗传因素，如果学习条件变化了，行为也可很快变化。

(五) 群体社会化理论

这是目前关于儿童、青少年性别角色发展研究的较新的观点。该理论认为，家庭对儿童的性别角色影响并不大，角色发展中起重要作用的是同伴群体。群体社会化理论的倡导者哈瑞斯（Harris, 1995）认为，同伴群体在青春期以前主要以性别为分类标准，即分为男孩群体与女孩群体（转引自张文新, 2002）。群体内存在同化和异化两种影响：同化即一致性趋向，在家庭之外，儿童总是在言谈、穿着、行为方面极力与同性别的孩子一致；儿童群体奉行多数人认同的规则，如果群体中某一成员与其他人行为不一致，就会受到排斥，直到他改变自己的行为，这就是异化作用。同化和异化两种影响同时存在，使处于不同性别群体中的男孩和女孩形成了对比鲜明的性别角色和同伴文化。群体社会化理论得到了一些研究的支持。一项元分析研究发现，父母对待儿子和女儿的态度并无显著性差异，以"双性化"方式教养孩子并不减少孩子具有性别特征的行为和态度。群体社会化理论预测，当另一性别不在场时，性别分化的行为会减少。另外一项研究证明了男孩在场对女孩行为的影响：女孩单独玩球时表现得很有竞争性，在男孩加入后，女孩的行为发生了很大变化，她们显得比较害羞而且没有竞争性。

以上理论对性别角色获得的解释侧重点各有不同，分别关注了生物、心理、社会因素及其相互作用的影响，但都有各自的局限性。目前，有关性别角色发展的观点，一方面强调模仿和观察学习是性别角色学习的重要途径；另一方面也认识到男性化和女性化不是单维的，它们不是截然相反的两极，因而很多理论更关注"双性化"、性别超越和摆脱传统的社会要求的性别行为和态度的现象。

二、青少年性别角色的发展特点和阶段

（一）青少年性别角色的发展特点

青少年早期个体会经历很多身体的和社会性的变化，同时，"第二次性别"的诞生也使青少年对自己的性别角色进行重新界定。青少年期性别角色发展的中心任务是获得性别角色同一性。在这一时期，他们需要确定自己要承担的角色，把对自己是个什么样的人与在别人眼中自己是什么样的人的不同认识统一起来，并对儿童期所形成的各种同一性成分进行整合，寻求个人的连续感和一致感。

在获得性别同一性的过程中，男孩与女孩有着不同的经历。与男孩相比，女孩更容易产生性别角色同一性危机。受到社会大众文化的影响（如男性对理想女性的看法更加女性化），她们心目中理想的女性形象和理想的自我形象有较大差距，是追

求理想的自我还是追求理想的女性形象？青春期的女孩在整合自身性别角色的过程中会面临更多的矛盾和不确定性。但随着社会的发展，人们逐渐给予女性角色更多的自由，同时，相对于男孩，人们更能容忍女孩所表现出的跨性别兴趣和行为，这也许又从某一方面缓解了女孩可能面临的性别角色压力。

（二）青少年性别角色的发展阶段

认知发展理论根据个体在发展过程中不同时期所体现出来的不同发展取向，把6~18岁儿童、青少年的性别角色发展过程划分为三个阶段。后两个阶段概括了青少年性别角色的发展特点。

- 第一阶段：6—8岁，生物取向阶段。此时期，个体所持有的关于男性和女性的各种认识以男女之间身体上存在的生理差异和特征为依据。
- 第二阶段：10—12岁，社会取向阶段。这一时期，个体对男性和女性所持有的各种性别角色概念以社会文化要求和社会角色的期待为依据，个体通过学习社会公认和赞许的关于男女行为的各种准则和规范来获得对男性和女性的认知。
- 第三阶段：14—18岁，心理取向阶段。个体所持有的性别角色概念不再是以社会准则和规范为唯一根据，而是以男女各自具有的内在心理品质为主要依据。在此阶段，性别角色不再以生理性状和社会角色为主要内容，而是以个体在心理上所表现出的性别特征为核心。

青少年对性别角色的认知大多处于第二个阶段，很少有人能真正达到第三个阶段的标准。也就是说，青少年对性别角色的认识多数还是社会取向的，他们对性别角色的认识是在对社会文化的不断学习和各种社会教化因素的影响下获得的。其中，社会大众传媒对青少年性别角色的获得发挥了重要作用。

但近年来，传统性别角色对个体发展的限制日益受到抨击。当前国际性别教育中流行的教育理念——双性化教育——认为过于严格、绝对的性别定型观念会限制儿童、青少年智力和个性全面健康的发展，过于男性化的男孩和过于女性化的女孩，其智力、体力和性格的发展一般较为片面。具体表现为：综合学习成绩不理想，缺乏想象力和创造力，遇到问题时要么缺少主见，要么固执己见，同时难以灵活自如地应付环境。相反，那些兼有温柔、细致等气质的男孩，兼有刚强、勇敢等气质的女孩，却大多智力、体力和性格发展全面，文理科成绩均较好，往往受到老师和同学的喜爱。成年后，兼有"两性之长"的男女在竞争激烈的现代社会里，往往更能占据优势地位。随着社会的迅速发展，日益激烈的竞争使得双性化教育日益迫切。社会发展要求越来越多的两性不能再囿于单性化的束缚，而应该具有双性化人格。所以"双性化"是角色发展顺应新时代的必然趋势，进行双性化教育也势在必行。

拓展阅读

双性化与双性化教育

传统的性别角色是两极分化的，男性特质（如独立、竞争、成就动机强）与女性特质（如依赖、温柔、家庭定向）互不相容。双性化是指个体同时具有理想的男性化特征和理想的女性化特征。双性化的个体可以是自信而又温柔的男性，也可以是富于支配性而又善解人意的女性。双性化教育要求教育者不要有性别偏见或性别刻板观念，不用性别去规范儿童的心理和行为，凡是理想化的特征和行为模式任何性别的儿童都应有机会获得。

三、青少年心理发展的性别差异

两性在生理特征、行为方式以及心理现象的某些方面表现出不同的特征，这在心理学上常常被称为性别差异。性别差异既有生理上的原因，也有社会环境的影响。在人生发展的不同阶段，性别差异的方面也不尽相同。有些差异从出生到死亡一直存在，如生理上的差异，有些差异直到青春期才出现，而有些差异在青春期以后就会逐渐消失。因此，青少年期是性别差异最为集中、趋向显著的时期。

（一）认知方面的性别差异

一般认为，男女智力的总体水平大致相等，但男性智力分布的离散程度比女性更大。男女智力的这种分布差异在中学以后的学业成绩上反映较为显著。国内外的一些调查结论大致相同：无论是中学还是大学，学习成绩优异的和学习成绩较差的，男生均多于女生。同时，男女生的智力结构存在差异，具有各自的优势领域。这具体表现在以下方面：

1. 视觉/空间能力

视觉/空间能力是一种具有复杂结构成分的能力。在因素分析的基础上，研究者一般认为视空能力包含三个因素：空间知觉、心理旋转和空间想象。研究发现，在空间想象任务中,两性之间不存在性别差异,但在空间知觉和心理旋转方面男性的表现优于女性。对婴儿感觉的研究表明,不同性别的婴儿感觉的灵敏性发展不同。女婴的听觉和触觉发展更快,而男婴的空间感觉发展更快,这在某种程度上揭示出男女确实"天生有别"。男性在空间能力上的优势早期就已经有所体现,而且贯穿生命全程。

2. 数学能力

已有的大量研究表明,在童年中期以前,男女儿童的数学能力还没有表现出明显差异,但从青少年期开始,男孩数学能力的平均水平开始高于女孩,尤其是在数学推理方面。与男生相比,女孩在计算技能上略胜一筹,但是男孩掌握更多的数学问题解决策略,因而能够在复杂的几何问题和数学考试中表现出优势。由于数学推理能力是以空间知觉能力为基础的,男性在空间能力上的优势可能迁移到了数学方面。

3. 言语能力

一般说来,女孩的口语发展比男孩早,在言语流畅性以及读、写、拼,特别是词汇和言语创造性等方面均占优势,这种优势在青少年期表现得更加明显。但同时男孩在言语理解、语言推理等方面又比女孩强。关于性别与学科成绩的相关研究显示,女生的语文和英语成绩显著高于男生。

4. 认知风格

认知风格是指个体在加工信息(包括接受、存储、转化、提取和使用信息)时的心理倾向。场独立型与场依存型是两种普遍存在的认知方式,是由威特金研究知觉问题时发现的。他根据一个人从复杂的背景图形中寻找简单目标图形的能力差异,将其归属为场独立型或场依存型的不同类别。场独立型是指很容易地将一个知觉目标从它的背景中分离出来的能力;相反,场依存型是指在将一个知觉目标从它的背景中分离出来时感到困难的知觉特点。场独立型的人对事物的知觉和判断不易受外来因素的影响和干扰,常根据自己的内部参照,独立进行分析判断;场依存型的人较多地依赖外在参照知觉事物,或者难以摆脱环境因素的影响和干扰。在典型的认知风格测验中,女性更多地表现出场依存型倾向,而男性则是场独立型的。男女两性在认知风格上的差异从青少年期开始表现出来,许多证实男性空间能力优于女性的研究都能说明男女具有不同的认知方式。

当然,男女间的差异是就平均水平而言的,有许多女性在数学方面比男性强,与之类似,也有很多男性的语言技能优于女性。男女间的差异有生物学上的原因,但更与两性生存的社会环境及社会化过程有关。令人欣慰的是,男女间的性别差异正在逐步缩小。美国国家教育统计中心的统计数字显示,学习各种数学或科学课程的女孩比例已经接近或超过男孩,而且她们在考试中的平均得分仅比男孩低一个百分点。

5. 成就和成就动机

一般而言,在小学和初中前半阶段,作为一个群体,女生的学习成绩优于男生;在初中后半阶段及以后,男生的学习成绩则略优于女生;进入工作领域以后,男性所取得的成就则明显高于女性。两性间的成就差异在某种程度上是由其成就动机的差异造成的。成就动机的差异可能不在于水平差异,而在于种类差异。研究者已区分了三种成就动机因素:一是工作动机,即希望能努力学习并从事一份好的工作;二是熟练动机,即希望达到优秀的水平;三是竞争动机,即希望打败别人。研究发现,女性的工作动机高于男性,而男性的熟练和竞争动机强于女性。另有研究表明,在竞争的情况下,女性的成就动机不如男生强烈。

青少年男女在成就动机方面的差异,可能是由于社会文化和性别角色作用引起的。我们大多数的文化是以男性为主的,社会要求男性要"出人头地",对有成就的男性赞赏有加,但对女性的要求往往是附属性的,如"温柔、体贴",如果女性事业有成,则被视为"另类"女人。这使得许多有望成功的女性"望成功而却步",把精力更多地投入到或准备投入到家庭方面。另外,社会给予男女的机会、权利也存在差异,而这些也会夸大男女间真实的微小差异。

(二) 个性与社会性方面的性别差异

1. 自我系统

研究表明,青少年的自我概念和自尊存在性别差异。男孩在数学和身体技能方面的自我概念得分高于女孩;女孩在阅读方面的自我概念得分高于男孩。从儿童早期到青春期,总体来看,男性的自尊趋于增高,女性的自尊趋于降低。女孩的自尊到青春期后比男孩下降的幅度大。女青少年的自尊随年龄增长日益低于男性,这也影响了她们获得成功和取得成就的比例。例如,有关大学生自信心的研究表明,男性比女性更具有自信心。

2. 攻击性

男女性别差异中最为突出的社会性表现莫过于攻击性的不同。男女在攻击性上的差异从学龄前期就已开始出现并持续一生。大约从2岁时开始，男孩的身体攻击和言语攻击就多于女孩，而且，男孩比女孩实施程度更为严重的攻击，在小学高年级和中学，打架斗殴、寻衅滋事者多为男孩。但女孩也可能以更为隐蔽的方式实施对他人的间接攻击，如忽视他人、破坏他人的人际关系等。攻击的严重程度到了青少年期进一步扩大。司法领域的相关报告则表明，少年法庭中罪犯的性别差异至少增加到青春期以前的数倍。

3. 品德

一般认为，男女生在品德上并没有量的差异，但有些研究表明男女在品德方面可能有质的不同。吉利根（Gilligan, 1993）曾指出，女性强调人际关系与责任，侧重宽恕与关爱。男性则普遍关注正义，侧重原则与权利（转引自肖巍，1996）。这表明男女生在品德类型方面可能存在差异。

4. 同伴关系

青少年的同伴关系主要表现为两种类型：同伴群体关系和友谊关系。这两种关系中都存在着一定的性别差异。

青少年同伴群体的性别差异主要表现在三个方面。首先，与男生群体相比，女生群体更具有结构性，女孩与同伴群体的联系比男孩更紧密，倾向于两三个人交朋友，形成亲密并排外的关系，而男孩的活动则集中在更大的群体中。其次，女生群体的支配等级不如男生群体那样明显。处于支配地位的男生经常使用身体接触、身体威胁以及言语训斥来显示自己的社会地位，而女孩领导者则通过肯定或排斥的方式来表达她们的社会地位。最后，同伴群体对男女生的发展作用不同。同伴群体有助于男生学会合作，并参与无法单独完成的大量活动或冒险行为，而同伴群体则有助于女生发展理想的人际交往技能和对人际关系的敏感性。

在友谊关系方面，女孩更倾向于维持特定的人际关系，女孩间的友谊也有着更强的排他性。她们有更强的爱和关怀的冲动，容易动感情，同时也更害怕失去爱并为此而焦虑和嫉妒。另外，有研究表明，男生和女生在最亲密友伴的相似性方面有性别差异，男生与他们的最亲密友伴在消极方面的相似性更多，女生则与亲密友伴有更多积极特点的相似性。

5. 亲子关系

与儿童相比，青少年亲子关系的亲密性会发生一定程度的变化。张文新等人（2002）的研究表明，我国的男青少年与其父母的冲突高于女青少年，而且与母亲的亲合程度也低于女青少年，这表明进入青春期的女孩与父母亲有着更为和谐、融洽的关系。这可能因为对男孩来说，青春期的到来意味着发展独立、自主和自立，是一个脱离父母实现自我潜能和自我奋斗的时期；而对女孩来说，这一时期的发展意味着更多地与别人建立联系，一方面她们会与同伴形成亲密关系，另一方面她们会维持与父母现有的关系。

青少年性意识的发展与异性交往

一、青少年性意识的发展阶段

从严格意义上讲，青春期以前的儿童是没有性意识的，随着青春期的临近，个体对性征的暴露已经有了羞耻感，并知道对异性性征部位的接近或侵犯是不妥的行为，这标志着个体性意识的萌芽。青春期是性意识觉醒的关键时期，性意识的发展成为青春期个体发展的重要内容。美国心理学家赫洛克（Hurlock）把青春期性意识的发展分为四个时期（转引自刘海燕等，1999）：

（一）疏远异性的性厌恶期

第二性征的出现使进入青春期的青少年明显地意识到性别与两性之间的区别和联系，对异性的看法发生了一种难以言状的微妙变化。一方面，生理驱力的涌动促使他们开始关心和爱慕异性同学；另一方面，由于教育和社会道德的约束，他们又会努力抑制自己的情感需求。于是，对异性的强烈关心和亲近的愿望，会以一种疏远异性的方式扭曲地表现出来，这在少女身上表现得尤为明显，她们往往对异性采取回避甚至冷淡和粗暴的态度。

（二）向往年长异性的牛犊恋期

在青春发育中期，由于生理的进一步成熟，青少年产生了包括对自己性别角色在内的许多关于性的疑惑和茫然。为了减轻心理紧张，男女青少年常常会像小牛恋母似的倾慕于所向往的年长异性的一举一动，他们对异性的爱慕是从比自己年长得多的异性开始的。"牛犊恋期"的表现一般只是默默地向往异性，而不会爆发出来成为真正的追求和恋爱。

（三）接近异性的狂热期

到青春发育后期，随着性发育的渐趋成熟，青少年常对与自己年龄相当的异性产生兴趣，并希望有机会接触异性，在各种集体活动中，男女青少年都想方设法引起异性对自己的注意，尽量创造机会与自己中意的异性接近，但由于他们身心还处于发育过程中，心理与情感尚不稳定，男女之间的兴趣和爱慕具有较大的不确定性。他们关注每一个同龄异性，也认为似乎每一个异性都在关注自己。同时，由于交往双方理想主义成分太高，以自我为中心的意识太强，所以冲突较多，接近的对象也会经常变换。

（四）青春后期的浪漫恋爱期

浪漫恋爱的显著标志是爱情集中于一个异性，对其他异性的关心明显地减少了。这一时期，青少年男女都喜欢与自己选择的对象在一起，如想方设法单独约会、不愿参加集体性的社会活动等。他们与自己爱慕的对象在工作、学习中互相帮助，生活中互相体贴、照顾，憧憬婚后的美满生活，并开始为组织未来的家庭做准备。这一时期是青春期性意识发展相对成熟的阶段，也是青春发育期性意识发展的必然结果，是从接近异性狂热期的基础上发展而来的，但又与其有着本质区别。严格地讲，只有从这个阶段起，青少年才可能产生和形成真正的爱情。

经过以上阶段的发展，青少年经历了对性的生理机能、性别角色和性的社会心理意义更深刻的探索和体验，逐步确立了健康积极的性意识。然而，由于家庭、学校教育及各种文化环境的影响与制约，进入青春期的个体在性心理发展水平上并不平衡，各种发展的滞后与矛盾，使许多青少年依然处于性心理的困惑和问题冲突中。

二、青少年期的异性交往

性意识的萌发与觉醒是青少年心理发展的重要特征之一，而向往与异性交往是此时期性意识发展的一个重要方面。儿童、青少年的心理社会发展一般会经历三个阶段：

- 第一阶段是**自我社交性时期**。在此阶段，儿童的主要愉悦和满足来自自身，学龄前早期属于此阶段。
- 第二阶段是**同质社交性时期**。在此阶段，儿童的愉悦和满足主要来自同性别朋友的友谊和陪伴，小学时期大致属于此阶段。
- 第三阶段是**异质社交性时期**。从初中开始，一直延续到成年。在此阶段，人的主要愉悦和满足来自多方面的交往，包括同性友谊和异性友谊。能不能与异性形成一种密切的关系相当重要。

从以上三个阶段来看，异性交往是青少年发展异质社交性的必由之路，而对于青春期个体的成长与发展来说，异性交往也具有很大的推动和促进作用。

有人讲了这样一件事情：某中学组织学生外出野餐时让男女生分桌进餐，结果男生个个狼吞虎咽，风卷残云，把食物一扫而光，而女生也嬉笑吵闹，餐桌上同样杯盘狼藉。过了一段时间，老师又组织学生出去玩了一次，这次安排男女生同桌进餐。结果情形大不相同：男生个个彬彬有礼，大有绅士风度；女生则个个细嚼慢咽，温文尔雅，餐后地面保持得非常整洁。同一班学生，前后表现为何大相径庭呢？其实，这就是男女学生交往中"异性效应"的结果。现实生活中，少男少女同异性在一起学习、工作和游戏，会产生一种难以言表的愉悦感。其实不仅是青少年，就是成年人，包括中老年人，也有类似的体验，只是程度不同而已。

拓展阅读

异性效应

当有异性共同参加同一活动时，异性间心理接近的需要就得到了满足，这往往使参加者心情舒畅，团体气氛活跃，效率高，并能够激发参与者内在的积极性和创造力。同时，异性交往还有一个奇特的功能，就是可以抑制某些同学的不良行为，克服消极情绪，改善自身形象，培养良好的个性和行为习惯。

（一）青少年异性交往的作用

国内外研究结果表明，适当的异性交往有利于增进对异性的了解，丰富自身的情感体验，扩大生活交往的范围，增强与人沟通的社会交往能力，异性同学之间在学习上互相取长补短，有利于学生身心健康，促进其人格的正常发展。具体说来，异性交往对青少年成长与发展的积极作用主要表现在以下方面：

1. 促进青少年同一感的发展

艾里克森认为，青少年阶段的关键任务是发展同一感。异性交往有利于青少年建立清晰的自我感知，在与同龄人相互作用的过程中，他们不仅简单地拥有一个自我概念，而是拥有多个不同的自我概念，它们分别是在与一般的同伴群体、亲密朋友和异性同伴之间的相互作用中形成的。异性交往和自我概念能够影响个体的自我价值感。吴晶等人（2002）对城市高中生的调查研究表明，在班级中受欢迎的学生自信心明显高于不受欢迎的学生。另外，异性交往对青少年的自我表现、道德价值、合法的同一感选择、职业准备以及一系列社会角色比如性别角色的发展都有很大影响。

2. 增进青少年的心理健康

异性交往可以满足青少年的心理需求，从而使其达到心理平衡，而缺乏异性交往则会导致适应不良，引起性心理扭曲、性变态等问题。在独生子女较多的今天，正常的异性交往更加能够弥补儿童、青少年成长过程中缺乏异性交往经验而带来的一系列问题。研究者还认为，异性交往有利于青少年个性的完善，因为异性交往能否成功，常常反映出一个人个性品质的优劣。青少年在交往中能够自觉地发现性格弱点，并以对方为参照加以改善，从而使自己的个性更加完善。尤其是在青春期，通过异性交往，男生可以从女生那里感觉到娴静、温柔，从而克服自己的粗野，女生可以从男生的坚毅、果敢中消除自己的娇气与做作。

3. 增进青少年间的友谊，为日后获得成熟爱情奠定基础

健康的异性交往，扩大了青少年的交友范围，使他们友谊的发展不再仅仅局限于同性同学的狭小圈子；同时，青少年通过异性交往，从对方身上学到的优点又能够迁移到他们与同性同学的交往过程中。因此，异性交往对于发展青少年友谊的广度和深度都有十分重要的作用。另外，从长远眼光来看，通过与异性同学的交往，青少年能够积累与异性合理交往的经验，并逐渐学会进行比较与鉴别，掌握友谊与爱情的区别，从而更稳妥地把握自己的情感，为将来择偶和构建完满的婚姻生活做好准备。

（二）青少年异性交往中的心理和行为问题

青少年虽然对异性之间交往的愿望日益强烈，但由于缺乏与异性交往的心理准备和相应的经验与技巧，难免会产生一些心理和行为问题。王磊、张大均（2002）在调查研究的基础上把这些问题概括为以下几个方面：

- **交友观不正确**。部分青少年以有异性朋友为荣,借以炫耀能力,互相攀比;
- **超越友谊界限**。青少年渴望异性的友谊,但往往分不清友谊和爱情的关系。如果两名异性同学过于频繁地单独交往,这时的异性关系容易超越普通交往的界限而过早萌发出对异性的情爱。一旦出现早恋现象,就会整日沉湎于对爱情的幻想之中,影响学业。既降低学习效率又影响自己对其他活动和交往的兴趣;
- **交往方式不当**,随意性交往和隐蔽性交往增多。青少年交往中往往随意性较强,交往对象良莠不齐。同时,一些青少年为了逃避家长教师的干涉和监督,与异性同学的交往带有"地下隐蔽性",而且经常到校外的公共场合进行交往;
- **择友标准不正确**。大多数青少年以学习好、能力强、思想品质好为择友时考虑的主要因素,但也有一部分青少年在择友时以"讲义气"、"出手大方"、"漂亮"、"有钱"等为标准;
- **"一对一"的异性交往带来的困扰**。在与同学的交往过程中,难免出现较为亲密、频繁的"一对一"的异性交往,这种交往即使是正常的交往,也会容易招来周围同学、老师、家长的猜疑和议论,对交往带来压力和困扰;
- **爱情错觉的困扰**。有的青少年因受到对方言谈举止的迷惑,或自己主观体验的影响而错误地涉入爱河,或自以为某个异性对自己有意而产生"被爱"的错觉,并因此感到困扰;
- **心相近而形相远的困扰**。由于生理和心理的发育,青少年产生强烈的异性交往愿望,但由于缺乏与异性交往的技巧,不安和害羞使部分青少年以反向的方式来表达自己对异性的关注,从而出现特殊的"心相近而形相远"现象;
- **拒绝异性交往或异性交往困难**。有些青少年由于以往的生活经历造成了对异性的偏见,从此回避或拒绝与异性任何形式的接触与交流。

在异性交往日益开放、频繁的情况下,应帮助青少年、教师、家长理解和认识正常异性交往的必要性和可行性,将正常交往带来的益处和不适当交往、不健康交往或回避交往等所带来的弊端区分开来。不应将不恰当交往中出现的问题归咎于正常的异性友谊或异性关系,并由此全盘否定青少年的异性交往。同时也应看到,处于青春期的个体容易在交往中产生两性间的爱慕,又不善于用理智来调节这种情感,从而陷入"早恋"的漩涡,甚至做出越轨行为。因此,我们不主张青少年过早恋爱,他们还没有形成稳定的责任感和相应的责任能力,自身的情绪和情感也不稳定,大多数学生还会因恋爱而影响学习,导致成绩下降甚至学业的失败。所以,要注重对青少年进行人生观、价值观、交友观、友谊观的教育,帮助青少年提高与异性交往的能力和技巧,预防和减少青少年异性交往的心理与行为问题。

拓展阅读

"早恋"及其引导

"早恋"是当代中国本土概念,但并不是一个科学概念,姑且可以这样界定:发生在生活、经济上尚未完全独立,同时距离法定结婚年龄尚有很长一段时间的少年群体里的恋爱行为(杨雄,2005)。在对待早恋问题上,教师和家长不应过分敏感或大力干涉,要为青少年的健康交往积极创造良好环境,同时要引导青少年在交异性朋友时注意几个方面:(1)要分清爱情与友谊两者的界限。(2)由于男女之间的个体差异,因此,异性间不能像同性朋友那样无拘无束,要相互理解、尊重。(3)在与异性交往时,仪表要端庄,举止要得体。

青春期教育

随着青少年性器官的发育成熟,个体开始出现性的欲望和冲动,同时也出现相应的性行为表现形式。当然,这里所说的性行为是就广义而言的,指与性生理和性心理发展有关的一系列表现。

一、青春期的性心理与性行为问题

性心理是指在性生理的基础上,与性征、性欲、性行为有关的心理状况与心理过程,也包括与异性有关的如男女交往、婚恋等心理问题。据调查,青少年期个体的各种性心理现象并非同时出现,而是存在着发展的先后顺序。青少年首先对自身的性发育产生好奇,进而想了解一切与性有关的事情,而后在性欲驱使下产生性冲动,通过性梦、性幻想以及手淫等来释放性欲。广义的性行为既包括两性性器官的结合,也包括手淫、拥抱和接吻等行为,狭义的性行为仅指两性性器官的结合。由于缺乏科学的性知识,青少年在发展过程中经常出现一些性心理与性行为问题。

(一) 性体像焦虑

性体像焦虑主要表现为青少年男女不能正确、客观地认识自己的身体及第二性征。几乎所有的青少年都十分关心与自己性别相关的体形特征，男生希望自己身材魁伟、高大英俊，女生则希望自己体态苗条、妩媚靓丽。一旦自己的身体形态与同龄人有差异，就会使他们为自己体像方面的吸引力而担忧。比如，女孩常对自己的乳房发育不满意，为形体的胖瘦而烦恼，有的青少年甚至由于片面追求苗条而形成体像障碍。有的男生对自己的生殖器不满意，为身材矮小而苦恼。还有的青少年认识不到生长的突增在身体的各个部位并不同时开始，因而产生体像的烦恼。

(二) 性幻想

性幻想是指青少年进入青春期后，对异性产生强烈的爱慕心理，但又不能与其发生性行为，而只能通过大脑进行想象所形成的性活动过程。在这一过程中，男女都可以虚构出自己与任何所爱慕或崇拜的异性进行亲昵、爱抚、接吻、拥抱、性交等情景。性幻想往往伴有相应的情绪活动。有时，这种幻想可导致性兴奋及性器官充血，男性则可能伴有阴茎勃起及射精，或伴有手淫。青春期的性幻想是青少年性成熟过程中的一种正常现象，但若过分沉溺其中的话，可能会带来一些不良心理反应，如注意分散、记忆下降、学习效率降低等。

(三) 性梦

性梦是指男女在睡梦中与异性发生性行为的生理现象。性梦是青年男女在性成熟后所出现的一种正常且较普遍的性现象。一般来说，男性在性梦中的对象可能是自己热恋中的女友，也可能是自己所熟悉或崇拜的女性，并且男性在性梦中常常伴有射精现象的发生，即通常所说的梦遗。女性的性梦过程与男性相比较则有较大差异，梦境中出现的性对象多数不是性幻想中的理想情人，而且女性在性梦中不一定引起性生理的反应。性梦的发生与体内激素水平、性心理有密切关系，作为一种自然发泄，性梦起到一种安全阀的作用，以缓和积累起来的性张力。但若过度沉溺其中，青少年就会从正常的性梦转变成白天想入非非。久而久之，就可能产生实现梦中之事的强烈动机，从而引发一系列问题。

(四) 手淫

手淫是指男女用手或其他工具刺激生殖器官从而获得性快感的一种自慰行为。研究表明,手淫是青春期最典型的性行为活动,有着较高的发生率。据美国著名性科学学者金赛在20世纪40年代对几万人进行调查的资料统计,美国有手淫史的男性占92%~97%,女性占55%~68%。邓明昱等人(1986)对我国10~18岁中小学生的调查显示,手淫的比例随年龄增加而呈现出上升-下降的趋势,男生的峰值在15岁,女生的峰值在13岁(转引自张文新,2002)。牛德金(1991)调查了1259名15~22岁的学生,发现有手淫行为的男生占67.3%,女生占34.3%。可见,手淫在青少年男女中是一种普遍存在的性社会现象,只要不采取极端过度的方式,其行为对人体可以说是没有危害的。但也有研究显示,有过手淫行为的青少年比没有这种行为的青少年有更多的身心症状,出现这种现象的原因并不在手淫本身,而是青少年对手淫的不正确态度(如认为手淫是不道德的、是病态的)与应付方式对身心健康产生了影响。

(五) 遗精恐惧和经期烦恼

遗精是男性生殖腺开始成熟的标志,是一种正常的生理现象,在某种程度上可以缓解人体内的紧张,帮助人们恢复体内的生理平衡。一般说来,男子首次遗精的年龄在14~16岁之间。由于缺乏相应的性知识,不少青少年错误地认为遗精会伤了自己身体的元气,因而一有遗精便感到恐惧、焦虑、苦恼,有的甚至有羞耻和厌恶感。

女性进入青春期的典型标志就是经期来潮。月经虽然是一种正常的生理现象,但由于月经期间大脑皮层的兴奋性下降,会导致身体防御机能的暂时性下降,因此女性在这一时期容易疲劳,抗御风寒的能力也较弱;同时,由于受错误观念的影响,部分女生对月经有厌恶、烦躁、紧张甚至恐惧的不良反应,而这种不良情绪反应会不同程度地影响月经周期,强烈的恶性情绪还会导致痛经和闭经。

(六) 过早性行为和性过错

当前,由于社会不良信息泛滥、性教育缺失等因素,使青少年卷入性行为的现象令人堪忧,特别是女孩未婚先孕、人工流产、感染性病以至艾滋病等现象趋于早龄化,且呈逐年上升的趋势。据一项青少年性行为调查报告显示,青少年性行为具有性活动频繁、性伴侣多以及不采取避孕措施等特征。发生此类行为的青少年一般道德意识模糊，是非观念不明，法制观念淡薄，意志薄弱，自制能力极差，经不起诱惑，往往是一错再错、越陷越深，甚至走上犯罪的道路。

青少年性行为失当，是不被社会、家庭、学校和伦理道德所接受的。对于大部分青少年来说，这种行为发生后，不仅会因观念和认识上的自我矛盾而引起心理困扰，而且还会在一定程度上动摇其对自我的评价和对未来生活的信心。特别是那些未婚先孕的女性青少年，要承担相当大的精神和身体上的痛苦，对其心理健康造成严重的不良影响。

二、青春期教育的原则与内容

青春期教育的目标是青春期个体的性健康。性健康目标即是生理、心理、观念等性的诸方面健康发展的集成。美国性信息与性教育理事会主席玛丽·考尔德伦（Mary Calderone）博士指出："对于性教育，可能特别紧要而有效的时期是14岁以前，尤其是5岁以前，由父母或其他有关人员进行。这一期间所接受的有关'性'的培养和教育，无疑地将决定儿童青少年此后一生有关'性'的种种方面"（许世彤，区英琦，1995）。国内外大量的事实都证明，进行良好的、有针对性的性健康教育可以帮助青少年掌握生活技能、获得知识，以健康、积极的方式度过骚动不安的青春期，从而文明、幸福地生活。

（一）青春期教育的原则

1. 正面启发教育的原则

正面向学生传授有关性生理、性心理、性道德方面的知识，使青少年懂得性行为的道德规范和自我控制的意义。毋庸讳言，目前仍有不少教师对青春期教育抱有各种误解。有的教师认为，性是人的一种本能，可以不用学而做到"无师自通"，讲授性知识反而会激发学生的好奇心，导致性罪错；有的教师虽然赞成性教育，但由于系统的性知识较少，阅历较浅，缺乏经验，处于不知从何下手进行青春期性教育的窘境；少部分教师不肯放下"架子"，不愿与学生亲近，不能接受学生很"成熟"的想法，学生也感到跟这样的老师交往很压抑，不愿跟老师交流和沟通，从而使教师无法了解到学生的真实情况，很难有针对性地做好性教育工作。所以，教师必须注意转变观念，以科学的性知识为依据，懂得并研究学生的身心发展规律，观察并了解学生的具体问题，严肃认真地对学生进行持续的青春期性健康教育。通过正面的青春期教育，可以揭开青少年心目中对性的神秘感，培养青少年具有性心理平衡的自我调适能力，解除性困惑和性烦恼；使青少年具有分析、判断和选择的能力，能够分辨由性而引发的种种问题；当处于一定的情景时，能进行分析并做出正确的判断和选择，从而表现出符合性道德规范和社会性行为准则的行为。通过这种教育还能使青少年正确处理异性交往、友谊和恋爱等问题，从而培养高尚的人格和品德。

2. 适时、适度、适当的原则

青春期性教育的"适时、适度、适当"原则已成为大众的共识。"适时"一方面是指，要根据青少年的生理、心理发展特点，不失时机地进行正面教育和引导，做到先入为主，只要孩子在谈话时涉及性问题，家长、老师都要给予正确回答，不要回避，更不要谈性色变，使性教育在自然而然中适时地进行；另一方面包括，根据当前青少年性心理发展、性生理变化的特点，及时、尽早地进行青春期性教育。不同的年龄段有些内容可以重复，如生殖器官发育、月经、男女交往等问题，但在不同年龄段侧重点不同，深浅程度不同。比如，初中阶段着重谈男女同学间要相互友爱尊重，注意交往的礼节；高中阶段则要谈一谈如何区分友谊与爱情、怎样对待初恋以及婚姻与家庭等问题。

"适度"就是要根据学生年龄特征和承受能力，讲授一些必要的基本性科学知识，要掌握分寸，防止过度，但也不能过于简单和笼统。适度的内涵，首先应体现在教育内容的编排上要适合，要符合青少年身体发育的特征和心理发育特点，符合国情民俗的心理承受能力，遵循可能性和科学性原则。它应以性的科学知识为基础，进行性的心理指导、性的道德教育，必须以学生掌握性生理、了解性功能、平衡自身的性心理、升华自己的道德情感为准绳。另外，"度"的把握还是一门教育艺术，不能统一标准，要因人因时因地而异。

"适当"就是教育方法、教学态度要适当，要做到既亲切又严肃，关心、理解、尊重学生。比如，对一般的性生理、性心理及卫生常识方面的问题，可以男女同学一起学习，有助于消除神秘感和好奇心；月经紊乱、遗精、自慰等问题则适宜分开讲解。除讲课外，也可以举办系列讲座；可以定期有选择地播放录像，也可以出墙报、办专栏；可以就热点问题进行讨论、辩论，也可以请专家开座谈会；可以以电话、书信、谈话等方式个别咨询，也可以推荐适宜的科普读物自学。更重要的是在日常生活工作中，随时发现问题，随时将正确的观念、思想向学生渗透。

3. 学校、家庭、社会教育的三位一体原则

人的一生从婴儿期到老年期，每个时期都有特定的性教育内容和侧重点，如此漫长的性教育任务不是家庭、学校、社会任何一方能完全进行的。从一个人走向成年心理发展的过程和轨迹看，是由家庭到学校、再由学校到社会。所以，性教育首先应从家庭开始，尤其是婴幼儿，父母是他们的第一任性教育老师。学校是性教育的又一个重要阵地。学校有计划地实施性教育要注意和家庭性教育的衔接，在青春期性教育中学校教育起着主导作用。社会的性教育作用会产生广泛而深刻的社会效果，社会性教育的任务一是通过多种渠道、手段正面宣传性教育，二是注意抵制、消除淫秽黄色文化的污染。成功的青春期教育应是学校、家庭、社会密切配合的一致性教育，其中任何不协调和教育脱节都会对青春期教育带来严重的后果。

(二) 青春期教育的内容

青春期教育的开展，不能停留在性知识的传播，还要传递给学生正确的性观念，培养健康的生活方式，建立良好的性道德，教会他们学会选择、学会自控、学会自律、学会自护，使自己的行为符合社会的道德规范。

1. 获得青春期的知识，了解与身体、生殖有关的事情

帮助青少年了解身体的形成概略和主要部分的作用，并进行性生理卫生教育，让学生了解男女生理的变化，在学生知道身体发育、发展中有个别差异和性别差异、加深对男女特性理解的同时，让他们注意发现第二性征，知道女性将会经历"月经"，男性将会经历"遗精"。对于伴着生理成熟而至的欲望，在传授关于大脑机能的初步知识时，要让学生知道欲望和行为的关系，使他们在调节欲望的基础上，尊重自己和他人的生活方式。

2. 男女生之间的健康交往

使青少年发现男女互相都有长处，认识到男女相互认同、互相帮助的重要性。指导学生了解男女各自心理和身体的差异，理解接近异性的意识和欲望是生理发育时期自然发生的事情。此外，还要培养学生对于异性应有的社会态度，让学生知道关于现代社会中男女地位、作用及人际关系的思考方式不是固定的，而是多样的，培养他们具有尊重异性和男女平等的态度和行为。

3. 不受引诱

当前最普遍的不良诱惑来自大众传播媒介中部分低俗的小说、电影、电视、书刊、网站及私下传看的淫秽录像、影碟等。有些诱因在成人看来不算什么，但对青少年来说则有很大的刺激性。所以必须教给青少年鉴别、选择、接收信息的方法，引导他们在纷繁复杂的社会信息中汲取营养，增强抵御不良性刺激的能力。向青少年推荐内容充实、格调高雅、能催人奋进的影视、文艺作品。另外，对于女生还可能存在性侵害的危险，为了防止被引诱或性骚扰，应向青少年学生传授必要的知识与技巧，在日常生活中保持这种防范意识。随着年龄的增长，要使学生在了解男女性心理的基础上，知道性伤害和性罪错产生的原因，引导他们注意交往的分寸，在举动、措辞和着装方面要自尊自爱，学会自我保护和珍惜贞操。

拓展阅读

中华"青春无瑕"宣誓签名网站

"我们是一群来自大学校园的青春女孩，和许多同龄人一样，我们追求无怨无悔的青春，向往纯洁美好的爱情，伊甸园的快乐固然令人神往，然而偷食禁果的轻举妄动却常令爱情的甘泉变成苦涩的泪水，为了更美更纯的爱情，为了更长更久的未来，让我们给自己一个承诺⋯⋯"2004年底，北京和南京高校的几名女大学生建立了中华"青春无瑕"宣誓签名网站，这是首个为"杜绝婚前性行为"开辟的网站，现设在南京。网站以"珍视健康，远离伤害，拒绝婚前性行为；等待真爱，专注学业，倡导良好社会风气"为主旨，发起了一场承诺无瑕的宣言签名活动。网站得到许多青少年的积极响应，也受到社会大众的关注和支持。

4. 性不安与烦恼的消除

在急剧的身体发育和性成熟的亢进中，伴随着自我的发展，青少年对性的不安和烦恼也会增加。因此，要发展学生应对它们的能力：一是性欲望与性行为，让学生知道伴随性的成熟，性欲望将会提高，会出现采取性行动的欲念，还要让他们了解恰当行为的方式；二是人的性特征，让学生知道人的性特征，使他们掌握控制自己的性欲和性行为的能力；三是性与社会，让学生知道现代社会中男女的人际关系及其性角色，理解营造社会生活的人是基本平等的，使他们基于尊重生命尊严和人性的精神，把握社会的性问题，培养正确对待性问题的能力和态度。四是人类的历史与人的性，让学生知道人类自出现到现在，是以各种形式保持与异性的人际关系并生存的，培养他们加深关于性的思考方式的视点；五是关于性的疾病，让学生知道由性行为感染的疾病，使他们理解为了谋求个人的幸福和人类的繁荣，性病预防是重要的。

依据开展青春期教育的原则，家庭、学校和社会应因势利导，利用各种形式对青少年进行性知识、性道德的教育和性心理的正确引导，使他们在良好的社会环境中健康地学习、工作和成长。

本章关键词

性意识　　异性交往　　性别角色　　性别差异　　双性化　　双性化教育
性心理

本章小结

本章首先介绍了青少年性意识的发展阶段，并对青少年期重要的人际交往方式——异性交往的作用及异性交往中可能出现的心理和行为问题——进行了分析。本章的重点是青少年性别角色的发展和性别差异的表现，在这部分，首先介绍了有关儿童、青少年性别角色形成和发展的理论观点，生物进化论、精神分析理论、认知理论、社会学习论和群体社会化理论分别从生物遗传、个体认知及社会教化等视角分析了个体性别角色的获得；随后，对在认知、个性与社会性两大领域中青少年心理发展性别差异的主要表现进行了介绍；最后，对青春期教育的原则与内容进行了探讨和总结。

问题和练习

1. 什么是性别角色？你心目中的男性和女性应具备哪些特点？
2. 社会学习论是如何说明儿童青少年性别角色发展的？它与精神分析理论的区别在哪里？
3. 你能用生活中的例子证明群体社会化理论关于儿童青少年性别角色发展的观点的正误吗？
4. 简述青少年性别角色的发展特点。
5. 谈谈你对性别图式对儿童青少年性别角色发展的影响机制的理解。
6. 青少年心理发展的性别差异表现在哪些方面？
7. 简述青少年性意识的发展阶段。
8. 异性交往对青少年的成长有哪些积极作用？
9. 青少年异性交往中可能会出现哪些心理和行为问题？
10. 青少年在发展过程中经常出现哪些性心理与性行为问题？如何认识这些现象？
11. 开展青春期教育应遵循哪些原则？
12. 青春期教育包括哪些内容？

第 10 章

青少年的心理社会问题

学习目标

通过学习本章,你应该能够:

- 理解心理健康的涵义及其一般标准
- 了解几种具体的青少年心理社会问题并掌握几种有效的应对策略
- 运用所学知识初步分析和解决现实生活中的青少年心理社会问题

> 好的心理是一剂良药,能催人奋进,反之它就是枷锁,使人灭亡。
>
> ——柏拉图

据报道,2007年4月22日,巩义米河镇一13岁女孩突然离家出走,原因竟然是作文写跑题,害怕老师让坐"特殊席"丢人现眼。

17岁的小刚自从上高中以后,由于学习压力大,竞争比较激烈,常说自己好像进入地狱,以至于连30袋小麦也数不清,4月11日到医院一检查,竟然患上了抑郁症。

4月9日,郑州某中学一女生,因为处理不好与母亲的矛盾,在攒足了一瓶安眠药后,准备在一个夜晚了结自己年仅14岁的生命。

2007年2月17日,杭州萧山区发生一起令人震惊的女高中生被害分尸案。被害者阿红,17岁,就读于萧山某高中。因一点小矛盾,阿红与同学阿洁吵架。2月17日那天,怀恨在心的阿洁,纠集其他4人,将阿红骗至阿华家中,用围巾将阿红勒死,并肢解,随后弃尸野外。

近年来,国内外报道的类似事件屡屡发生,我们不仅要问:青少年到底是怎么了?一点点压力就经受不起,一点点挫折就一蹶不振,一点点矛盾就心生杀机。到底是他们的心理承受能力太低还是我们的家长和学校给了他们太多压力?更严重的是,类似上述行为的青少年心理社会问题还有很多。据调查,在17岁以下的儿童、青少年中,大约3000万人受到各种情绪障碍和行为问题的困扰。其中,中小学生心理障碍患病率为21.6%~32.0%,大学生有心理障碍者占16.0%~25.4%,且有上升的趋势。种种心理健康问题又会导致青少年的社会问题,比如离家出走、吸毒、自杀、违法犯罪等。尽管这些数字未必很准确,但其反映的问题却不容忽视。因此,本章将首先介绍心理健康的一般知识和青少年心理健康的现状,然后对几种典型的青少年心理社会问题进行分析,并提出预防和矫治的对策和建议,旨在为青少年健康发展提供指导和参考,从而引导他们走向美丽人生。

心理健康

一、什么是心理健康

以前我们对健康的理解相当狭隘,一说起谁健康谁不健康就理所当然认为是他/她的身体方面、生理方面健康不健康。直到1948年,世界卫生组织(WHO)才在其《世界卫生组织宪章》中对健康进行了重新界定:"健康乃是一种身体的、心理的和社会适应的健全状态,而不只是没有疾病或虚弱表现。"此后,心理健康才被正式视为健康的一部分。1978年,国际初级卫生保健大会发表的《阿拉木图宣言》对健康的涵义又作了重申:"健康不仅仅是疾病与体弱的匿迹,而且是身心健康、社会幸福的完满状态。" 1989年,世界卫生组织进一步提出了21世纪健康的新概念:"健康不仅是没有疾病,而且包括躯体健康、心理健康、社会适应良好和道德健康。"健康的概念被进一步扩大,心理健康成为健康的重要组成部分。

不过,目前关于心理健康的确切含义还没有定论,但我们可以从三个层次上来理解这一概念:

(一) 最低层次

没有心理疾病。也就是说,心理活动没有表现出明显的临床症状,如精神病人的幻听幻视、妄想等。著名心理学影片《美丽心灵》(*A Beautiful Mind*)中的男主角,其主要心理症状就是总是产生幻觉,看到并没有真实发生的追捕、厮打等可怕情境。一个心理健康的人除了没有精神病症状外,也应该没有神经症症状,如抑郁、焦虑、强迫等,同时也不会有其他的身心障碍和人格障碍。比如,令人震惊的马加爵杀人事件就反映出其在心理上尤其是人格上是存在问题的,他至少不是一个心理健康的人。没有心理疾病是心理健康的最低要求。通俗地讲,就是活得心里舒服,虽然生活中也有磕磕碰碰,甚至也有大风大雨,但是,雨过天晴,前面依然是个艳阳天。这就是一个心理健康的人最起码的心理状态和生活态度。

拓展阅读

精神病、神经病、神经症的区别

精神病也叫精神失常,是大脑功能不正常的结果(无器质性病变)。根据现有的资料表明,患者脑内的生物化学过程发生紊乱,由于精神病患者大脑功能失常,所以这些患者的精神活动明显不正常。例如,莫名其妙地自言自语、哭笑无常,有时面壁或对空怒骂,有时衣衫不整,甚至赤身裸体于大庭广众……有程度不等的自知力缺陷,患者往往对自己的精神症状丧失判断力,认为自己的心理与行为是正常的,拒绝治疗。

神经病是神经系统疾病的简称(有器质性病变)。凡是能够损伤和破坏神经系统的各种情况都有可能引起神经系统疾病。例如,头部外伤会引起脑震荡或脑挫裂伤;细菌、真菌和病毒感染会造成各种类型的脑炎或脑膜炎;先天性或遗传性疾病可引起儿童脑发育迟缓;高血压脑动脉硬化可造成脑溢血,等等。

神经症又称神经官能症、心理症或精神神经症,是一组轻度心理障碍的总称。神经症是由心理因素引起的,基本上都是主观感觉方面的不良,没有相应的器质性损害。表现为当事人一般社会适应能力保持正常或影响不大;有良好的自知力,对自己的不适有充分的感受,一般能主动求治。

(二) 中间层次

心理功能健全,社会适应良好。就是一个心理健康的人不仅在内在心理上没有疾病,心理功能(包括知、情、意、行)和人格健全,而且在外在的为人处事上也健康大方,与别人相处和谐融洽,能够较好地适应社会的各种情境和变化。比如,一个没有任何心理疾病的学生却总是与同宿舍的同学处不来,即使调换宿舍问题依然得不到解决,那么这个学生的心理是不能称之为健康的,因为他的人际关系有问题,意味着其社会适应不良,一旦走入社会,这种处理不当的人际关系更可能影响其心理健康状况乃至其生活质量。

(三) 最高层次

自我实现。自我实现是人本主义心理学家马斯洛提出的概念,它意味着一个人不满足于平稳的生活状态,而追求理想的人生境界,他/她要尽最大可能实现自己的潜能,为社会乃至为全人类做出自己最大的贡献。这种自我实现是心理健康的最高层次,也是一个人心理健康的理想状态。像历史上的富兰克林、林肯、爱因斯坦、贝多芬等都是追求自我实现的人。虽然完全的自我实现对于我们来说可能是不现实的,但我们仍应向这个目标努力,因为越接近这一目标,我们的人生便越有意义,我们自身的潜能也就越能得以发挥。

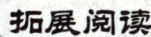
拓展阅读

如何做到自我实现

对于渴求自我实现的人,马斯洛提出了一些建议:

- 把自己的感情出口放宽,莫使心胸像个瓶颈。
- 在任何情境中,都尝试从积极乐观的角度看问题,从长远的利害做决定。
- 对生活环境中的一切,多欣赏,少抱怨;有不如意之处,设法改善;临渊羡鱼,不如退而结网。
- 设定积极而有可行性的生活目标,然后全力以赴求其实现;但却不能期望未来的结果一定不会失败。
- 对是非之争,只要自己认清真理正义之所在,纵使违反众议,也应挺身而出,站在正义的一边，坚持到底。
- 莫使自己的生活僵化，为自己在思想与行动上留一点弹性空间；偶尔放松一下身心，将有助于自己潜能的发挥。

要想成为一名充分发展的人，开阔的心胸、乐观的态度、长远的眼光和进取精神是必不可少的。个人的精力是有限的，若整日纠缠于日常琐事，为一点小事而斤斤计较，只能徒耗时光；生活中不可能一帆风顺，一时的挫折与失意在所难免，若不能乐观地看待，必将迷茫、困惑；无论做什么事都应从长远考虑，只有这样才能摆脱一些不必要的困扰与羁绊；在人生的旅途中，不能有过多的驻足与停留，尽早认清自己的发展方向，通过有效的途径，全力以赴，不达目的誓不罢休。只有这样才能有所成就，才可能真正实现自己的人生价值。

资料来源：中国心理服务网

二、心理健康的标准

（一）一般标准

关于心理健康的标准，不同的人提出了不同的看法，一般而言，比较一致的看法是心理健康有七条标准：

1. 认识正常

认识正常包括两个方面：①智力正常。智力正常是人们正常生活、学习、工作的最基本的心理条件，所以也是心理健康的首要条件。人们常用智力测验中的智商（IQ）表示智力发展的水平。智商在70以下为智力落后，在130以上为优异。心理健康的人应该智力发展正常，智商起码在80以上。②认识活动过程正常。即能够正确反映外部世界，正视现实、接受现实，与客观现实能够保持较好的一致性。

2. 情绪稳定乐观

这也包括两层含义：①情绪稳定。情绪稳定表现出一个人神经中枢系统兴奋与抑制活动处于相对平衡状态，表现为情绪上的适度，如喜不狂、忧不绝、胜不骄、败不馁，也就是日常生活中所说的，保持一种"平常心"。喜怒无常、敏感多疑、患得患失、神经质等情绪多变情况都不是心理健康的表现。②情绪积极乐观。心理健康的人乐观开朗，热爱生活，积极向上，在一般情况下，总能保持满意的良好心境。像林黛玉那样整日悲悲切切、哭哭啼啼，或者像杞人那样整天忧心忡忡都不是心理健康的表现。当然,情绪积极乐观并不意味着没有烦恼和苦闷,没有忧郁和消沉。人生不如意事常十之八九,当遇到挫折和不幸时,心理健康的人也会产生抑郁、低沉的情绪,但是不会被这种情绪彻底控制或击倒,他们能扛过去、挺过来,相信阳光总在风雨后。

3. 意志品质健全

人的意志品质主要有自觉性、坚持性、自制性和果断性。一个心理健康的人应该是自觉的、独立自主的、果断坚强的,有良好的自制力和较强的挫折耐受能力。做事三天打鱼两天晒网、优柔寡断,或者经常控制不住自己的行为、缺乏自制力或自觉性,这些都不是心理健康的表现。比如,网瘾、烟瘾、酗酒等问题行为的形成往往与个人的意志品质有关,意志薄弱者更容易误入歧途,产生问题行为。

4. 行为表现正常

一切心理活动最终都会体现为行为。行为正常与否也是判断一个人心理是否健康的重要标准。行为表现正常应包括如下三种情况:①行为一致。一个心理健康的人,其行为在不同情境中应该具有一定的一致性和一贯性。如果一个人在工作中温文尔雅,在家庭中却粗暴无理,我们只能说他是个伪君子。同样,一个学生在学校里表现很好,是"三好学生",在家里却动辄发脾气、好吃懒做,那么这个学生的心理也是不健康的。②行为与年龄相符。每个年龄阶段都有与之相应的恰当的行为模式。如果一个成人经常要小孩子脾气,缺乏责任感、喜怒无常,或一个儿童"少年老成",过早地表现出成人般的忧虑和苦闷,那都是心理不健康的表现。③行为与"角色"一致。每个人在不同环境中都扮演着不同的角色,其行为表现需要符合这些角色。比如,一个父亲的行为必须符合父亲的角色,一个教师的行为则必须符合教师的角色。四川大地震中的"范跑跑事件"之所以受到那么多责难就是因为人们认为范的行为不符合一个人民教师的角色要求。

5. 人际关系和谐

人际关系和谐是心理健康的一个重要标准。人际关系和谐包括两个方面:一方面必须乐于交往。封闭自我、闭门独处、独来独往的人很少与人交往,根本谈不上人际关系和谐;另一方面,在交往过程中持积极态度,经常体验到积极的情感。心理健康的人在人际交往过程中积极态度总是多于消极态度,他们喜欢与人交往,一般情况下能接纳别人,因此也被他人所接纳。很多心理问题都与人际关系有关。比如,同学相处不融洽容易导致抑郁、焦虑、嫉妒等不良心理问题，师生相处不融洽则容易产生敌对、逆反、厌学等多种问题行为。

6. 人格独立完整

人格是个体在后天社会生活中逐渐形成的相对稳定的、独特的心理特征。培养健全、独立、完整的人格是心理健康教育的终极目标。所谓人格独立完整是指人格各要素的发展协调统一，没有明显的缺陷与偏差；心理活动与行为方式一致；个性品质健全；自我发展良好，等等。

7. 自我意识正确

自我意识是一个人自己对自己的意识。它包括自我认识、自我体验和自我监控。人贵有自知之明。一个心理健康的人首先得了解自我、正确认识自己，既不自高自大，也不自轻自贱。自我体验是对自己的情绪情感体验。一个心理健康的人必须是自信、自尊、自爱的，自傲、自卑都不是心理健康的表现。自我监控则体现在一个人自我意识中的意志和行为方面，包括自我规划、自我调节、自我监督等。心理健康还应表现为对自己的心理、行为有适当的调节和监控。

（二）青少年的心理健康标准

上述七条是心理健康的一般标准，不同年龄阶段的人由于心理活动的特点不同，因此在心理健康的标准上也会有一些差异。对于青少年而言，其身心正处于成长发育期，心理活动不够成熟、稳定，自我和人格的发展还不够独立健全，无论在生理、心理还是社会生活中都会面临某些特殊的问题，更容易引发心理冲突。针对青少年的这些特点，有学者提出如下的心理健康标准（张文新等人，2006）：

- 有正确的自我观念，能了解自我，悦纳自我，能体验自我存在的价值；
- 乐于学习、工作和生活，保持乐观积极的心理状态；
- 善于与同学、老师和亲友保持良好的人际关系，乐于交往，尊重友谊；
- 情绪稳定、乐观，能适度地表达和控制情绪，保持良好的心境状态；
- 保持健全的人格；
- 面对挫折和失败具有较高的承受力，具有正常的自我防御机制；
- 热爱生活、热爱集体，有现实的人生目标和社会责任感；
- 心理特点、行为方式符合年龄特征；

- 能与现实的环境保持良好的接触与适应;
- 有一定的安全感、自信心和自主性,而不是过强的逆反状态。

事实上,上述十条标准与心理健康的七条标准存在很大程度的重合。比如,第一条和第十条都可归结于自我意识正确,第三条可归结于人际关系和谐,第四条是情绪稳定乐观,第五条是人格独立完整,第六条是意志品质健全,第八条是行为正常。只不过根据青少年特有的生理心理特点,对这些标准做了具体化,而且添加了学习、社会适应等与青少年密切相关的标准。

三、青少年的心理健康现状

青少年由于处于人生发展的特殊时期,与其他年龄段的人群相比,更容易引发心理冲突,产生心理问题,加之受当前应试教育模式、社会竞争激烈以及独生子女等一系列因素的影响,心理异常现象时有发生,并呈上升趋势,造成一系列严重后果,状况令人堪忧。通过对一些有关青少年心理健康状况的调查研究进行总结概括,可以发现当前青少年的心理健康状况表现出如下一些特点:

(一) 情绪不良在青少年中比较普遍和突出

目前,青少年一方面由于处于发展的特殊阶段,青春期的困扰容易导致心理问题;另一方面受外在环境影响,比如学业压力、人际关系紧张、恋爱挫折等,情绪适应不良较为严重。各种情绪障碍如抑郁、焦虑等比例较高。中国科学院心理研究所王极盛教授曾针对青少年的情绪不良问题做过一次调查,结果显示,61%以上的学生情绪不良。

(二) 青少年的整体心理健康水平偏低,且呈逐年下降趋势

2006年12月8日,中国儿童中心发布了《中国儿童的生存与发展:数据和分析》报告。报告显示,目前,中国17岁以下少年儿童中,至少有3000万人受到各种情绪障碍和行为问题的困扰。据一项调查显示,20世纪50年代我国青少年中,15岁以上的个体心理障碍发生率只有5‰;70年代上升为7‰;80年代猛然增至12.72‰。另一项调查显示,20世纪80年代中期,我国约有10%的中小学生出现心理问题,90年代上升到25%,近年来则达到30%。北大心理学教授王登峰认为,从总体水平看,在校大学生

出现心理障碍倾向的比例为30%~40%，其中较为严重者占10%。这种逐年上升的心理障碍发生率警示人们，青少年的心理健康水平不仅偏低（发生率占到1/3），而且逐年下降。

(三) 青少年的心理健康问题随年龄增长呈上升趋势

中科院心理研究所2007年的一项全国性调查显示，我国城市青少年的心理健康指数随年龄增长呈下降趋势。初一学生的心理健康水平最佳，初二、初三学生次之，高中学生最低。

尽管由于测量工具的局限性，上述问题中的数据值得商榷，但当前我国青少年的心理健康状况却的确不容乐观。据世界卫生组织估计，2020年以前，全球儿童精神障碍患者还会增长50%，将成为最主要的五个致病、致死和致残的原因之一。根据青少年特有的心理生理特点，他们常见的心理问题主要来自以下几个方面：学习问题，如厌学、考试焦虑等；情绪情感问题，如抑郁、烦恼、自卑等；性心理问题，如早恋、性角色倒错等；由各种心理问题导致的社会问题，如攻击、犯罪、吸毒等。尽管青少年的心理问题和社会问题常常交织在一起，很难严格地分开，但为了表述方便，我们在下面的讨论中将分别进行。此外，限于篇幅，我们仅对其中几种比较典型的问题作些探讨[1]。

青少年的心理问题

一、学习问题

青少年绝大多数都是中学生（也包括部分大学生），其主要任务是学习。尽管国家提倡、要求素质教育已经多年，但是应试教育的影响仍然根深蒂固。在这种环境中学习的青少年学习压力很大，常常出现一些程度不同的学习问题，比如考试焦虑、厌学、学业不良等。

---

[1] 性心理问题已在第9章中论述，在此不再讨论。

(一) 考试焦虑

由于青少年学生的主要任务之一就是学习,考试则是学习中的一个重要环节。由此引起的考试焦虑便成了许多青少年学生及其家长的心头之患。考试焦虑既是学习问题,也是情绪问题,其产生与动机有关。想考好却又担心考不好,就会引起考试焦虑。若对考试及其结果根本不在乎,或者对考试自信十足的学生都很少有考试焦虑。著名的耶基思—多德森定律指出,一个人的动机与其成就水平呈倒"U"字形,即动机太弱或太强都不会取得很高的成就,只有中等水平的动机强度才会有最佳成绩。同样,一个人的考试焦虑与其考试成绩也符合该定律。有考试焦虑并不可怕,一点考试焦虑也没有未必是好事,关键是考试焦虑不能太强。太强的考试焦虑,就变成了一种心理问题,它严重影响青少年学生的学习与生活。

1. 考试焦虑的一般表现

作为一种心理问题的考试焦虑,主要有如下几个方面的表现:

(1) 怯场

所谓怯场,是指应试者由于心理过度紧张,情绪不安,大脑处于兴奋状态,难以控制自己,无法集中注意力,以致有的人会表现出头晕、活动失常等现象,从而无法进行考试。

(2) 丧失信心

在应试中,由于应试者出于被迫参加,或是认为目的达不到,或是在应试过程中预感到成绩不好,就会表现出情绪低落,动机缺乏应有的强度,缺乏意志坚忍性,同样表现为无法集中注意力,以致弃考。这是由于动机过弱和注意力分散所致。在高校招生考试中,如第一科考试试题难度较大,成绩过低,便会对第二科考试中应试者心理带来干扰,表现为消极、没有信心,甚至不能坚持下去。

(3) 外来"刺激"带来的烦恼

在解答试题过程中,应试者要对所学知识经过回忆、联想、知识重现等一系列心理活动。从生理学观点讲,回忆是人脑的一种机能,它是以记忆为基础的,是在试题词语的作用下,暂时神经联系又恢复的过程。突然的外来"刺激"往往容易使"神经联系"中断。强"刺激"还能使原来已知"信息"难以"提取",其结果影响测验进行。在考试中,如有人突然大声喧哗,考场秩序混乱,附近传来噪音等,都是导致强

"刺激"可能产生的因素。

(4) 偶发事项带来的惊慌

在应试者缺乏思维准备的情况下发生的一些事项、事件，会给应试者心理带来干扰，使其惊慌失措，心理紧张，影响正常思维，造成考试成绩下降。例如，地震或火警等突发事件，都会给应试者带来心理变化，即带来惊慌，从而影响正常的考试。

2. 考试焦虑的身心症状

作为一种心理问题的考试焦虑在一个人的身心方面还常常会表现出如下症状：

(1) 生理上的表现。

- 轻度反应：心跳加快，呼吸急促，手脚发冷，颤抖等。
- 中等反应：发烧头痛、腹涨痛、尿频、痉挛等。
- 重度反应：胃溃疡、心血管疾病、晕厥等。

(2) 心理上的表现

认知能力下降；注意力分散，不易集中持久；记忆力下降、再认困难、联想中断、思维混乱、辨认能力下降；情绪不安、多变、低落、失望、抑郁、急躁、发怒等。

(3) 行为上的表现

行为协调性下降，易失控而产生不良行为，如胡乱答卷、匆匆交卷、厌学、逃学等。

考试焦虑是可以防治的，对于一般的、轻微的考试焦虑，在焦虑、紧张产生时或之前进行5分钟左右的深呼吸就很有效；对于中度的考试焦虑，平时的自信训练、考前的放松训练都很有必要。下面简要介绍一下放松训练的程序。

3. 防治考试焦虑

放松训练是防治考试焦虑的常用方法。其一般程序是：以舒服的姿势坐好或躺好，闭上眼睛；环境要安静，光线不要太亮，尽量减少无关刺激；放松的顺序为手臂部、头部、躯干部、腿部。根据需要，也可以适当调整次序。每一部分肌肉放松的步骤是：集中注意——肌肉紧张——保持紧张——解除紧张——肌肉松弛。手臂部的放松，可以按如下指导语进行：伸出你的右手，握紧拳，使劲儿握，就好像要握碎什么东西一样，注意手臂紧张的感觉（集中注意和肌肉紧张）……坚持一下……再坚持一下（保持紧张）……好，放松……现在感到手臂很放松了……（解除紧张和肌肉松弛）。其他依此类推。

对于重度的考试焦虑，系统脱敏法是克服、治疗考试焦虑的一种常见技术。应用时，先将自己焦虑的场景根据导致焦虑水平的高低，从低到高进行排列（参见表10-1）。然后，先想象自己正处于焦虑水平最低的那种场景，当焦虑感产生时，应用放松训练方法加以对抗，反复练习，直到想象这一场景时完全不紧张为止。接下来进行下一场景的想象和放松，一直到最高焦虑程度的场景。

表10-1　一个害怕考试的学生害怕的等级层次

事件	主观焦虑水平
（1）考前一周想到考试时	20
（2）考试前一天晚上想到考试时	25
（3）走在去考场的路上	30
（4）在考场外等候时	50
（5）进入考场	60
（6）第一遍看考试卷子时	70
（7）和其他人一起坐在考场中想着不能不进行的考试时	80

资料来源：张文新，高峰强，司继伟，2006

（二）厌学

厌学是学生对学校生活失去兴趣、产生厌倦情绪、持冷漠态度等心理状态及其在行动中的不良表现方式。据一项对湖南省常德市高二学生的调查显示，目前中学生厌学现象比较严重，"有点讨厌"和"非常讨厌"读书的学生比例超过50%，仅有不到1/3的同学不讨厌读书，而其他的同学选择"不知道"（见图10-1）。

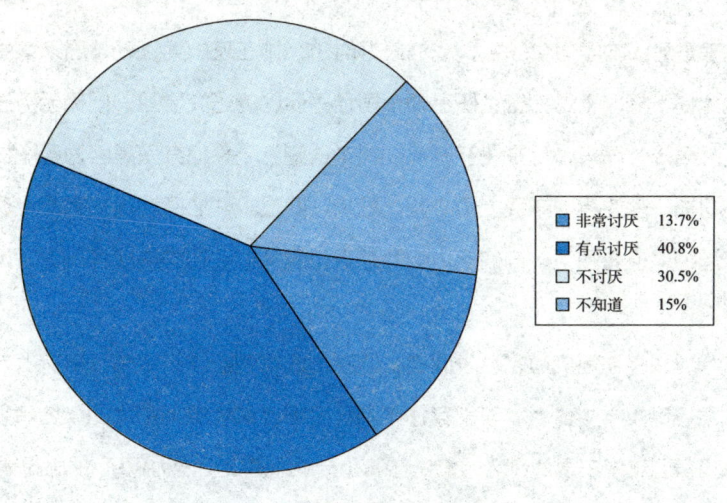

图10-1　中学生讨厌读书的比例

1. 厌学的种类

厌学也有多种类型，一般来说，可分为单一学科厌学、过敏性厌学、潜意识条件性厌学、非过敏性厌学等。

(1) 单一学科厌学

这类厌学只对某一特定学科的学习产生厌烦情绪。往往是由于某些偶然刺激导致消极情绪反射形成的。比如，师生感情冲突、课堂情绪挫折、考试严重失利等不良刺激都可能导致学生对该学科的课堂学习、作业练习等产生厌烦反应，严重者连听到这个学科的名称时都会心情烦躁。

(2) 过敏性厌学

过敏性，即一种在学习情境刺激下产生的下意识的较强烈痛苦的情绪反应行为。有过敏性厌学的学生对上学接触老师、提问、父母唠叨等，常常是过敏的。

过敏性厌学的学生在其所厌烦的学科学习过程中，一般都能体验到极大的过敏性痛苦情绪。多发生于上进心强、学习自觉性高的学生身上，其中又以女生居多。她们一般是那种积极努力学习、急于取得成效的学生。当产生厌学行为后，她们一方面感到很深的恐惧、担忧；另一方面总是逃避对自己厌学学科的学习。同时，恐惧担忧与逃避行为又加深了这种厌学行为的痛苦体验。

拓展阅读

过敏性厌学案例一则

范某本来是班级的学习尖子生，成绩最好时曾经排在班内第二名，后来该生语文成绩莫名其妙地大幅下降。于是，班主任老师一再地督促她的语文学习，但仍无济于事，语文成绩还是一降再降。后来，班主任在一次长谈中得知，原来范某只是因为看不惯语文老师上课爱笑的习惯，就使得她不爱上语文课。后来，她过敏性地厌烦语文老师上课时爱笑的行为，越来越怕这位老师笑，偏偏这位老师越来越爱笑。在初中毕业考试时，她的语文成绩刚刚及格。

范某这种过敏性情绪反应，从表面看，似乎形成得有些过于敏感。事实上，如果深入了解，就会发现这类学生身上一般都存在不同程度的焦虑症或抑郁症的某些特征，并把这种消极情绪投身到某些不易为别人注意的小事上，因而就对这些小事产生焦虑情绪反射。

资料来源：襄攀心理网

(3) 潜意识条件性厌学

从任何一个常规刺激下已形成厌学或恐惧行为的学生，或在整体心理健康、早期经验方面，有某种潜在的其他因素的互相配合，则容易导致严重厌学或恐惧学习行为。那些有早期情绪挫折经验的人，他们的早期情绪挫折经验更容易作为原有情绪经验的固定点，来同化新的情绪挫折，从而形成新的更为严重的心理问题。

拓展阅读

潜意识条件性厌学案例一则

某初中二年级学生，身高体健、性格开朗、精神饱满并情绪乐观。就是这样一个身心健康得让人羡慕的学生，上课从来不能专心听讲，每到自习做作业时，总是连10分钟都坐不住，频频地动来动去，一会儿要上厕所，一会儿要喝水，一会儿摆弄东西，一会儿打扰别人……晚上做作业时，只要一看见书桌上的台灯，便开始感到心慌，感觉两肩沉重，背部酸痛，肩膀总是不停地动来动去。

我们了解了他童年的经历，他两岁开始学习汉字，四岁开始写汉字和算算术，每当妈妈下班回来就先检查作业，一开始还行，总受表扬；后来在出过两次错误之后，妈妈的态度渐渐地严厉起来；再后来，他就不再盼望妈妈下班了，而且每当妈妈训斥他时，他总要上厕所，妈妈说他故意装的。在早期的经历中，妈妈对他学习的过分严厉和苛刻要求使他已经形成恐惧学习的情绪挫折，上学后，他心理障碍逐渐消退。可是，一次偶然，妈妈又到学校来监督他做作业。他早期的情绪挫折被引发，教室环境又成了引发恐惧情绪的新条件刺激物。

资料来源：襄攀心理网

(4) 非过敏性厌学

非过敏性厌学多以心烦为主要体验，但体验不到极端的痛苦。这类学生中有一部分是长期学习落后并比较认同现状的学生；另一类是在经过长期努力之后进步不明显或有所退步、信心不足而情绪低落者。这类厌学是更为常见的一种类型，心理学上所指的厌学、厌学症也常常是指这一类型。有人曾对这类厌学生做了一个操作性的界定，可供我们参考：

- 对各科学习失去兴趣而不愿继续学习的学生,且厌恶学习必须在四科以上者。
- 目前在校学习完全是被动地混日子、等文凭的学生。
- 因不努力而致使学习成绩差又毫不在乎的学生。

造成这类厌学的原因很多。从外因看,有家庭教育和学校教育的失误,如家长期望过高、不当的教育方法、教师态度生硬、社会不良风气的影响等;从内因看,主要有学习目的不明确、学习无兴趣、自制力较差、懒惰、放纵等。

2. 矫治厌学

对于厌学的矫治方法,一方面要靠外部教育环境的改善;另一方面自身的调节和改变也很重要。

对于外部教育环境而言,学校、教师要彻底改变陈旧、呆板的教育思想和教学模式,真正落实素质教育;采用灵活多样的教学方法,激发学生的学习兴趣。家长也要转变观念,认识到条条大道通罗马,既不忽视孩子的学习,也不能把所有希望都寄托在孩子的学习上,不把学习目标绝对化,不把成才标准模式化。家长要多与孩子进行沟通,了解孩子的兴趣爱好,建立起朋友式的亲子关系,变逼迫为引导,变压制为鼓励,给孩子创设一个宽松、和谐、愉快的学习氛围。

对于青少年自身来说,在很多情况下,更需要以自身的积极调节去应对压力。以下建议对矫治和预防厌学会有所帮助:

(1) 充分认识学习的意义

青少年应该认识到学习不仅仅是为了升学就业,更重要的是提高自身素质,增强自己将来的社会竞争力和适应能力。即使在应试教育的背景下,我们也应该认识到,学,终有所用,千万不能书到用时方恨少。常听一些学生尤其是大学生抱怨,学的知识太抽象,根本用不上。其实,心理学研究表明,越是概括性知识,比如原则原理等,对以后的学习就越有范围更广的迁移作用。这种迁移也许我们没有意识到,但它在我们的适应能力里必定有所体现。因此,学习有趣固然很好,但学习尤其是高年级的学习毕竟不是儿童游戏,我们学习也不是为了玩乐,而是为了提升自己的素质和能力。认识到这一点,我们就会明白学海无涯苦作舟的道理,年少时吃点苦又算得了什么呢?

(2) 面对学习上的失败要进行正确的归因

当考试失败或学习成绩下降时,你会怎么想?你是觉得自己太笨、脑子不行,还是努力不够、知识没掌握好？是认为学习内容太难、老师出题太偏，还是运气不好、发挥失常？很多厌学者曾做出过自己太笨、能力不够的归因，其实大多数人的智力水平都是大体相当的。与其因能力问题而灰心丧气，不如相信"笨鸟先飞"的努力法则，何况自己还不是"笨鸟"呢！

(3) 全面评价自我，恢复自尊与自信

尽管学校里依然存在以学习为杠杆的评价体系，但青少年应该学会自我调节，全面评价自我，不以学习为唯一的标准。同理，也不以学习中某一科为标准。很多学习成绩不好的学生可能在别的方面有特长。我们不应因一门两门学科没有学好或者一时的学习成绩下降就否定自己，失去自信；更不应因此厌学、退学，毕竟学习是多方面的，知识只是其中之一。

(4) 扬长避短，重新设计，塑造自我

科学家爱因斯坦曾是一名学习困难者，因此，在他的中小学时代经常因学习不好而遭到歧视，后来转学到另一所中学，学校根据他的视觉型学习特点进行因材施教终使他走出学习困境。对于青少年自身来说，每个人都有自己的学习特点，不仅要借助于外力，也要自己去发现去挖掘，找出适合自己的学习方法，扬长避短，重新塑造自我。

二、情绪情感问题

青少年处于一个特殊时期，生理发育逐渐成熟，而心理发展相对滞后，二者之间的矛盾使他们更容易产生情绪情感方面的问题，比如，烦恼、抑郁、自卑等。此外，从本质上说，青少年的学习问题、人际关系问题等引起的心理问题也常常反映为情绪情感问题。

(一) 烦恼

青春期常被称为"第二次断乳期"或"心理断乳期"，意味着这个时期的青少年独立意识增强，自我意识高涨。因此，他们常常极力渴望摆脱家长、老师的束缚，以一个独立的人来面对生活。可事实上，他们又羽翼未丰，心理不够饱满成熟，渴望飞翔的翅膀容易受伤，加上学业的压力、情感的冲动、人生的困惑等等，青少年的烦恼似乎就格外多见。据调查，在中学生中经常有苦恼袭来的人占71%，被苦恼缠身的占

9.41%。这说明，苦恼现象在当代中学生中是普遍存在的。

1. 青少年的八大烦恼

何谓烦恼？从心理学角度来看，是指个体由于受挫或发生矛盾冲突时而产生的一种心理现象，通常表现为内心紧张、情绪不安和烦躁等。曾有人对青少年的烦恼进行了归纳，认为现在的青少年有八大烦恼：

(1) 与家长沟通困难

代沟是社会发展的产物，是物质和精神的需求与消费水平、消费心理之间的供求矛盾。自己感兴趣的事总得不到家长的支持和理解，在家里没有地位和尊严，经常挨训、挨打；家长总说："小孩子懂什么！这不是你应该做的……那不是你应该拥有的。"整天唠唠叨叨，那边家长唠叨，这边心里说："唉，家长不懂的事多了，还教训我！"

(2) 业余生活枯燥

课外活动、娱乐活动时间少，禁锢多。溜旱冰、泡网吧、听音乐；原来的偶像都不在了，新的偶像层出不穷；迪卡普里奥、小甜甜、后街男孩；追韩流，学F4；演唱会花多少钱都要去……家长总是说这些是不务正业。有那么多可以爽的地方：藏酷、热点、滚石、Day off、芭娜娜，可花钱太多，总觉着没地方High去。

(3) 学习压力大

面临中考、高考的学生，感到课业负担太重，学习、升学压力大，家长标准太高。一模数学70分，全班第一，家长还说低。家—学校—家，学习—考试—学习，努力—挨训—再努力……十几年如一日往复循环，从而造成学习综合征。

(4) 知己的朋友少，社交范围小

原因：独生子女无兄弟姐妹；住楼房，老死不相往来；交友禁锢多，家长看谁都像坏孩子，刮秃瓢染黄毛，不是好东西；回家要复习功课，不让出门。

(5) 没有自我成长环境

想早自立、拥有自己的空间、自由支配自己的条件和权利，但没有独立生活、独立思考、自主解决各类问题的环境。什么都是家长老师说了算，所学专业、就业不遂心愿，前途迷茫。

(6) 老师的观念、所学的教材、教育方法太陈旧，赶不上时代的步伐

计划经济时代的说教在商品经济时代的现实生活中根本行不通，老师像幼儿园阿姨，在老师眼里他们永远是不懂事的孩子，培养不了自我独立、组织能力。

(7) 到青春期不让结交异性朋友

结交异性朋友与早恋、初恋是两回事，更多的是爱慕、暗恋、大哥哥小妹妹式的依恋。从小在家长的说教里，异性是危险的代名词。贴异性偶像，和异性朋友看场电影像做贼似的。

(8) 有烦恼无处倾诉

有了不痛快的事，心里烦闷，不知如何排解。找家长，能把人唠叨出病来；找老师，总讲大道理；找同学：同病相怜，他/她还有一肚子苦水没处倒呢！

天津市安定医院心理诊疗中心（青少年门诊）最近对1800名中、小学生进行的最新问卷调查结果支持了上述归纳。

此次调查出的青少年儿童八大烦恼是：学习成绩不理想，没信心学好（占36.9%）；总也做不完的作业（占34.8%）；家长只知道关心学习成绩，不能理解我们（占32%）；家长总不让我玩，没时间玩（占31%）；只喜欢电脑游戏，其他活动没意思（占26%）；没有朋友，感到孤独（占21.8%）；爸爸、妈妈总爱争吵，家庭气氛不愉快（占18.4%）；嫌老师偏心、不公平、武断、严厉、唠叨，因此不喜欢老师（占16.8%）。

此外，研究发现，体像问题也成为青少年的又一大烦恼。体像烦恼是一种由于个体自我审美观或审美能力偏差导致对自我体像失望而引起的心理烦恼。2005年的一项调查发现，22.3%青少年存在体像烦恼，且女性高于男性。

2．走出烦恼

很显然，这么多的烦恼无疑会困扰青少年的学习与生活。家长和老师有义务帮助他们走出烦恼，健康成长。正如有人指出的，青少年一旦出现了心理问题，明智的做法是采取适当的方法予以疏导。家长、老师在孩子学业暂时失败时，不要歧视、挖苦他们，而应当挖掘他们的学习潜能，多给予鼓励，使他们增强自信心，让孩子们体会到学习的成功、品尝到学习中的苦与乐，并及时和他们分享成功的快乐。另外，心灵的沟通、情感体验的交流、思想火花的碰撞也非常重要，应该争取每天能与孩子有20~30分钟说话的机会，了解一下学校有什么活动，孩子的体会和感受是什么？另外，家庭关系的和谐、教师的亲切、幽默自然会让青少年儿童无论在家庭中，还是在学校里都会拥有快乐的心情。

青少年烦恼不仅需要家长和教师的帮助,也需要自己的调节和应对。以下建议不妨一试:

(1) 学会倾吐

倾吐烦恼可以让积存的烦恼发泄出去,可以让倾听者分担你的烦恼并可能给出合理的建议。倾吐有多种方式,比如口头倾吐,或者写信、写日记等;倾吐也有多种对象,青少年不应仅仅对自己的朋友、同伴进行倾吐,还应该学会向成人,尤其是自己的父母和老师倾吐。虽然有些烦恼来自成人,虽然很多青少年认为"代沟"太深不愿和父母深谈,但事实上,和父母、老师倾谈,虚心接受他们的意见不仅是一种虚心的态度,而且更有助于问题的解决。

(2) 活动转移

用各种活动转移自己对烦恼的关注,比如打球、跑步、爬山、跳舞、太极拳等,均能起到缓和、解除烦恼的作用,但这些活动必须具备以下特点:①活动的情境与引起烦恼的情境无相似性;②必须是能增强烦恼者积极情绪体验的活动;③符合烦恼者兴趣、爱好的活动;④群体性活动。这种群体性活动情境,能够使烦恼者受他人的激励、启发,对自己调控和解除烦恼增强信心有帮助,而且能促使自己采取积极、主动、自觉的态度来解决问题。

(3) 坦诚接纳自己

金无足赤,人无完人。不要对自己太苛刻,既要认识到自己的缺点,更要认识到自己的优点,接受一个完整、真实的自己。简·爱相貌平平却个性独立;爱因斯坦年轻时学习困难但大器晚成;很多孤儿根本没有父母的爱照样自强自立,成为一个大写的人。不要因一时的困难和挫折而否定自己,不要因外在的条件差而瞧不起自己。告诉自己:尺有所短,寸有所长,然后扬长避短,努力就是了。

(4) 坦率面对现实

有些问题和困难是客观存在的,比如我们的相貌和体型、我们的智力水平、我们的家庭。我们很难去改变现实,但是我们可以改变我们的心态。既来之,则安之,当问题出现的时候,坦然面对现实无疑是一种明智之举。

(5) 勇敢原谅自己

人非圣贤,孰能无过?犯了错误不要紧,要紧的是知错就改,改了就是好同志。如果一味沉浸于懊悔、痛恨之中无疑于事无补且对己有害。也不要认为做了一次贼就永远是贼。不管别人怎么看,我们得首先勇敢地原谅自己一次,然后才能去有所作为。

(6) 学会宽容和理解

我们不能光知道原谅自己,而不能原谅别人。青少年还应该学会体谅父母、老师的苦心,理解他们所处的时代和对我们的要求,而不应一味地要求父母和老师来理解、体谅自己。同样,对待朋友和同学,青少年也应学会宽容和理解,对他们的行为做出最合理的解释。

(二) 抑郁

抑郁是一种以心情低落为主要特征的情绪,是一种不愉快的情绪体验。抑郁并不等于抑郁症,抑郁是现代人普遍存在的一种不良情绪,往往有因可循,而且持续时间不长。时过境迁,一般患者就会从抑郁中解脱。但是,抑郁情绪持续太久就可能是病态的了。

1. 抑郁情绪

一般来说,正常人的抑郁情绪都不会持续太久,特点如下:

- 有客观不良的生活事件存在,在这生活事件刺激之后产生情绪低落。用生活事件性质可以解释其情绪低落的发生。
- 情绪低落持续时间一般短暂,如数小时、数天。
- 情绪低落、抑郁不是天天如此,更不是时时刻刻如此。
- 经家人亲朋好友安慰劝解,抑郁情绪可以好转。
- 变换环境,如外出旅游、逛公园或遇到高兴之事,可以冲淡不愉快的心情,或使心情高兴起来,或随生活事件的消失而情绪好转。
- 一般随时间的迁移,不快情绪日益淡化。
- 一般不影响工作、生活、学习和社交。
- 没有抑郁症发作的其他症状,如认知障碍、躯体障碍等。

尽管抑郁情绪几乎人人都可能发生,但由于青少年正处于一个自我意识高涨的多事之秋,可能会更容易或更经常地体验到抑郁的心境。比如,课堂上表现不佳被老师批评了,回家因学习问题受父母唠叨了,或者同学关系处理不当等都会引发抑郁的心情。经常听一些少男少女长吁短叹:"我好郁闷啊"、"我今天特抑郁"等。可能都是些鸡毛蒜皮的小事，但放到青少年的心里就可能成了难以承受之重。如果抑郁的心情持续时间过长，超过两周，就有患抑郁症的危险和可能。现实中患抑郁症的青少年不在少数。

2. 抑郁症

所谓抑郁症是由各种原因引起的以抑郁为主要症状的一组心境障碍或情感性障碍，它是一组以抑郁心境自我体验为中心的临床症状群或状态。一旦发作抑郁症，患者经常会出现如下两个特征性症状：

(1) 持久的情绪抑郁或情绪低落

这种情绪抑郁低落通常要持续两周以上，是抑郁心境的重要表现。与正常人遭遇挫折所产生的情绪抑郁低落有所不同，抑郁症引起的情绪抑郁主要有以下几个特点：

- 可以在身处顺境、无客观不良生活事件作用的情况下发生，令家人亲友百思不得其解，甚至病人自己也找不出原因，感到莫名其妙就心情不好，情绪低落。
- 有些抑郁症情绪发作之前，可以有社会心理生活事件发生，但这种生活事件与其抑郁的发生并无明显的因果关系，并且不因生活事件的消除而情绪好转。
- 情绪低落，抑郁往往持续数周、数月，不经治疗可长达年余或数年。
- 情绪低落几乎天天如此，不经治疗难以消除。
- 一般安慰、劝解、疏导、改变环境均难以改善其抑郁情绪。
- 在情绪抑郁低落期间，高兴之事不能使其情绪得到改善，并不因高兴之事而高兴，感到高兴不起来。
- 抑郁情绪随着时间的迁延，并不淡化，相反而日益加重。
- 抑郁情绪多影响工作、学习、生活和社交。
- 具有抑郁症的其他症状，如认知障碍、精力减退缺乏等症状。
- 抑郁症抑郁情绪的发生，有其病理生化代谢的基础。
- 部分抑郁症（内源性抑郁症）的情绪低落有晨重夜轻节律的变化，这种变化有其生化代谢基础。早上及上午情绪低落明显，而黄昏时分开始减轻，晚上更轻些。外源性原发性抑郁症，则往往早上情绪好些，下午尤其是晚上重些。

(2) 情感体验不能

情感体验不能，即情感麻木，是抑郁心境的另一特征性症状。一方面是体验不到高兴,没有高兴的体验;另一方面还可能表现在对令人悲伤、哀愁、愤怒、恐惧之事,不能在内心有相应的体验感受。患者虽然理智上知道事件的性质,知道自己理应有相应的内心情感感受,但是却没有相应的感受。感觉自己好像"我没情感了"、"我变了一个人似的,变成无情无义的人了"、"我简直是木头人"……比如,有些抑郁患者在亲人去世时本来应该非常悲伤,甚至痛哭流涕,但是却可能表现得表情呆板、麻木,既无悲伤体验,更无泪流满面。

抑郁症还会引发一系列续发症状,比如兴趣丧失、注意力和记忆力衰退、自信心和自尊下降、自责自罪感增加、社交退缩、有自杀意念及行为等。娱乐界明星张国荣最终因抑郁而自杀,央视名嘴崔永元也自曝因抑郁症,曾严重失眠。因此,如果你的抑郁符合上述两个特征性症状,请赶快去医院或心理治疗机构确诊并接受相应的治疗。如果还只是抑郁情绪,我们也应该尽力避免和预防抑郁心境乃至抑郁症的产生。

3. 预防抑郁

有人提出五条长期策略,能帮助预防抑郁症或防止抑郁症再发作。

- **策略1:注意睡眠、饮食和运动**

　　如果睡眠不佳、食欲不振、听任自己处于不良的生理状态,就很容易出现低落情绪。因此,应该养成良好的睡眠习惯。

　　过度的节食会使你心情烦躁、抑郁、疲倦和虚弱。

　　运动能防止抑郁症的发作,有助于增强体力。它也能较快地提高情绪,短时间地缓解抑郁。

- **策略2:明确你的价值和目标**

　　如果你很容易发作抑郁症,应该检查一下你的人生目标和价值,检查一下你是怎样消磨时间的。

　　如果你还没有写下你的价值和目标的个人声明书,那么建议你做一下。它能帮助你评价目前的工作、学习和个人生活是否符合你的价值观。如果不是的话,它能帮助你选择最有利于摆脱抑郁苦恼的改变方案。

- **策略3:将欢乐带入生活**

　　即使你现在还不认为你有资格享受自己的欢乐,至少你应该做你自己所喜欢的事情。无论学习多么紧张,你也必须找时间来让自己轻松一下,做一点你觉得能使自己高兴的事情。眼前的欢乐能帮助你预防未来的抑郁。

● 策略4：不要孤注一掷

如果将所有的希望都绑在生活的某一件事情上，你肯定会变得非常脆弱。如果你的抑郁过程确实与你生活中的某一个方面有密切关系，就表明你很可能是太孤注一掷了。

为了避免发生这种片面的依赖性，最好是有生活的多个方面，当生活的某一个方面进展不太顺利的时候，你还可以从其他方面获得安慰和支持。

● 策略5：建立可靠的人际关系

当发生什么不幸事件时，有一个可以完全信赖的人，无论亲戚、配偶还是朋友，都是防止抑郁的最重要保证之一。

青少年的社会问题

青少年的社会问题往往是心理问题的反映，由于青春期的特殊性，如果对青少年的引导不当，很容易出现由心理问题导致的社会问题，比如自杀、吸毒、违法犯罪等。

一、自杀

所谓自杀，是指由行为主体本人自主地采取某种积极或消极的行动，并且其本人知道且指望这类行动将导致结束生命之结果的选择而直接或间接地引起的死亡。

（一）青少年自杀现象

北京心理危机研究与干预中心2007年初发布的《我国自杀状况及其对策》数据显示：在中国，自杀是总人口的第五位死因，中国每年有28.7万人死于自杀、200万人自杀未遂。近年来，青少年自杀现象更是呈上升趋势。2002年，中国内地报道大学生自杀事件是27起，19人死亡。2004年这一数字是68起，48人死亡；2005年116起，83人死亡，数字之多、上升速度之快令人吃惊。另据2006年广州的一项调查，有三成青少年认为自己精神压力大，7.7%的青少年有"自杀或企图自杀"行为，其比例比十年前的同类调查增长了一倍多。

青少年自杀还常具有"传染性"和"示范性"。我们有时会看到这样的新闻：某学校或某地学生在某段时间之内接连发生几起自杀事件。例如，2004年，西安某中学一学生因承受不了学习及各方面的压力，从五楼跳楼自杀。7月份暑假刚开始，另一学校一学生因无法忍受酷热中的补课安排自杀。事实表明，在这种有着同病相怜感觉的人中，如果一旦有一人选择自杀，其他人便很可能会跟进。

研究表明，大多数选择自杀的青少年并不想真正以自杀来结束自己的生命，只是向外界要挟、求助和呼吁无望而被迫采取的一种消极行为。比如，父母平日千依百顺，一个不满意，独生子女就拿"自杀"相逼，这种表演型自杀行为在现在的青少年中并不少见。

然而，正如自杀研究专家费立鹏所说的："自杀，一个都太多！"因此，杜绝自杀现象的发生是全社会应尽的责任。

自杀是外部原因和内部原因复杂作用的结果。从外部原因看，主要有竞争激烈、家长要求太多期望太高、学习压力大等；从内部原因看，青少年认知常具有片面性、情绪常不稳定、容易因小事而冲动、缺乏自我控制的能力等，因而常常不能正确对待生活中的挫折，把自杀看作是解脱的最好途径。例如，14岁的某初中生自杀未遂，其自杀原因是："功课总做不完，考试总考不好，经常挨父母和老师责备，自己实在太没用了，活着好像没什么意思，所以不如自杀算了。"

(二) 青少年自杀的预防

虽然不是所有的自杀都可以预防，但大多数是可以的。世界卫生组织就曾建议在社区和国家层面上采取若干措施以减少危险，包括：

- 减少自杀手段的获得（如杀虫剂、药物、枪支）；
- 治疗精神障碍患者（特别是抑郁症、酒精中毒和精神分裂症患者）；
- 对自杀未遂者进行随访；
- 负责任的媒体报道；
- 培训初级卫生保健工作人员。

此外，对于青少年来说，学校是开展自杀预防的最好场所。那么，学校应该如何有效预防青少年自杀呢?

1. 自杀倾向的早期发现

大多数自杀并非突发,大约2/3的人都有可观察到的征兆。早期发现有自杀倾向者,从而针对性地给予及时援助,是预防自杀行为发生的重要措施。通过科学的问卷调查、丰富的临床经验和认真负责的态度,可以对青少年是否有自杀倾向做出预测。

 **拓展阅读**

青少年自杀案例分析

青少年的自杀行为,往往是在情绪激动的情况下偶发的,在遇到突发困难时毫无应急能力,第一个念头就是用自杀来逃避现实。还有一些未成年人有盲从心理,看到电视连续剧里有些角色可以死而复生,也模仿寻死……下面是几个案例分析,以资借鉴。

个案1 为转学扬言自杀!

父母平日千依百顺,一个不满意,独生子女就拿"自杀"相逼,这种表演型自杀行为在青少年中并不少见。读初一的女儿被父母安排去了一所全封闭式的寄宿学校,内心始终非常抗拒,当时正值张国荣跳楼自杀事件刚发生,就寻死觅活地要"跳楼,不想活了"。家里人怎么哄都听不进去,无奈之下家长只得找心理专家求救。

分析:这名少女的"自杀"念头暂时只能称作心理焦虑,更大程度上是一种要挟形式,以达到转学的目的。家长遇到这种情况要把握进行挫折教育的机会,选择适合孩子的沟通方式,打消其轻生念头。

个案2 感觉受冷落自杀!

一名14岁少年与父母发生冲突后一怒之下买了一瓶安眠药,药买回来以后犹豫了半个小时,但发现没有人关注他的情绪,陡然产生"我偏要死给你们看"的念头。打开药瓶后,慢慢地考虑到底该吃多少,整个过程家人都没有留意,他最后服了30片药之后才被急忙送往医院洗胃。

分析:这类少年并没有真正的死亡企图,将"自杀"当作对别人报复的手段,这类人多以自我为中心,从小受到过分宠爱,受不了被忽略的感受。

个案3 不堪学习压力高中女生在校自杀

普宁市第一中学18岁女生罗某,趁学校双休日放假之际在本校一单杠上上吊自杀。

据悉,死者性格内向、多愁善感,自杀原因疑因学习压力太大、担心无力回报父母恩情所致。罗父告诉记者,女儿罗某多愁善感,性格一直都很内向,有事都装在自己的心里,可能这是女儿走上不归路的根本原因。

资料来源:新浪网

2. 广泛开展青少年心理健康教育和生命教育

青少年自杀,很多源于抑郁、挫折或压力过大。因此,必须开展心理健康教育和生命教育,指导学生在观念、知识、能力、心理素质方面尽快适应新的要求。同时,帮助学生提高心理素质,健全人格,增强承受挫折、适应环境的能力,热爱生命、尊重生命,从而预防因心理问题导致的自杀。

3. 建立预警干预机制

例如,建立自杀预防机构、自杀预防热线、开设心理危机援助及开设自杀预防讲座等。同时,要把这些信息提供给青少年,将等问题出现再处理的被动式危机干预改变为主动式危机干预。比如,电话热线就有实用、方便、及时、匿名、有效、普及等特点,在帮助处于危机之中的个体渡过难关、恢复心理平衡是一种有效的手段和干预的技术。

4. 提供优良的教育环境

青少年自杀有其心理脆弱的一面,更有环境压力的一面。给他们尽量提供一个优良的教育环境可减少青少年自杀的诱因。比如,教师应提高自身的素质,既包括教书育人的素质,也包括自身心理健康的素质;学校应防止校园暴力事件的发生,营造和谐快乐的环境、健康向上的校风班风等。

此外,除了学校,家庭是青少年成长的重要环境。家长也要提高素质,优化家庭环境,让家庭成为孩子幸福健康成长的温馨港湾。如果可能,成立一个包括教师、家长、医生、心理学家及社会工作者在内的自杀预防团队,并与社区相应机构紧密合作,将是预防青少年自杀的有力措施。

二、吸毒

毒品泛滥作为全世界的重大公害之一,已成为全球性问题,越来越引起各国政府和人们的关注。据1999年国家禁毒委对23个省、自治区、直辖市的统计,吸毒者的年龄多数为17~35岁，占总数的比例达85.1%，最小的只有8岁。

(一) 青少年吸毒的危害

毒品都有使人很快成瘾、欲罢不能的特点，具有极强的危害性。对青少年的危害尤为严重，具体表现在：

1. 严重摧残身心健康

包括损害人的大脑和中枢神经系统、破坏人的血液循环系统功能、急性中毒、感染各种并发症——如肝炎、破伤风甚至艾滋病等。

2. 严重影响家庭幸福

吸毒是一个花费昂贵而又永远填不满的无底洞。按每克海洛因500元的中等价计算，一名吸毒者一年要花掉少则几万元多则几十万元人民币。家庭中一旦出现一个吸毒者，就意味着这个家庭经济将走向崩溃，家庭悲剧开始。

3. 严重危害社会安定

由于吸毒耗资巨大，为毒瘾所驱，吸毒者会不惜采取不法手段攫取钱财，从而导致各种刑事案件的发生，使社会治安形势不断恶化。

4. 严重破坏社会风气

一般来说，青少年吸毒者没有经济收入来维持其长期毒品消费。为了获取毒资，他们不得不选择偷窃、诈骗、抢劫、卖淫等各种违法犯罪手段，使良好的社会风气遭到破坏，社会丑恶现象恶性蔓延。此外，因吸毒而导致艾滋病的蔓延更是把社会风气推向恶化的边缘。

据调查，在青少年吸毒者中，初中及其以下文化程度的占80%左右。正是由于他们文化程度偏低、年龄较轻、社会阅历较浅，对毒品的危害知之甚少，因而容易上当受骗沾染毒品。此外，追求新奇、盲目自信、寻求刺激以及交友不慎等也都是青少年吸毒的主观原因。客观上，境外毒品的渗透和毒品消费市场的存在、家庭问题、学校教育的弊端以及社会不良环境的刺激等都可能诱使青少年染上毒品，走上邪路。因此，必须严厉打击毒品犯罪活动，切断毒品的源头，并依法追究吸毒者的法律责任，加强对青少年反毒防毒知识的教育，为青少年创造一个更适合其健康成长的社会环境。

(二) 青少年吸毒的防治

1. 严厉打击毒品犯罪活动，切断毒品的源头，并依法追究吸毒者的法律责任

这主要依靠司法机关以及社会各方面成员共同与毒品犯罪活动作坚决的斗争，并建立健全的规章制度，以预防毒品对青少年的危害，并对吸毒者加以惩戒。

2. 发挥学校教育阵地的作用

首先，学校应把防毒、禁毒教育作为对学生教育的重要内容。以禁毒知识讲座、观看禁毒展览、自护教育等形式，对青少年学生进行禁毒教育，增强拒绝毒品、远离毒品的自觉性，提高自我防范的能力。其次，学校应对青少年进行心理卫生方面的辅导、教育和咨询，以纠正他们偏离的人格和不良行为，使他们提高对毒品的抵御能力。再次，对青少年进行价值观教育是减少青少年吸毒的一项很重要的工作。青少年的价值观尚在形成之中，可塑性很大。因此，可教育青少年树立正确的人生观，自觉抵制毒品侵蚀。

3. 加强家庭教育

家长平时要以身作则，养成良好的生活习惯和工作作风，更主要的是父母要处理好家庭中的各种关系，为孩子创造一个良好的家庭环境，切实担负起教育和抚养孩子的责任和义务。

4. 净化适合青少年健康成长的社会环境

除了学校的工作外，社区也应多开展健康的文娱、体育活动，从而使青少年精神焕发，并在一定程度上替代青少年对药物的追求，防止因无聊的生活而导致吸毒。

5. 做好对青少年吸毒者的戒毒和帮教工作

对于青少年吸毒者，应建立专门的戒毒所。加大戒毒方面的经费投入和科研力度，在坚持药物脱瘾治疗的同时，加强对吸毒青少年的心理治疗；指导成瘾者寻求医学、心理学家和社会的帮助，指导老师和家长早期识别吸毒症状并防止青少年吸毒。

上面我们探讨了青少年一些典型的心理社会问题，同时也探讨了有针对性的预防或矫治对策。在心理问题的对策部分，我们重点突出了个人因素，而在社会问题的对策部分，我们则重点强调了社会因素。需要再次指出的是，青少年的社会问题常常与心理问题交织在一起，在一定程度上是心理问题的外部反映，而心理问题，很多情况是压力过重或长期积压的结果。

三、犯罪

青少年犯罪通常是指14~25岁之间个体的犯罪。1966年以前，我国是世界上青少年犯罪率最低的国家，从1972年以后，我国青少年犯罪率一直呈上升趋势。中国青少年犯罪研究会的统计资料表明，近年来，青少年犯罪总数已经占到了全国刑事犯罪总数的70%以上，其中十五六岁少年犯罪案件又占到了青少年犯罪案件总数的70%以上。青少年犯罪已成为刑事犯罪的主体，成了覆盖面广而又极其复杂的社会问题。

(一) 青少年犯罪的趋势

1. 犯罪性质恶劣化

近几年来，青少年打架斗殴、聚众闹事乃至凶杀、抢劫、强奸、伤害及爆炸等暴力行为不断增多，过去罕见的一案多罪的混合暴力型案件幅度明显上升，犯罪的花样和手段也在不断翻新。

2. 犯罪主体低龄化

随着青少年犯罪率的逐步上升，犯罪低龄化的趋势越来越明显，未满18岁的少年犯罪呈逐步上升趋势。据调查，未成年人初犯的平均年龄已由20世纪80年代的16岁提前到90年代的14岁。

3. 犯罪手段智能化

随着经济、科技、文化的飞速发展，青少年犯罪手段更加向高科技化方向发展，如运用电脑、麻醉品、医药技术、窃听技术等犯罪。随着计算机的广泛运用，这方面的犯罪必将日益增多。

4. 女性犯罪男性化

我国女性青少年犯罪急剧增加，其中性犯罪占女性犯罪的75%。少女打群架、结伙抢劫甚至性侵犯等新情况时有发生。

5. 犯罪形式团伙化

目前，青少年犯罪案件中，70%左右属于团伙犯罪，许多团伙犯罪带有浓厚的封建行帮和黑社会组织色彩，成为严重危害社会治安的一股黑社会势力。

研究表明，青少年犯罪中有1/4来自不完整家庭。家庭结构破裂（如离婚）、家庭环境不良（如拜金主义思想、家庭奢侈生活等）、学校教育失误（如重智育、轻德育）、社会因素刺激（如奢侈的生活方式、色情等）等都容易使辨认能力低、可塑性强、理智差、模仿性强的青少年滑入犯罪的泥潭。因此，我们必须预防青少年犯罪，为青少年创造良好的成长环境，加强青少年法制教育、思想品德教育和心理健康教育。

（二）青少年犯罪的对策

很多研究者就如何治理青少年犯罪提出了各种对策，其中，有研究者提出实施四个预防和三个工程是治理青少年犯罪的有效途径。

1. 实施四个预防

（1）保护性预防

保护性预防是指国家或社会各方面的力量以保护青少年健康成长为目的而采取的各种措施，如加强各地青少年保护的立法工作、净化教书育人环境等。

（2）堵塞性预防

堵塞性预防是指通过堵塞各方面工作的漏洞，减少和消除实施犯罪的条件，达到预防犯罪的目的。首先是搞好家庭教育；其次是净化社会环境。

（3）控制性预防

控制性预防是指针对有明显犯罪倾向或有轻微违法犯罪行为的人所采取的帮教、挽救措施，如办好工读学校等。

（4）改造性预防

改造性预防是指政法机关以生产劳动为手段，通过思想政治教育、文化技术教育，使有违法犯罪行为的人改邪归正，成为遵纪守法的劳动者。

2. 实施三个工程

（1）"家庭细胞"工程

家庭是社会的细胞，家庭预防在青少年犯罪预防中起着第一道防线的主要作用。有关部门要与青少年家庭签订防止犯罪的责任状，明确家庭、父母对子女的教育责任，巩固家庭这个堡垒。

（2）校园"育苗"工程

学校是教书育人的主要阵地，是实施青少年犯罪预防的第二道防线。首先要扩大教育阵地，让青少年能上学读书；其次是搞好素质教育，做到全面发展；最后是增设法制课,将法制教育列入中小学的教学计划。

(3) 社会"防护林"工程

社会各界都要自觉地参与到营造适合青少年健康成长的生活环境工作中来,比如严格管理文化娱乐场所、开展健康丰富的文化娱乐活动等。只有家庭、学校、社会三道防线的有机结合、彼此补充,才会构成一个较为完整的非专业性的犯罪防控体系,才能为孩子的健康成长撑起一片蓝天。

本章关键词

心理健康　　考试焦虑　　厌学　　烦恼　　抑郁　　自杀　　吸毒　　犯罪

本章小结

青少年的心理健康问题不容忽视,本章首先介绍了心理健康的一般知识,包括对心理健康的三层理解、心理健康的标准以及青少年的心理健康现状。然后探讨了几种具体的青少年心理问题,包括:学习问题,如考试焦虑、厌学等;情绪情感问题,如烦恼、抑郁等;社会问题,如自杀、吸毒、犯罪等,并有针对性地提出了每种问题的应对策略或建议,从而为广大的青少年朋友提供可资借鉴的心理学服务。

问题和练习

1. 什么是心理健康?心理健康都有哪些标准?
2. 青少年常见的厌学有哪几种?如何矫治厌学心理?
3. 抑郁和抑郁症是一回事吗?请探讨其区别并尝试提出预防与改善抑郁的建议。
4. 如何预防青少年犯罪?

5. 尝试分析青少年自杀现象并提出干预策略。
6. 下面是一个中学生在其作文《和家长说心里话》中的一段话,请分析其中反映的心理问题并给出合理的应对建议。

我每天都处在高度紧张之中,每次考试公布成绩,我都提心吊胆,虽然我知道我的成绩不会差,但我还是担心。

我真担心哪天会考砸了。我不是怕爸爸妈妈骂,而是怕爸爸妈妈伤心,怕爸爸妈妈在众人面前失去他们唯一值得骄傲的东西。虽然我现在成绩还好,但考砸的那一天迟早会到来的。究竟是什么时候我不知道,因此我格外担心。

我像背着一个沉重的包袱行进在学习之路上!

后 记

去年上半年，承蒙"万千心理"的邀请，由本人承担了他们策划的"高等学校心理学专业应用课程教材"系列图书中《青少年心理学》一书的编撰任务。自接受该任务以来，深感单靠个人力量不足以完成全书写作，便力邀了其他几位从事青少年心理学教学科研的同事共同参与此书的编撰工作。在参阅近年来国内外代表性青少年心理学著作之后，经过全体参编人员多次磋商，最终确定了本教材的内容体系，从而确保了全书体系应有的基础性和前沿性。经过一年多的紧张努力，由本人主编的《青少年心理学》终于问世了。书稿付梓之际，心中不免有些惴惴不安，希望能得到国内同行和读者的认可。

在人的毕生发展中，青少年期是个体身心剧变的时期。每个青少年在这一时期不仅迎来了一些生理发育变化，更重要的是要面临一系列深刻的心理发展。他们在认知、情绪、社会性等各个心理层面上都经历着迅速而影响深远的变化。加之我国正处于社会文化和经济生活急剧转型的历史时期，当代青少年还不得不面对新的社会发展环境的挑战，他们各方面的发展也表现出了一些异于上一代人的重要特点。本书在从发展心理学角度介绍青少年心理发展的基本理论和特点的同时，还注重将当前的主流观点与国内外的实证研究发现相结合，突出探讨了我国青少年心理发展的特点及主要问题。在每个发展领域上，我们都尽力针对青少年所存在的问题提出了相应的引导和应对措施。

虽然本人忝为主编，但本书的完成实际上是所有参编人员分工协作、集体智慧的结晶。没有他们付出的巨大努力，难以想象能在较短时间内完成本教材。在此，谨向他们表示本人诚挚的谢忱。本书各章节的具体撰写分工如下：第1章，司继伟、张传花、王超；第2章，赵景欣；第3章，司继伟、郭红力、许晓华；第4章，常淑敏；第5章，赵景欣；第6章，赵景欣；第7章，田录梅；第8章，田录梅；第9章，常淑敏；第10章，田录梅。全书成稿后，最后由本人完成统稿工作。在此过程中，我的研究生王玉璇、汪飞、胡丽萍等不辞辛劳，参与了部分章节的校对工作。本人对她们所付出的劳动深表谢意。

本书在写作过程中，参考或引用了国内外同行的大量著述，限于篇幅，书中未能一一列出，在此亦一并表示感谢。

最后，责任编辑徐玥女士在选题策划和资料准备上给我提供了莫大帮助。感谢她为本书的问世所付出的巨大努力。

始生之物，其形必陋。虽然我们已经尽心，但限于水平，教材中难免挂一漏万，可能仍存在不少瑕疵，恳请广大读者不吝赐教，使之不断完善。

司继伟

2009年仲夏于泉城

参考文献

第1章 绪论

[1] 贝克.儿童发展(第五版)[M].吴颖等译.南京:江苏教育出版社,2002.

[2] 陈英和.儿童青少年[M].北京:中央广播电视大学出版社,1990.

[3] 冯江平,安莉娟.青年心理学导论[M].北京:高等教育出版社,2006.

[4] 纪林芹,张文新,Kevin Jones等,中小学生身体、言语和间接欺负的性别差异——中国与英国的跨文化比较[J].山东师范大学学报:人文社会科学版,2004,49(3):21-24.

[5] 劳伦斯·斯滕伯格.青春期[M].上海:上海社会科学院出版社,2007.

[6] 勒弗朗索瓦.孩子们——儿童心理发展(第9版)[M].王全志等译.北京:北京大学出版社,2004.

[7] 雷雳,张雷.青少年心理发展[M].北京:北京大学出版社,2003.

[8] 林崇德.发展心理学[M].北京:人民教育出版社,2006.

[9] 桑标.当代儿童发展心理学[M].上海:上海教育出版社,2003.

[10] 王极盛.青年心理学[M].北京:中国社会科学出版社,1983.

[11] 吴凤岗.青少年心理学[M].北京:北京师范大学出版社,1991.

[12] 阎嘉陵,颜世福,孙时近.当代青年心理学[M].上海:复旦大学出版社,1998.

[13] 张进辅.青少年价值观的特点——构想与分析[M].北京:新华出版社,2006.

[14] 张世富,阳少敏. 云南4个民族20年跨文化心理研究——议青少年品格的发展[J]. 心理学报, 2003 (5) 690-700.

[15] 张向葵,刘秀丽. 发展心理学[M]. 长春:东北师范大学出版社, 2002.

[16] 张向葵. 青少年心理学[M]. 长春:东北师范大学出版社, 2005.

[17] 张向葵,张林,王颖. 中学生学习策略应用特点的研究[J]. 心理与行为研究, 2003 (2):110-115

[18] 张文新. 青少年发展心理学[M]. 北京:人民出版社, 2002.

[19] 张文新,高峰强,司继伟. 心理学与教育[M]. 济南:山东人民出版社, 2006.

[20] 张晓,陈会昌,张桂芳等. 亲子关系与问题行为的动态相互作用模型:对儿童早期的追踪研究[J]. 心理学报, 2008, 40 (5):571-582。

[21] 祝蓓里. 青年心理学[M]. 上海:上海人民出版社, 1988.

[22] 朱智贤. 中国儿童青少年心理发展与教育[M]. 北京:中国卓越出版公司, 1990.

[23] 佚名. 青少年期的年龄划分. [EB/OL]. http://www.teacher.com.cn/netcourse/tln013a/online_learning/chapter1_section1_0.htm

[24] 佚名. 青少年心理生理. [EB/OL]. http://xinli.youth.cn/

[25] 中国教育科学研究所发展研究部课题组."中国农村留守儿童问题研究"第一期调研报告[R/OL]. 北京:中央教育科学研究所, [2007-01-09]. http://www.cnier.ac.cn/snxx/cgjj/snxx_20070109151025_1898.html

[26] Buist, K. L., Dekovic, M., Meeus, W.. Developmental patterns in adolescent attachment to mother, father and sibling[J]. Journal of Youth and Adolescence, 2002 (31):167-176.

第2章 青少年的生理发展

[1] 林琬生. 青春期的生理发育[J]. 生物学通报, 1984 (2):34-37.

[2] 张文新. 青少年发展心理学[M]济南:山东人民出版, 2002.

[3] Angold, A., Costello, E., Erkanli, A.. Pubertal changes in hormones level and depression in girls[J]. Psychological Medicine, 1999 (29):1043-1053.

[4] Bence, P. Patterns of the experience of mood [C]. Paper presented at the biennial meetings of the society for research on adolescence, Washington, 1992.

[5] Brooks-Gunn, J., & Reiter, E. The role of pubertal processes[M]//S. Feldman & G. Elliott (Eds.), At the threshold: The developing adolescent. Cambridge, MA: Harvard University Press, 1990:16-23.

[6] Brooks-Gunn, J., & Warren, M. Biological contributions to negative affect in young

girls[J]. Child Development, 1989 (60), 40—55.

[7] Brooks-Gunn, J., Graber, J., & Paikoff, R. Studying links between hormones and negative affect: Models and measures[J]. Journal of Research on Adolescence, 1994 (4): 469—486.

[8] Buchanan, C., Eccles, J., & Becker, J. Are adolescents the victims of raging hormones? Evidence for activational effects of hormones on moods and behavior at adolescence[J]. Psychological Bulletin, 1992 (111): 62—107.

[9] Cameron, J. L.. Interrelationships between hormones, behavior, and affect during adolescence: Understanding hormonal physical, and brain changes occurring in association with pubertal activation of the reproductive axis[J]. Introduction to Part Ⅲ. Annals of the New York academy of sciences, 2004 (1021): 110—123.

[10] Casey, B., Giedd, J., & Thomas, K.. Structural and functional brain development and its relation to cognitive development[J]. Biological psychology, 2000 (54): 241—257.

[11] Caspi, A., & Moffitt, T.. Individual differences and personal transitions: The sample case of girls at puberty[J]. Journal of Personality and Social Psychology, 1991 (61): 157—168.

[12] Chumlea, W., Schubert, C., Roche, A., Kulin, H., Lee, P., Himes, J., et al.. Age at menarche and racial comparisons in U. S. girls[J]. Pediatrics, 2003 (111), 110—113.

[13] Coleman, P. D. Regulation of dendritic extent: human aging brain and Alzheimer's disease [C]. Paper presented at the meeting of the American psychological association, Washington, DC, 1986.

[14] Collaer, M., & Hines, M.. Human behavioral sex differences: A role for gonadal hormones during early development?[J]. Psychological Bulletin, 1995 (118): 55—107.

[15] Csikszentmihalyi, M., & Larson, R. Being adolescent[M]. New York: Basic Books: 1984.

[16] Duncan, P., Ritter, P., Dornbusch, S., Gross, R., & Carlsmith, J.. The effects of pubertal timing on body image, school behavior, and deviance[J]. Journal of Youth and Adolescence, 1985 (14): 227—236.

[17] Eveleth, P., & Tanner, J. Worldwide variation in human growth[M]. New York: Cambridge University Press, 1990.

[18] Frisch, R. Fatness, puberty, and fertility: The effects of nutrition and physical training

on menarche and ovulation[M]//J. Brooks-Gunn and A. Petersen (Eds.), Girls at puberty. New York: Plenum, 1983.

[19] George, I., Williams, S., & Silva, P. Body size and menarche: The Dunedin study[J]. Journal of Adolescent Health, 1994 (15): 573−576.

[20] Goldstein, B. Introduction to human sexuality[M]. Belmont, Calif.: Star, 1976.

[21] Graber, J., Brooks-Gunn, J., & Warren, M. The antecedents of menarcheal age: Heredity, family environment, and stressful life events[J]. Child Development, 1995 (66): 346−359.

[22] Graber, J., Lewinsohn, P., Seelwy, J., & Brooks-Gunn, J. Is psychopathology associated with the timing of pubertal development?[J] Journal of the American Academy of Child and Adolescent Psychiatry, 1997 (36): 1768−1776.

[23] Graber, J. A., Seeley, J. R., Brookes-Gunn, J., & Lewinsohn, P. M. Is pubertal timing associated with psychopathology in young adulthood?[J] Journal of the American Academy of Child and Adolescent Psychiatry, 2004 (43): 718−726.

[24] Gruber, J., & Zinman, J. Youth smoking in the United States[M]//J. Gruber (Ed.) Risky behavior among youths: an economic analysis. Chicago: University of Chicago press, 2001.

[25] Grumbach, M., Roth, J., Kaplan, S., & Kelch, R. Hypothalamicpituitary regulation of puberty in man: Evidence and concepts derived from clinical research[M]//M. Grumbach, G. Grave, & F. Mayer (Eds.), Control of the onset of puberty. New York: Wiley, 1974.

[26] Halpern, C., Udry, J., & Suchindran, C. Monthly measures of salivary testosterone predict sexual activity in adolescent males [C]. Paper presented at the biennial meetings of the Society for Research on Adolescence. Boston., 1996.

[27] Hein, K. Issues in adolescent health: an overview[M]. Washington, DC: Carnegie Councial on Adolescent Development, 1998.

[28] Henderson, K. A., & Zivian, M. T. The development of gender differences in adolescent body image [C]. Paper presented at the meeting of the Society for Research in Child Development. Indianapolis, 1995.

[29] Jones, M. Psychological correlates of somatic development[J]. Child Development, 1965 (36): 899−911.

[30] Jones, N., Pieper, C., & Robertson, L. The effect of legal drinking age on fatal injuries of adolescents and young adults[J]. American Journal of Public Health, 1992

(82): 112—115.

[31] Karpati, A., Rubin, C., Kieszak, S., Marcus, M., & Troiano, R.. Stature and pubertal stage assessment in American boys: The 1988—1994 Third National Health and Nutrition Examination Survey[J]. Journal of Adolescent Health, 2002 (30): 205—212.

[32] Keating, D.. Cognitive and brain development[M]//R. Lerner and L. Steinberg (Eds.), Handbook of Adolescent Psychology (2nd ed.). New York: Wiley, 2004.

[33] Larson, R., & Lampman-Petraitis, C. Daily emotional states as reported by children and adolescents[J]. Child Development, 1989 (60): 1250—1260.

[34] Livson, N., & Peskin, H.. Perspectives on adolescence from longitudinal research[M]// J. Adelson (Eds.), Handbook of Adolescent Psychology. New York: Wiley, 1980.

[35] Magnusson, D., Stattin, H., & Allen, V. Differential maturation among girls and its relation to social adjustment in a longitudinal perspective[M]//P. Baltes, D. Featherman, & R. Lerner (Eds.), Life span development and behavior (Vol. 7). Hillsdale, NJ: Erlbaum, 1986.

[36] Marshall, W. Puberty. F. Falkner & J. Tanner (Eds.), Human growth (Vol. 2) [M]. New York: Plenum, 1978.

[37] Nottlemann, E. D., Susman, E. J., Blue, J. H., Inoff-Germain, & G., Dorn. G. P. Gonadal and adrenal hormone correlates of adjustment in early adolescence[M]// R. M. Lerner & T. T. Foch (Eds.), Biological-psychological interactions in early adolescence. Hillsdale, NJ: Erlbaum, 1987.

[38] Paikoff, R., & Brooks-Gunn, J. Do parent-child relationships change during puberty? [J]. Psychological Bulletin, 1991 (110): 47—66.

[39] Peskin, H.. Pubertal onset and ego functioning: A Psychoanalytic approach[J]. Journal of Abnormal Psychology, 1967 (72): 1—15.

[40] Peskin, H. Influence of the developmental schedule of puberty on learning and ego functioning[J]. Journal of Youth and Adolescence, 1973 (2): 273—290.

[41] Petersen, A. Adolescent development[J]. Annual Review of Psychology, 1988 (39): 583—607.

[42] Petersen, A., & Taylor, B.. The biological approach to adolescence: Biological change and psychological adaptation[M]//J. Adelson (Ed.), Handbook of adolescent psychology. New York: Wiley, 1983: 117—155.

[43] Rajapakese, J. C., Decarli, C., & McLaughlin, A., Cerebral magnetic resonance image segmentation using data fusion[J]. Journal of Computer Assisted Tomography,

1996 (20): 206.

[44] Ramey, S. L., & Ramey, C. T. Early childhood experiences and developmental competence[M]//S. Danzinger & J. Waldfogel (Eds.), Securing the future: Investing in children from birth to college. New York: Russell sage foundation, 2000.

[45] Richard, M., & Larson, R. Pubertal development and the daily subjective states of young adolescents[J]. Journal of Research on Adolescence, 1993 (3): 145−169.

[46] Rosenblum, G., & Lewis, M.. The relations among body image, physical attractiveness, and body mass in adolescence[J]. Child Development, 1999 (70), 50−64.

[47] Seiffge-Krenke, I. Adolescents's health: A developmental perspective. Mahwah, NJ: Erlbaum, 1998.

[48] Simmons, R., & Blyth, D.. Moving into adolescence[M]. New York: Aldine de Gruyter, 1987.

[49] Simmons, R., Blyth, D., Van Cleave, E., & Bush, D.. Entry into early adolescence: The impact of school structure, puberty, and early dating on self-esteem[J]. American Sociologial Review, 1979 (44): 948−967.

[50] Steinberg, L.. Bound to bicker: Pubscent primates leave home for good reasons. Our teens stay with us and squabble[J]. Psychology Today, 1987: 36−39.

[51] Steinberg, L.. Adolescence (Fifth Edition), New York: The McGraw-Hill Companies Inc, 1999.

[52] Steinberg, L.. Adolescence (Seventh Edition), New York: The McGraw-Hill Companies Inc, 2005.

[53] Surbey, M.. Family composition, stress, and human menarche[M]//F. Bercovitch & T. Zeigler (Eds.), The socioendocrinology of primate reproduction. New York: Alan R. Liss, 1990.

[54] Tanner, J.. Sequence, tempo, and individual variation in growth and development of boys and girls aged twelve to sixteen[M]//J. Kagan. & R. Coles (Eds.), Twelve to sixteen: Early adolescence. New York: Norton. 1972

[55] Thompson, P. M., Giedd, J. N., Woods, R. P., MacDonald, D., Evans, A. C., & Toga, A. W. Growth patterns in the developing brain detected by using continuum mechanical tensor maps [J]. Nature, 2000 (404): 190−193.

[56] Van Goozen, S. H. M., Matthys, W., & Cohenkettenis, P. T.. Adrenal androgens and aggression in conduct disorder prepubertal boys and normal control. [J]Biological

Psychiatry, 1998 (43): 156−158.

[57] Waylen, A., & Wolke, D.. Sex' n' rock' n' roll: The meaning and consequences of pubertal timing. [J] European Journal of Endocrinology, 151, Supplement, 2004 (3): 151−159.

[58] Wiliams, P., Holmbeck, G., & Greenley, R.. Adolescent health psychology[J]. Journal of Consulting and Clinical Psychology, 2002 (70): 828−842.

第3章 青少年的认知发展

[1] 陈琦, 刘儒德. 当代教育心理学[M]. 北京: 北京师范大学出版社, 1997.

[2] 陈英和. 认知发展心理学[M]. 杭州: 浙江人民出版社, 1996.

[3] 方富熹, 方格. 儿童发展心理学[M]. 北京: 人民教育出版社, 1997.

[4] 宫梅娟. 论阅读心理图式及其作用[J]. 济南: 山东师大学报, 社会科学版, 1998, (4) 60−65.

[5] 雷雳, 张雷. 青少年心理发展[M]. 北京: 北京大学出版社, 2003.

[6] 林崇德. 发展心理学[M]. 北京: 人民教育出版社, 1995.

[7] 刘金花. 儿童发展心理学(修订版)[M]. 上海: 华东师范大学出版社, 2006.

[8] 彭聃龄. 普通心理学[M]. 北京: 北京师范大学出版社, 2004.

[9] 施良方. 学习论[M]. 北京: 人民教育出版社, 1994.

[10] 佚名. 维果斯基社会文化发展理论. [EB/OL]. http://www.ccyjw.cn/yjkg/ShowArticle.asp?ArticleID=2220

[11] R. J. 斯坦伯格. 认知心理学[M]. 杨炳钧等译. 北京: 中国轻工业出版社, 2006.

[12] 张向葵, 刘秀丽. 发展心理学[M]. 长春: 东北师范大学出版社, 2002.

[13] 张文新. 青少年发展心理学[M]. 济南: 山东人民出版社, 2002.

[14] 张向葵. 青少年心理学[M]. 长春: 东北师范大学出版社, 2005.

[15] Keating, D. P. Adolescent thinking. Cambridge[M]. A: Harvard University Press, 1990.

[16] Lachman, R., Lachman, J. L., & Butterfield, E. C. Cognitive psychology and information processing. An introductory[M]. Hillsdale, NJ: Erlbaum, 1979.

[17] Paivio, A. Imagery and Verbal Processes[M]. New York: Holt, Rinehart, & Winston, 1971.

[18] Riegel, K. Dialectical operations: The final period of cognitive development[J]. Human Development, 1973, 16.

[19] Siegler, R. S. Information processing approaches to development[M]//W. Kessen (

Ed.). Handbook of child psychology: Vol. 1 , History, theory, and methods. New York: Wiley, 1983.

[20] Siegler, R. S. Children's thinking (3rd ed.) Englewood Cliffs[M], NJ: Prentice Hall. 1998. Children's thinking. NJ: Prentice Hall. Siegler, R. S. 1998.

[21] Tulving E. Episodic and semantic memory. In: Tulving E. Donaldson W. Organization of memory [M]. New York: Academic Press, 1972: 67—73.

第4章 青少年情绪和情感的发展

[1] 高峰强, 秦金亮. 行为奥秘透视[M]. 武汉: 湖北教育出版社, 2000.

[2] 焦蒲. 青少年情绪调节的特点及其与社会适应性的关系[D]. 成都: 四川师范大学, 2008.

[3] 雷雳, 张雷. 青少年心理发展[M]. 北京: 北京大学出版社, 2003.

[4] 廖丽娜, 唐柏林. 论大学生积极情绪情感培养的策略[J]. 长春: 长春工业大学学报, 2008 (2): 110—113.

[5] 刘海燕. 大学生心理健康教育[M]. 济南: 黄河出版社, 1999.

[6] 宋淑娟, 周萍. 行为主义情绪理论述评[J]. 黄冈: 黄冈师范学院学报, 2003 (1): 89—91.

[7] 王立花. 青少年亲密感发展的特点及其与自尊的关系[D]. 山东师范大学, 2007.

[8] 曾盼盼, 俞国良. 情绪调节与青少年心理健康[J]. 北京: 教育科学研究, 2008, 8 (9): 89—92.

[9] 王宏伟. 浅析青少年的孤独感及其影响因素[J]. 北京: 北京市总工会职工大学学报, 2003 (1): 19—22.

[10] 张文新. 青少年发展心理学[M]. 济南: 山东人民出版社, 2002.

[11] 周宗奎. 青少年心理发展与学习[M]. 北京: 高等教育出版社, 2007.

[12] 劳伦斯·斯滕伯格. 青春期[M]. 戴俊毅译. 上海: 上海社会科学出版社, 2007.

[13] Dunphy, D. . The social structure of urban adolescent peer groups[J]. Sociometry, 1963 (26): 230—246.

[14] Sherman, M. D. & Thelen, M. H. . Fear of intimacy scale: validation and extension with adolescents[J]. Journal of Social and Personal Relationships, 1993 (13): 507—521.

第5章 青少年的同一性

[1] 刘惠军. 中学生自我概念的发展特点[J]. 北京: 社会心理研究, 1999 (4): 28—33.

[2] 罗双平. 职业生涯规划的含义及其形态[J]. 北京: 中国青年研究, 2003 (4): 5—6.

[3] 宋剑辉,郭德俊等.青少年自我概念的特点及培养[J].北京:心理科学,1998,21(3):277-278.

[4] 张玲玲,张文新.中晚期青少年的个人规划及其与亲子、朋友沟通的关系[J].北京:心理学报,2008,40(5):2-11.

[5] 张玲玲.青少年未来取向的发展与家庭、同伴因素的关系[D].山东师范大学,2008.

[6] 张日昇.同一性与青年期同一性地位的研究——同一性地位的构成及其自我测定[J].北京:心理科学,2000,23(4):430-434.

[7] 张文新,张玲玲,纪林芹等.青少年的个人发展目标和担忧[J].北京:心理科学,2006,29(2):274-277.

[8] 张文新.初中学生自尊特点的初步研究[J].北京:心理科学,1997,20(6):504-508,575.

[9] 张文新.儿童社会性发展[M].北京:北京师范大学出版社,1999.

[10] 张野,刘晓明.青少年自我概念研究及其对教学的启示[J].北京:教育科学,2002,18(2):47-49,53.

[11] 周国韬,贺岭峰.11~15岁学生自我概念的发展[J].北京:心理发展与教育,1996(3),37-42.

[12] Adams, G. R., & Marshall, S. K.. A developmental social psychology of identity: Understanding the person-in-context[J]. Journal of Adolescence, 1996 (19): 429-442.

[13] Adams, G., & Fitch, S.. Ego stage and identity status development: A cross-sequential nalysis[J]. Journal of Personality and Social Psychology, 1982 (43): 574-583.

[14] Alasker, F., & Olweus, D.. Stability of global self-evaluations in early adolescence: A cohort longitudinal study[J]. Journal of Research on Adolescence, 1992 (1): 123-145.

[15] Archer, S.. Gender difference in identity development: Issues of process, domain, and timing[J]. Journal of Adolescence, 1989 (12): 117-138.

[16] Archer, S. L., & Waterman, A. S.. Psychological individualism: Gender differences or gender neutrality? [J]. Human Development, 1998 (31): 65-81.

[17] Barber, B., Olsen, J.. Socialization in context: Connection, regulation, and autonomy in the family, school, neighborhood, and with peers[J]. Journal of Adolescence Research, 1997 (12): 287-315.

[18] Block, J. & Robins, R. B.. A longitudinal study of consistency and change in self-esteem from early adolescence to early adulthood[J]. Child Development, 1993 (64): 909-923.

[19] Brooks-Gunn, J., & Ruble, D. N.. The development of menstrual-related beliefs and

behaviors during early adolescence. [J] Child Development, 1982 (53) : 1567-1577.

[20] Brown, B. B. & Larson, R. W. Kaleidoscope of adolescence: Experiences of the World's youth at the beginning of the 21st century[M]//B. B. Brown, R. W. Larson, & T. S. Saraswathi (Eds.) , The world's youth. Adolescence in eight regions of the globe. Cambridge, MS: Cambridge University Press, 2002.

[21] Chang, E. C. & Sanna, L. J. Experience of life hassles and psychological adjustment among adolescents: adolescents' future orientation[J]. Journal of Adolescence, 2006 (29) : 795-811.

[22] Crockett, L. J, Bingham, C. R. Anticipating adulthood: Expected timing of work and family transitions among rural youth[J]. Journal of Research on Adolescence, 2000, 10 (2) : 151-172.

[23] Dryer, P. H. Designing curricular identity interventions for secondary schools. In S. L. Archer (Ed.) , Interventions for adolescent identity development[M]. Thousand Oaks, CA: Sage, 1994: 121-140.

[24] Erikson, E. Identity: Youth and crisis[M]. New York: Norton, 1968.

[25] Freeman, W. H. Self as Narrative: the place of life history in studying the life span[M]// Thomas M, Richard (Ed) , The self. New York: State University of New York Press, 1992.

[26] Harter, S. . Identity and self development[M]//S. Feldman & G. Elliott (Eds.) , At the threshold: The developing adolescent. Cambridge, MA: Harvard University Press, 1990: 352-387.

[27] Harter, S. . The development of self-representations[M]//W. Damon (Series Editor) & N. Eisenberg (Volume Editor) , Handbook of child psychology: Vol. 3: Social, emotional, and personality development (5th Ed) . New York: Wiley, 1998.

[28] Harter, S. , Waters, P. & Whitesell, N. . Relational self-worth in adolescents: Differences in perceived worth as a person[J]. Child Development, 1997, 69 (3) : 756-766.

[29] Hirsch, B. & DuBois, D. . Self-esteem in early adolescence: The identification and prediction of contrasting longitudinal trajectories[J]. Journal of Youth and Adolescence, 1991 (20) : 53-72.

[30] Jackson, L. , Hodge, C. , & Ingram, J. . Gender and self-concept: A reexamination of stereotypic differences and the role of gender attitudes[J]. Sex Roles, 1994 (30) : 615-630.

[31] Kegan, R. . The evolving self: Problem and process in human development[M].

Cambridge, MA: Harvard University Press, 1982.

[32] Kroger, J. . The differentiation of "firm" and "development" foreclosure identity statuses: A longitudinal study[J]. Journal of Adolescence Research, 1995 (10): 317—337.

[33] Kroger, J. . Dentity, regression, and development[J]. Journal of Adolescence, 1996 (19): 203—222.

[34] Kroger, J. . Identity development: Adolescence through adulthood[M]. New York: Sage Publication, Inc. , 2000.

[35] Lerner, R. M. Children and adolescents as producers of their development[J]. Developmental Review, 1982 (2): 242—320.

[36] Marcia, J. . Developmental and validation of ego identity status[J]. Journal of personality and social psychology, 1966 (3): 551—558.

[37] Marcia, J. E. . Identity and self development[M]//R. Lerner, A. C. Petersen, & J. Brook-Gunn (Eds) . Encyclopedia of Adolescence. New York: Garland Publishers, 1991.

[38] Marcia, J. E. . The relational roots of identity[M]//J. Kroger (Ed.) , Discussions on ego identity. Hillsdale, NJ: Lawrence Erlbaum, 1993: 101—120.

[39] Marsh, H. W. . Age and sex effects in multiple dimensions of self-concept: preadolescence to early adulthood[J]. Journal of Educational Psychology, 1989 (81): 417—430.

[40] Morash, M. A. . Working class membership and the adolescent identity crisis[J]. Adolescence, 1980 (15): 313—320.

[41] Neblett, N. G. & Cortina, K. S. Adolescents' thoughts about parents' job and their importance for adolescents' future orientation[J]. Journal of Adolescence. 2006, 29 (5): 795—811.

[42] Nurmi, J. E. How do adolescents see their future? A review of the development of future orientation and planning[J]. Developmental Review, 1991, 11 (1): 1—59.

[43] Nurmi, J. E. , Poole, M. E. , & Kalakoski, V. Age differences in adolescent future-oriented goals, concerns, and related temporal extension in different socialcultural contexts[J]. Journal of Youth and Adolescence, 1994, 23 (4): 471—487

[44] Paikoff, R. , & Brooks-Gunn, J. . Do parent-child relationships change during puberty?[J]. Psychological Bulletin, 1991 (110): 47—66.

[45] Paterson, J. , Pryor, J. , & Field, J. . Adolescent attachment to parents and friends in relation to aspects of self-esteem[J]. Journal of Youth and Adolescence, 1995 (24): 365

−376.

[46] Raphael, D., Feinberg, R., & Bachor, D. Journal of Youth and Adolescence, 1987 (16): 331−344.

[47] Reimer, M.. "Sinking into the ground": The development and consequence of shame in adolescence[J]. Developmental Review, 1996 (16): 321−363.

[48] Roker, D., & Banks, M. H.. Adolescent identity and school type[J]. British Journal of Psychology, 1993 (84): 310−317.

[49] Rosenberg, M.. Self concept from middle childhood through adolescence. [M]//J. Suls & A. Greenwald (Eds.), Adolescence in the life cycle. Washington, DC: Hemisphere, 1986.

[50] Santrock, J. W.. Adolescence (8th edition) [M]. New York: McGraw-Hill Companies, Inc., 2001.

[51] Simmons, R., Rosenberg, F., & Rosenberf, M.. Disturbance in the self-image at adolescence[J]. American Sociological Review, 1973 (38): 553−568.

[52] Steinberg, L.. Adolescence (Fifth Edition), New York: The McGraw-Hill Companies Inc., 1999.

[53] Steinberg, L., & hill, J. P.. Patterns of family interaction as a function of age, the onset of puberty, and formal thinking[J]. Developmental Psychology, 1978 (14): 683−684.

[54] Usmiani, S., & Daniluk, J.. Mothers and their adolescent daughters: Relationship between self-esteem, gender role identity and body image[J]. Journal of Youth and Adolescence, 1997 (26), 45−62.

[55] Waterman, A. S.. Identity as an aspect of optimal psychological functioning[M]//G. R. Adams, T. P. Gullotta, & R. Montemayor (Eds.), Adolescent identity formation. New York: Newbury Park, CA: Sage, 1992.

第6章 青少年的自主性

[1] 陈会昌,辛浩力,叶子.青少年对家庭影响和同伴群体影响的接受性[J].北京:心理科学, 1998 (21): 264−265.

[2] 李志楠,邹晓燕,张卫星. 8~16岁儿童父母权威观及行为自主发展特点的研究[J]. 北京: 中国临床心理学杂志, 2007 (2): 168−171.

[3] 皮亚杰.儿童道德判断[M].傅统先、陆有铨译.济南:山东教育出版社,1984.

[4] 张文新,王美萍,Fuligni A.青少年的自主期望、对父母权威的态度与亲子冲突和亲合

[J]. 北京：心理学报，2006，(6)：868-876.

[5] 张文新. 青少年发展心理学[M]. 济南：山东人民出版社，2002.

[6] Allen, J., & McElhaney, K.. Autonomy in discussions vs. autonomy in decision making as predictors of developing close friendship competence [C]. Chicago: Biennial meetings of the society for research on adolescence, 2000.

[7] Allen, J., Hauser, S., O'Connor, T., & Bell, K.. Prediction of peer-rated adult hostility from autonomy struggles in adolescent-family interactions[J]. Developmental and Psychopathology, 2002 (14)：123-137.

[8] Baumrind, D.. Parental disciplinary patterns and social competence in children[J]. Youth and Society, 1978 (9)：239-276.

[9] Blos, P.. The second individuation process of adolescence[J]. Psychoanalytic Study of the Child, 1967 (22)：162-186.

[10] Bomar, J., & Sabatelli, R.. Family system dynamics, gender, and psychosocial maturity in late adolescence[J]. Journal of Adolescent Research, 1996 (11), 421-439.

[11] Brown, B., Clasen, D., & Eicher, S.. Perceptions of peer pressure, peer conformity dispositions, and self-reported behavior among adolescents[J]. Developmental Psychology, 1986 (22)：521-530.

[12] Chen, Z. Y., Dornbusch, S. M.. Relating aspects of adolescent emotional autonomy to academic achievement and deviant behavior[J]. Journal of Adolescent Research, 1998, 13 (3)：293-319.

[13] Chou, K. L.. Emotional autonomy and depression among Chinese adolescents[J]. The Journal of Genetic Psychology, 2000, 161 (2)：161-168.

[14] Chou, K. L.. Emotional autonomy and problem behavior among Chinese adolescents[J]. The Journal of Genetic Psychology, 2003, 164 (4)：473-480.

[15] Dornbusch, S. M., Ritter, P. L., Mont-Reynaud, R., & Chen, Z.. Family decision-making and academic performance in a diverse high school population[J]. Journal of Adolescent Research, 1990 (5)：143-160.

[16] Eisenberg, N., & Morris, A.. Moral cognitions and prosocial responding in adolescence[M]//R. Lerner and L. Steinberg (Eds.), Handbook of adolescent psychology. New York: Wiley, 2004.

[17] Feldman, S. S, Rosenthal, D. A.. Age expectation of behavioral autonomy in HongKong, Australia and American youth: The influence of family variables and adolescents' values[J]. International Journal of Psychology, 1991, 26 (1)：1-23.

[18] Fuligni A. . Authority, autonomy, and parent-adolescent conflict and cohesion: A study of Adolescents from Mexican, Chinese, Filipino, and European backgrounds[J]. Developmental Psychology, 1998 (34) : 782—792.

[19] Garber, J. , Little, S. A. . Emotional autonomy and adolescent adjustment[J]. Journal of Adolescent Research, 2001, 16 (4) : 355—371.

[20] Hodges, E. , & Perry, D. . Personal and interpersonal antecedents and consequences of victimization by peers[J]. Journal of Personality and Social Psychology, 1999 (76) : 677—685.

[21] Lamborn, S. D. , Dornbusch, S. M. , & Steinberg, L. . Ethnicity and community context as moderators of the relations between family decision making and adolescent adjustment[J]. Child Development, 1996 (67) : 283—301.

[22] Lewis, C. . How adolescents approach decisions: Changes over grades seven to twelve and policy implications[J]. Child Development, 1981 (52) : 538—544.

[23] Mahoney, J. , Schweder, A. , & Stattin, H. . Structured after-school activities as moderator of depressed mood for adolescent with detached relations to their parents[J]. Journal of Community Psychology, 2002 (30) , 69—86.

[24] Mounts, N. , & Steinberg, L. . An ecological analysis of peer influence on adolescent grade point average and drug use[J]. Developmental Psychology, 1995 (31) : 915—922.

[25] Ponerantz, E. . Parent child socialization: implications for the development of depressive symptoms[J]. Journal of Family Psychology, 2001 (15) : 510—525.

[26] Ryan, R. , & Lynch, J. . Emotional autonomy versus detachment: Revisiting the vicissitudes of adolescence and young adulthood[J]. Child Development, 1989 (60) , 340—356.

[27] Smetana, J. G. , Campione-Barr, N. , Daddis, C. . Longitudinal development of family decision making: Defining healthy behavioral autonomy for middle-class African American adolescents[J]. Child Development, 2004, 75 (5) : 1418—1434.

[28] Steinberg, L. . Adolescence (Fifth Edition) [M]. New York: The McGraw-Hill Companies Inc. , 1999.

[29] Steinberg, L. . Adolescence (Seventh Edition) [M]. New York: The McGraw-Hill Companies Inc. , 2005.

[30] Steinberg. L. & Silverberg, S. . The vicissitudes of autonomy in early adolescence[J]. Child Development, 1986 (57) : 841—851.

[31] Thurber, C. . The experience and expression of homesickness in preadolescent and

adolescent boys[J]. Child Development, 1995 (66): 1162-1178.

第7章 青少年的亲子关系

[1] 刁静. 中学生家庭亲子冲突状况与其家长父母意识的研究[D]. 上海：华东师范大学，2007.

[2] 方晓义，张锦涛，刘钊. 青少年期亲子冲突的特点[J]. 北京：心理发展与教育，2003 (3)：46-52.

[3] 郝玉章，风笑天. 亲子关系对独生子女成长的影响[J]. 华中科技大学学报：社会科学版，2002, 16 (6)：109-112.

[4] 孔海燕. 青少年亲子冲突的研究现状[J]. 北京：心理科学，2004, 27 (3)：696-700.

[5] 刘海鹰. 改善青少年亲子关系的干预研究[J]. 山东师范大学，2007.

[6] 刘延平. 高中生亲子关系现状及调适[J]. 兰州：西北师范大学，2006.

[7] 孟育群. 少年亲子关系研究[M]. 北京：教育科学出版社，1998.

[8] 佚名. 与父母之间的沟通技巧. [EB/OL]. 全球医院网. http://xinli.qqyy.com/qgsl/0901/16/1052e.html

[9] 朔英. 亲子沟通问题不少——多数家长不了解子女心思[N]. 大同：大同日报，2007年12月4日第10版.

[10] 王恕成. 初中生亲子关系特点及其发展趋势的调查报告[J]. 宁波：宁波教育学院学报，2007, 9 (1)：66-69.

[11] 王云峰，冯维. 亲子关系研究的主要进展[J]. 北京：中国特殊教育，2006 (7)：77-83.

[12] 佚名. 亲子沟通掌握八大技巧. [EB/OL]. 心理搜普论坛. http://bbs.psysoper.com/thread-6437-1-1.html

[13] 俞国良，周雪梅. 青春期亲子冲突及其相关因素[J]. 北京：北京师范大学学报：社会科学版，2003 (6)：33-39.

[14] 郑希付. 良性亲子关系创立模式[J]. 长沙：湖南师范大学社会科学学报，1998, 27 (1)：72-76.

[15] 张峰. 青少年亲子沟通心理研究[D]. 重庆：西南师范大学，2004.

[16] 张文新. 青少年发展心理学[M]. 济南：山东人民出版社，2002.

[17] Darling, N, Steinberg, L. Parenting style as context: An integrative model[J]. Psychological Bulletin, 1993 (113)：487-496.

[18] Steinberg, L. Transformation in family relations at puberty. Developmental Psychology, 1981, 17：833-840.

第8章 青少年的同伴关系

[1] 曹加平. 初中生同伴交往现状研究[D]. 南京：南京师范大学, 2006.

[2] 陈亮, 于凤杰. 青少年同伴群体研究的新进展[J]. 北京：科技咨询导报, 2009, (1)：213.

[3] 杜锡来. 中学生同伴交往存在的问题及对策[J]. 北京：教育探索, 2006, (5)：100-101.

[4] 傅金芝, 董泽松. 近20年来国外有关青少年同伴关系研究进展. 蒙自：红河学院学报, 2004, 2 (6)：75-78.

[5] 侯爱民. 国内儿童同伴关系研究综述[J]. 济南：山东教育科研, 2002, (7)：41-43.

[6] 刘俊升. 同伴群体研究的现状评析[J]. 北京：当代青年研究, 2006, (7)：42-46.

[7] 牛盾, 张爱林. 青少年同伴接纳影响因素研究综述[J]. 北京：青少年研究, 2007, (7)：10-13.

[8] 唐林翔. 农村留守初中生同伴交往障碍及教育对策研究[D]. 重庆：西南大学, 2008.

[9] 万晶晶, 周宗奎. 国外儿童同伴关系研究进展[J]. 心理发展与教育, 2002, (3)：91-95.

[10] 魏宏聚. 初中生同伴交往障碍基本特征及教育对策研究[D]. 西南师范大学, 2001.

[11] 杨霞. 儿童同伴关系研究综述[J]. 中北大学学报：社会科学版, 2005, 21 (5)：85-88.

[12] 俞国良, 辛自强. 社会性发展心理学[M]. 合肥：安徽教育出版社, 2004.

[13] 张俊友. 浅谈社会技能训练——一种改善儿童同伴关系的方法[J]. 教育理论与实践, 1999, (6)：55-56.

[14] 张文新. 青少年发展心理学[M]. 济南：山东人民出版社, 2002.

[15] 邹泓. 社会技能训练与儿童同伴关系[J]. 北京：北京师范大学学报：社会科学版, 1996, (1)：46-50.

[16] 邹泓. 同伴关系的发展功能及影响因素[J]. 心理发展与教育, 1998, (2)：39-44.

[17] Brown, B. B., Mory, M S., & Kinney, D. Casting adolescent crowds in relational perspective: Caricature, channel, and context. [M]//R. Montemayor, G. R. Adams, & T. R. Gullotta (Eds), Advances in adolescent development: Personal relationships during adolescence: Vol. 6 (123-167). Newbury Park, CA: Sage, 1994.

[18] Harris, J. R. Where is the child's environment? A group socialization theory of development[J]. Psychological Review, 1995 (102)：458-489.

第9章 青少年性意识与性别角色的发展

[1] 曹海峰. 论双性化理论对我国性别角色教育的启示[J]. 武汉：湖北社会科学. 2009 (1)：

169—171.

[2] 雷雳,张雷.青少年心理发展[M].北京:北京大学出版社,2003.

[3] 刘海燕.大学生心理健康教育[M].济南:黄河出版社,1999.

[4] 刘小林.青少年的性心理问题的原因分析及对策[J].北京:中国性科学,2007(3):31—34.

[5] 陆爱桃,张积家,张秋艳.我国青少年性生理、性心理发性别差异的元分析[J].北京:中国心理卫生杂志,2006(7):472—475.

[6] 吕欣欣.论当代中国青少年性教育[J].海南:海南师范大学,2007.

[7] 莫晓宇.发展友情 暂缓爱情——从性心理角度看青少年的异性交往[J].北京:中国性科学,2007(5):38—39.

[8] 牛德金,闻心储,马西平.中专学校学生自慰行为初探[J].北京:中国校医,1991(4):F003—F004.

[9] 吴晶,龚海梅,等.青春期学生异性交往心理与行为特征研究[J].北京:心理科学,2002(3):303—306.

[10] 王磊,张大均.青少年异性交往的心理功能存在问题及研究现状[J].北京:青年探索,2002(5):41—44.

[11] 夏小燕.性别角色发展的理论述评[J].哈尔滨:黑龙江教育学院学报,2007(2):70—73.

[12] 肖巍.女性的道德发展[J].北京:中国人民大学学报,1996(6):54—59.

[13] 薛亚萍.当代青少年的性心理指导策略[J].北京:教育探索,2003(1):82—83.

[14] 杨雄.青春期与性[D].上海:上海大学社会学院,2005.

[15] 杨育林,魏霞,张明.儿童青少年性意识发展与性别角色教育研究[J].北京:中国预防医学杂志,2005(3):202—205.

[16] 张文新.青少年发展心理学[M].济南:山东人民出版社,2002.

[17] 周宗奎.青少年心理发展与学习[M].北京:高等教育出版社,2007.

[18] 朱莉琪.方富熹.儿童性别角色发展的理论研究心理学动态.1999,4:31—35.

第10章 青少年的心理社会问题

[1] 樊富珉.我国青少年自杀研究及预防对策[J].北京:临床精神医学杂志,2005(4):241—242.

[2] 李润文.广州调查显示7.7%青少年自杀或企图自杀行为[N].北京:中国青年报,2006年6月26日.

[3] 刘新奇.当代中学生苦恼的调查分析与解除策略[J].北京:中国教育学刊,2003(5):49

—52.

[4] 卢文学.新世纪青少年心理健康教育新概念[M].拉萨：西藏人民出版社,2004.

[5] 瑞雪.情绪不良困扰青少年　[N].北京：中国教育报,2004年8月19日第4版.

[6] 文立君.青少年犯罪及治理对策[J].重庆：西南科技大学学报：哲学社会科学版,2004(3)：34—37,40.

[7] 翟国典.对中学生厌学心理的分析与思考[J].大庆：大庆社会科学,2007,(6)：131—132.

[8] 张文新,高峰强,司继伟.心理学与教育[M].济南：山东人民出版社,2006.

[9] 张向葵.青少年心理学[M].长春：东北师范大学出版社,2005.

[10] 赵永新.中科院报告显示青少年中高中生心理健康水平差[N].北京：人民日报,2008年4月14日.

[11] 晶晶,唐婉,张颖捷.中学生厌学心理的调查与研究[J].北京：网络科技时代,2003(11)：32—34.

[12] 佚名.3000万少儿受情绪困扰。教师应受关注.[EB/OL].上海心理咨询网,http：//www.xlzx.cn/html/news/healthnews/2006/1211/269.html.

[13] 佚名.考试焦虑主要表现在哪几方面？.[EB/OL].中国教育先锋网,http：//www.ep-china.net/content/psy/b/20050127152510.htm.

[14] 佚名.考试焦虑的表现及自测.[EB/OL].中小学教育网,http：//www.ehappystudy.com/html/440/445/446/2007/1/zl06842033480117002l2960-0.htm.

[15] 佚名.抑郁症,行走在崩溃的边缘.[EB/OL].蓝天健康心理网,http：//www.ltjskf.com/Index.html

[16] 佚名.学会预防,小心抑郁症缠上你.[EB/OL].新华网,http：//news.xinhuanet.com/it/2003-04/09/content_823136.htm.

[17] 佚名.青少年八大烦恼.[EB/OL].网上家长学校,http：//www.jxllt.com/?artid=MTU5NDA=&F=dmlldy5odG0=.

[18] 佚名.八大烦恼困扰青少年.[EB/OL].阿启网,http：//www.aqioo.com/article/11727,view.html.

[19] 佚名.青少年吸毒原因及矫治对策[EB/OL].找论文.http：//www.zlunwen.com/Society/demotics/20563.htm.

	发展与教育心理学系列		
6436	教育心理学（第十版）	Anita Woolfolk著　何先友等译　莫雷审校	68.00
8638	0—12岁儿童心理学	K. S. Berger著　陈会昌译	88.00
1565	0—12岁儿童社会性发展	M. J. Kostelnik等著　王晓波译	98.00
1233	改变儿童心理学的20项研究	W. E. Dixon著　王思睿等译	76.00
7588	儿童心理学	谷传华著	36.00
7331	青少年心理学	司继伟主编	36.00
9996	心理学与个人成长（第十版）	Gerald Corey等著　王晓华译	58.00
8933	行为矫正技术（第二版）	昝飞著	52.00
9136	积极行为支持——基于功能评估的问题行为干预	昝飞编著	35.00
7288	家庭治疗	张彩娜　赵然编著	36.00
7297	教师心理学	胡谊等编著	32.00
6972	学校心理学	刘翔平著	38.00
6772	学习心理学	王小明著	36.00
发展与教育心理学系列合计			689.00
	组织与管理心理学系列		
2044	过去预测未来（第三版，精装）	田效勋等著	58.00
2133	心理资本（第二版，精装）	F. Luthans等著　王垒等译	99.00
7868	工业与组织心理学	Michael G. Aamodt著　丁丹等译	65.00
7367	员工激励	杨东编著	40.00

……
欲了解更多图书信息，请登录：www.wqedu.com
联系地址：北京市西城区三里河路6号院2号楼213室　万千心理
咨询电话：010-65181109，65262933
*本目录定价如有错误或变动，以实际出书为准。

万千心理 心理教材·教辅书目

书号	书目	著、译者	定价(元)
心理学专业主干课教材			
9346	心理学导论（第13版）	D. Coon等著　郑钢等译	98.00
0643	发展心理学（第九版）	D. R. Shaffer等著　邹泓等译	88.00
1058	社会心理学（第三版）	T. Gilovich等著　侯玉波等译	98.00
9747	人格心理学（第八版）	Jerry M. Burger著　陈会昌译	68.00
9953	认知心理学（第三版）	E. B. Goldstein著　张明等译	96.00
0650	认知心理学（第六版）	R. J. Sternberg等著　邵志芳译	88.00
1265	犯罪心理学（第11版）	C. R. Bartol等著　李玫瑾等译	98.00
6794	犯罪心理学（第7版）	C. R. Bartol等著　杨波等译	50.00
1232	变态心理学——整合之道（第七版）	D. H. Barlow等著　黄铮等译　王爱民等审校	128.00
0228	变态心理学（第12版）	A. M. Kring等著　王建平等译	85.00
1948	变态心理学案例集	T. A. Brown等著　高隽译	78.00
0787	生理心理学（第九版）	N. R. Carlson著　苏彦捷等译	96.00
1178	生理心理学（第九版·彩色版）	N. R. Carlson著　苏彦捷等译	158.00
1263	心理科学	M. Krause著　张明等译	128.00
9896	现代心理学史（第十版）	D. P. Schultz著　叶浩生等译	75.00
心理学专业主干课教材合计			1432.00